同济博士论丛
TONGJI Dissertation Series

总主编 伍 江　副总主编 雷星晖

骆天庆　刘滨谊　著

以实践为导向的
中国风景园林专业生态教育研究

The Practical Research of Ecological
Education for the Discipline of Landscape
Architecture in P.R.C.

同济大学 出版社
TONGJI UNIVERSITY PRESS

内 容 提 要

本书通过历史研究和理论推演,指出了景观专业生态教育所应发挥的作用及必须面对的挑战,总结了景观专业生态教育的研究现状;通过对 6 所国内外院校的调查分析,指出了中国景观专业教育和专业生态教育中存在的主要问题,归纳了中国景观专业教育和专业生态教育的基本特征及其与国际先进水平之间的差距,明确了中国景观专业教育及生态教育的发展目标,提出了当前中国景观专业生态教育实践的建议性框架,并以景观生态规划设计课程的教学改革实践作为具体案例,提出了景观专业设计课的生态教育教学模式。

本书可作为从事景观专业生态教育的人士以及高校师生的参考用书。

图书在版编目(CIP)数据

以实践为导向的中国风景园林专业生态教育研究 /
骆天庆,刘滨谊著. —上海:同济大学出版社,
2019.10

(同济博士论丛 / 伍江总主编)
ISBN 978 - 7 - 5608 - 7035 - 9

Ⅰ. ①基… Ⅱ. ①骆… ②刘… Ⅲ. ①景观设计—教育—研究—中国 Ⅳ. ①TU983 - 4

中国版本图书馆 CIP 数据核字(2017)第 093897 号

以实践为导向的中国风景园林专业生态教育研究

骆天庆 刘滨谊 著

出 品 人 华春荣　责任编辑 熊磊丽　责任校对 徐春莲　封面设计 陈益平

出版发行　同济大学出版社　www.tongjipress.com.cn
　　　　　(地址:上海市四平路 1239 号　邮编:200092　电话:021 - 65985622)
经　　销　全国各地新华书店
排版制作　南京展望文化发展有限公司
印　　刷　浙江广育爱多印务有限公司
开　　本　787 mm×1092 mm　　1/16
印　　张　20.25
字　　数　405 000
版　　次　2019 年 10 月第 1 版　　2019 年 10 月第 1 次印刷
书　　号　ISBN 978 - 7 - 5608 - 7035 - 9

定　　价　91.00 元

"同济博士论丛"编写领导小组

组　　　长：杨贤金　钟志华

副　组　长：伍　江　江　波

成　　　员：方守恩　蔡达峰　马锦明　姜富明　吴志强
　　　　　　徐建平　吕培明　顾祥林　雷星晖

办公室成员：李　兰　华春荣　段存广　姚建中

袁万城　莫天伟　夏四清　顾　明　顾祥林　钱梦騄
徐　政　徐　鉴　徐立鸿　徐亚伟　凌建明　高乃云
郭忠印　唐子来　阎耀保　黄一如　黄宏伟　黄茂松
戚正武　彭正龙　葛耀君　董德存　蒋昌俊　韩传峰
童小华　曾国荪　楼梦麟　路秉杰　蔡永洁　蔡克峰
薛　雷　霍佳震

秘书组成员: 谢永生　赵泽毓　熊磊丽　胡晗欣　卢元姗　蒋卓文

总　序

　　在同济大学 110 周年华诞之际,喜闻"同济博士论丛"将正式出版发行,倍感欣慰。记得在 100 周年校庆时,我曾以《百年同济,大学对社会的承诺》为题作了演讲,如今看到付梓的"同济博士论丛",我想这就是大学对社会承诺的一种体现。这 110 部学术著作不仅包含了同济大学近 10 年 100 多位优秀博士研究生的学术科研成果,也展现了同济大学围绕国家战略开展学科建设、发展自我特色,向建设世界一流大学的目标迈出的坚实步伐。

　　坐落于东海之滨的同济大学,历经 110 年历史风云,承古续今、汇聚东西,秉持"与祖国同行、以科教济世"的理念,发扬自强不息、追求卓越的精神,在复兴中华的征程中同舟共济、砥砺前行,谱写了一幅幅辉煌壮美的篇章。创校至今,同济大学培养了数十万工作在祖国各条战线上的人才,包括人们常提到的贝时璋、李国豪、裘法祖、吴孟超等一批著名教授。正是这些专家学者培养了一代又一代的博士研究生,薪火相传,将同济大学的科学研究和学科建设一步步推向高峰。

　　大学有其社会责任,她的社会责任就是融入国家的创新体系之中,成为国家创新战略的实践者。党的十八大以来,习近平同志为核心的党中央高度重视科技创新,对实施创新驱动发展战略作出一系列重大决策部署。党的十八届五中全会把创新发展作为五大发展理念之首,强调创新是引领发展的第一动力,要求充分发挥科技创新在全面创新中的引领作用。要把创新驱动发展作为国家的优先战略,以科技创新为核心带动全面创新,以体制机制改革激发创新活力,以高效率的创新体系支撑高水平的创新型国家建设。作为人才培养和科技创新的重要平台,大学是国家创新体系的重要组成部分。同济大学理当围绕国家战略目标的实现,作出更大的贡献。

大学的根本任务是培养人才,同济大学走出了一条特色鲜明的道路。无论是本科教育、研究生教育,还是这些年摸索总结出的导师制、人才培养特区,"卓越人才培养"的做法取得了很好的成绩。聚焦创新驱动转型发展战略,同济大学推进科研管理体系改革和重大科研基地平台建设。以贯穿人才培养全过程的一流创新创业教育助力创新驱动发展战略,实现创新创业教育的全覆盖,培养具有一流创新力、组织力和行动力的卓越人才。"同济博士论丛"的出版不仅是对同济大学人才培养成果的集中展示,更将进一步推动同济大学围绕国家战略开展学科建设、发展自我特色、明确大学定位、培养创新人才。

面对新形势、新任务、新挑战,我们必须增强忧患意识,扎根中国大地,朝着建设世界一流大学的目标,深化改革,勠力前行!

万　钢

2017 年 5 月

论丛前言

承古续今，汇聚东西，百年同济秉持"与祖国同行、以科教济世"的理念，注重人才培养、科学研究、社会服务、文化传承创新和国际合作交流，自强不息，追求卓越。特别是近20年来，同济大学坚持把论文写在祖国的大地上，各学科都培养了一大批博士优秀人才，发表了数以千计的学术研究论文。这些论文不但反映了同济大学培养人才能力和学术研究的水平，而且也促进了学科的发展和国家的建设。多年来，我一直希望能有机会将我们同济大学的优秀博士论文集中整理，分类出版，让更多的读者获得分享。值此同济大学110周年校庆之际，在学校的支持下，"同济博士论丛"得以顺利出版。

"同济博士论丛"的出版组织工作启动于2016年9月，计划在同济大学110周年校庆之际出版110部同济大学的优秀博士论文。我们在数千篇博士论文中，聚焦于2005—2016年十多年间的优秀博士学位论文430余篇，经各院系征询，导师和博士积极响应并同意，遴选出近170篇，涵盖了同济的大部分学科：土木工程、城乡规划学(含建筑、风景园林)、海洋科学、交通运输工程、车辆工程、环境科学与工程、数学、材料工程、测绘科学与工程、机械工程、计算机科学与技术、医学、工程管理、哲学等。作为"同济博士论丛"出版工程的开端，在校庆之际首批集中出版110余部，其余也将陆续出版。

博士学位论文是反映博士研究生培养质量的重要方面。同济大学一直将立德树人作为根本任务，把培养高素质人才摆在首位，认真探索全面提高博士研究生质量的有效途径和机制。因此，"同济博士论丛"的出版集中展示同济大学博士研究生培养与科研成果,体现对同济大学学术文化的传承。

"同济博士论丛"作为重要的科研文献资源,系统、全面、具体地反映了同济大学各学科专业前沿领域的科研成果和发展状况。它的出版是扩大传播同济科研成果和学术影响力的重要途径。博士论文的研究对象中不少是"国家自然科学基金"等科研基金资助的项目,具有明确的创新性和学术性,具有极高的学术价值,对我国的经济、文化、社会发展具有一定的理论和实践指导意义。

"同济博士论丛"的出版,将会调动同济广大科研人员的积极性,促进多学科学术交流、加速人才的发掘和人才的成长,有助于提高同济在国内外的竞争力,为实现同济大学扎根中国大地,建设世界一流大学的目标愿景做好基础性工作。

虽然同济已经发展成为一所特色鲜明、具有国际影响力的综合性、研究型大学,但与世界一流大学之间仍然存在着一定差距。"同济博士论丛"所反映的学术水平需要不断提高,同时在很短的时间内编辑出版110余部著作,必然存在一些不足之处,恳请广大学者,特别是有关专家提出批评,为提高同济人才培养质量和同济的学科建设提供宝贵意见。

最后感谢研究生院、出版社以及各院系的协作与支持。希望"同济博士论丛"能持续出版,并借助新媒体以电子书、知识库等多种方式呈现,以期成为展现同济学术成果、服务社会的一个可持续的出版品牌。为继续扎根中国大地,培育卓越英才,建设世界一流大学服务。

伍 江

2017年5月

自 序

博士论文的撰写，已经是遥远的 10 年前了。尤记得答辩时乐卫忠先生的提问，文中所述构架如何实现？一时竟无从作答，当场哑然。毕竟是有自知之明，不在其位，何以为政？

现在想来，人在年轻时，会纯粹为了自以为正确的事而不惜花费时力。慢慢地发现时日渐少，反而会权衡得失，缩手缩脚起来。不管怎样，还是很高兴曾经认真地做出了那篇论文，虽然也曾引起院校之间的一些争议，并且一直到现在，才借"同济博士论丛"的契机得以正式出版。

有意思的是，当时论文写完，系里的教学计划调整，生态专项设计即被取消了；而近年来在各种交流中，倒是不时听闻其他院校的设计课程开始设置生态教学内容。所以说，书中的比较结论已世易时移，读者姑且不必当真，不妨各取所需，聊作参考吧。

同济大学建筑与城市规划学院副教授

骆天庆

2017 年 5 月校庆之际

前　言

本书的原博士学位论文题目为《基于实践目的的中国景观专业生态教育研究》。论文写作之时，中国风景园林学科名称还不确定。时隔多年，学科名称已明确为"风景园林学"。因此本书出版之际，在导师刘滨谊教授建议下，将书名从原博士学位论文题目改为现在的《以实践为导向的中国风景园林专业生态教育研究》。为体现历史性，文中涉及的专业名称恕不一一替换，见者自明吧。

在当今日益严峻的全球性生态危机背景下，景观专业及其教育的生态化发展已成为现实。但关于景观专业生态教育的研究还只是刚刚起步，针对实践层面的研究尤其缺乏，难以应对实际的需要。因此，本书希望通过对中国景观专业生态教育实践框架的研究探讨，推动生态教育在中国景观专业的开展，并借此促进中国景观专业进一步发展和教育水平的提高，以实现中国景观专业教育与世界先进水平的尽早接轨。

本书的主要研究内容包括：

（1）通过历史研究和理论推演，明确了景观专业及其教育的生态化发展趋向，指出了景观专业生态教育对此所应发挥的作用及必须面对的挑战，对景观专业生态教育的基本构成和发展阶段进行了理论界定，并通过文献研究归纳总结了景观专业生态教育的研究现状。

（2）通过对国际上景观专业教育水平领先的 6 所院校的专业教育和专业

生态教育开展状况进行调查分析,归纳出代表当前国际先进水平的景观专业教育及生态教育实践的基本特征,作为中国景观专业生态教育实践的直接参照。

(3)通过对中国的3类共8个景观规划设计单位的专业人员结构和业务情况,以及2所具有代表性的景观专业院校的专业教育和专业生态教育开展状况进行调查分析,指出了中国景观专业教育和专业生态教育中存在的主要问题,归纳了中国景观专业教育和专业生态教育的基本特征及其与国际先进水平之间的差距,以把握现实的实践基础,为今后的改进指明方向。

(4)通过对相关教育研究成果的调查汇总,了解了景观专业教育、生态教育等相关教育领域在具体教学实践活动中的一些研究成果和成功经验,作为景观专业生态教育实践的有效借鉴。

(5)在总结归纳上述研究结果的基础上,对当前中国景观专业教育及生态教育的发展进行了准确的阶段定位,明确了后续目标,并提出了生态化变革的办法,形成了建议性的中国景观专业生态教育实践框架。

(6)以景观生态规划设计课程的教学改革实践作为具体的实践案例,通过课程教学实践对实践框架中的教学内容和教学方法部分进行了可操作性检验和实效评价考察,并提出了专业设计课的生态教育教学模式。

本书的研究结论涉及以下七个方面:

(1)景观专业的发展机制及当前中国景观专业的发展特征;

(2)景观专业生态教育的概念、构成和发展;

(3)景观专业生态教育与景观专业及其教育的关系;

(4)当前国际上先进的景观专业教育及其生态教育的实践特征;

(5)当前中国景观专业教育的问题、实践特征及与国际先进水平的差距,当前中国景观专业生态教育的实践特征及与国际先进水平的差距;

(6)当前中国景观专业教育的发展格局和改进战略,当前中国景观专业生态教育的发展战略和实践体系构建原则;

(7)景观专业设计课的生态教育教学模式。

本书的创新点主要包括：

（1）对景观专业生态教育的理论认识进行了具体深化

尽管在景观专业中开展生态教育已多有倡导，但对于景观专业生态教育究竟是什么尚无详细讨论。本书在对景观专业及其教育、生态教育的历史发展进行概略研究的基础上，明确提出了景观专业生态教育的理论构架，对景观专业生态教育的概念、层次、发展阶段和特征进行了界定，并通过对国内外相关院校教学实践的调查研究对这一理论构架进行了初步的验证。

（2）初步构建起景观专业生态教育实践的研究基础

针对目前景观专业生态教育研究中实践层面研究的相对欠缺，通过各种基础性的调查、分析、比较，较为客观地评价当前中国景观专业教育和专业生态教育的实际问题，及其与国际先进水平之间的差距，并勾勒出当前景观专业教育和专业生态教育实践的实际状况，为今后进一步的研究工作提供了较为客观的基础。

（3）提出了当前中国景观专业生态教育实践的建议性框架

鉴于景观专业生态教育的实践研究相对欠缺而开展需求迫切的现实情况，本书在深入分析了西方实践经验和中国实践基础之后，提出了当前中国景观专业生态教育的建议性实践框架，结合对中国景观专业及其教育的发展认识，对当前中国景观专业生态教育发展的目标、模式和具体策略进行了探讨，就配套课程、教学内容和教学方法等实践框架的构成要素提出了具体的建议，为促进景观专业生态教育在中国的实践和推广，进而促进现代景观生态规划设计在中国的实际应用创造条件。

（4）提出了景观专业设计课的生态教育教学模式

在深入思考景观专业生态教育所须面对的种种挑战，以及当前中国景观专业生态教育课程设置和教学改革方向的基础上归纳总结了既有设计课教学的模式和弊端，提出了教改方案并结合具体课程的教学进行了实践评价，最终形成了建议性的、针对专业设计课的生态教育教学模式。

（5）结合中国的实际对景观生态规划设计的理论和方法进行了研究创新

在对当前中国景观专业生态教育课程教学内容的研究中,通过对课程教学内容的基本构成和发展机制的研究,分析指出了当前中国景观专业生态教育的基本教学内容和主要的内容创新方向,并针对一些具体的景观生态规划设计方法如何结合中国社会的实际情况进行变革、使之具有在中国实际应用的可行性展开了研究,取得了初步的研究成果。

目 录

第1章

引　言

1.1　课题提出的背景

1.1.1　背景说明

在当今日益严峻的全球性生态危机背景下,如何化解环境问题、谋求人类社会的可持续发展,成为日益迫切的研究议题。在人类社会与自然环境相互作用的过程中,人类的建设活动是一个关键的影响因素。它不仅直接改变着自然环境的表象特征,还作为人类各种生产、生活、经济活动的空间载体将这些活动的全部或部分影响直接或间接地转嫁到自然环境中。因此,建设活动是否具有生态合理性在很大程度上决定了人类是否能实现可持续发展。

作为人类建设活动的引导者,规划设计人员对于建设活动的生态合理程度负有相当的责任。这种责任的担负能力实际上是规划设计人员专业素养的客观反映,而专业教育作为规划设计人员专业素养的培训基地,对此无疑具有至关重要的作用。

然而,与其他的现代学科专业类似,现代规划设计类专业是应工业化社会大生产和社会分工细化的需求而产生,主旨是为人类社会服务的。从诞生至今短短两百多年的历史中,现代规划设计类专业一直以人本主义为特征,追求将各种新的科学技术及时引介到建设实践中,为人类社会提供更为舒适便捷的活动场所,功能至上的理性规划设计思想方法在大部分时间占据着主导地位。与此相应的专业教育培养出来的专业人才对自然和生态的忽视是显而易见的。因此,规划设计类专业教育需要进行生态化变革已成为共识。

但是,调查表明,生态规划设计教育的实践历史只有短短的十多年,目前针对各种受众(规划设计和结构、水电等专业人员、中小学生、普通公众)、多以单一课程或非正式教学的形式存在,相关的文献数量很少,系统全面的基础性研究还未有展开。[1]因此,对规划设计类专业生态教育的理论和实践框架进行全面的研究,明确其基本构成、发展阶段的序列和特征,以及教育实践的具体目标、课程体系、教学内容和教学方法,对于建立生态规划设计教育的理论体系并进行实践和推广,从而实现规划设计类专业教育的生态化变革非常重要。

在规划设计类专业中,景观专业由于研究对象的特殊性而更具有自然生态的敏感性。与研究单一构筑物的建筑学、研究人类聚集性社会环境的城市规划、研究人类生产品型构的工业设计等规划设计类专业不同,景观专业的研究对象涵盖城市户外空间、郊野地区和自然保护地带,直接面对的是更多的自然环境,牵涉各种人类与自然的直接作用关系的处理问题,因此其生态教育也具有一定的特殊性。本书将阐述对景观专业生态教育所作的一些研究成果,针对中国景观专业生态教育的基础条件,构建一个初步的景观专业生态教育框架体系,作为教育实践的直接参考。

1.1.2　课题提出

本书课题是基于教学实践和研究过程中所遇到的各种问题而提出的。

2000 年开始,出于对景观类专业中迫切需要开展生态教育的敏锐洞察,同济大学风景旅游系在旅游规划与管理专业本科四年级的专业设计课中开设了为期 9 周的生态专项规划设计课,作为生态教育的试点课程进行教学活动。但在教学过程中对于如何选择课题、教学内容和教学方法等产生了种种困惑。

为此,2005 年本课程申请了同济大学教育教学改革与研究项目"景观生态规划设计教学研究",在广泛调研和教学效果调查的基础上,对该课程应如何进行教学展开了一系列研究。然而,研究发现,虽然试图通过种种教学改革措施提升该课程的教学质量,但通过课程内改革来实现这一目的已经非常困难。这实际上提示了这种单一课程突破的专业生态教育模式遭遇到了发展瓶颈,必须转向多课程配套的发展方式,从整个专业教育建设的层面来审视生态教育的发展可能,探讨其发展的理论模式和实践模式,由此产生了这一课题。

1.2　概　念　说　明

在研究展开之前,有必要对景观专业、生态教育和景观专业生态教育在概念层面进行一些研究探讨,了解其发展历史和动态,以准确把握其本质含义。

1.2.1 景观专业及其教育

国际上,景观专业拥有相对统一的英文名"Landscape Architecture"(以下简称 LA)。这一专业名词是在 1858 年由奥姆斯特德(Fredrick Law Olmsted)首创的,哈佛大学率先在 1901 年开始实行四年制的 LA 专业理学学士培养计划[2],并在 1908 年开始培养 LA 专业硕士[3]。截至 2005 年,LA 专业的全球行业组织"国际景观规划设计师联盟"(The International Federation of Landscape Architects,IFLA)的统计表明,在其所有成员国内,已有近 300 个 LA 教学计划在开展。[4]

虽然名称相对固定,但随着时间的推移和社会的发展,社会问题和需求在不断地发生着变化,LA 专业的实践对象、任务和手段在不断地丰富,其定义也在相应地拓展[2,5]。奥姆斯特德一开始倡导的 LA 实践主要包括城市公园和绿地系统、城乡景观道路系统、居住区、校园、地产开发和国家公园的规划、设计和管理[6];而按照"美国景观规划设计师协会"(The American Society of Landscape Architects,ASLA)的最新定义,LA 专业包含了对自然环境和建成环境的分析、规划、设计、管理和监护工作,其实践对象的类型包括人类聚居区、公园和游憩地、纪念性建筑、城市设计、街道景观和公共景观、交通线路和设施、花园和植物园、安全设计、旅游接待地和旅游胜地、单位绿地、校园、休疗养院的园地、历史保留/保护地带、自然恢复地、自然保护地、公共性商业场所、景观艺术和大地雕塑、室内景观,等等。与此同时,计算机辅助图形处理、3S 技术等一些高科技手段也在 LA 实践中不断得到推广应用。

这种表象的专业实践对象、任务和手段的丰富与拓展实际上意味着专业知识构成和技能、专业目标和评判价值的变化。在最初的发展过程中,LA 专业还是以艺术美学为主要导向,在满足人类使用需求的同时追求视觉景观创造的一种传统意义上的设计专业[7];从 20 世纪 60 年代末开始,麦克哈格(McHarg)总结提炼的科学分析方法使得 LA 专业开始加强与自然科学的联系,通过日益严谨的分析研究实现自然保护的目的;到 20 世纪 90 年代,可持续发展的目标促使 LA 专业更多地依赖各种相关的科学、技术和哲学知识,通过综合性更强的景观研究(Landscape Studies/Research)工作对各种社会需求、价值取向和土地使用模式进行权衡[8]。这类研究往往需要有更多学科的专家和社区公众的共同参与,需要更为复杂的协调、组织工作,需要更为综合的研究技术和更为广泛的知识背景。

事实上，LA专业发展至今，已成为一个综合性极强的学科，需要有前瞻的社会发展认识、广博的自然科学知识、先进的工程/技术手段和出色的艺术创造力作为支撑。因此，其专业教育不再以艺术创作技能为单一的训练内容，而以科学和艺术的双重训练为特色[9]，通过科学训练培养学生的系统分析能力，通过艺术训练培养学生的创造力，两种能力的综合决定了学生的基本专业素质。从各个方面看，LA专业教育已经从早期的经验传授成为由日益全面的专业基础研究为支撑的、由不断发展的专业知识体系为内容的、以日渐复杂的专业实践技能训练为目的的、规范的现代专业教育。

仔细考察LA专业的发展历史以及专业实践、专业教育和专业研究之间的相互关系，可以清楚地看到其以社会需求为导向的发展机制（图1-1）。其中，专业研究、专业教育和专业实践是行业发展的主要运作和推进手段①，分别以相关的高等院校、规划设计单位等为依托实体，在行业组织的协调领导下相辅相成，带动由专业知识、技术和方法体系所构成的LA本体的不断发展。

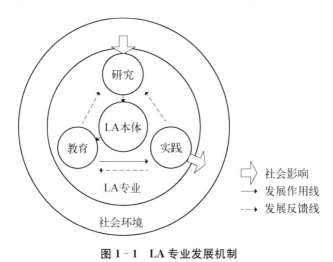

图1-1 LA专业发展机制

中国的LA专业是传统的园林艺术与西方现代LA学科的结合产物，诞生于1951年北京农业大学园艺系与清华大学营建学系合办的造园组[11]。历史地

---

① 规划设计类学科的发展必须通过研究、教育和实践的紧密结合来推动，已成为一个基本的共识。如吴良镛先生早在1956年即提出应强调建筑教育、研究和实践三者的结合；1959年秋，清华大学明确提出了教育、生产、科研三结合的教育方针；2000年国际区域和城市规划师学会的《千年报告》认为，"实践—研究—教育—实践"是规划循环的必要过程，其中实践是循环的开始和结束；鉴于此，吴良镛先生通过对建筑、规划和景观学科进行整合以构建人居环境科学的思考，又提出了人居环境科学的"实践—研究—教育—实践"循环图式，以强调三者结合的整体性。[10]

分析,中国的 LA 专业同样顺应社会的需要一直在客观地发展。20 世纪 50 年代受苏联的影响,"造园"改名为"城市及居民区绿化",其实践对象是城市绿地[11];到 60 年代,顺应"大地园林化"的号召开始包含郊区荒山的植树造林,主要是针对社会使用和观赏的需要[12];80 年代中后期,风景名胜区开始进入中国 LA 专业的实践领域,资源保护的要求开始得到重视[12,13];90 年代以后,随着中国改革开放过程中经济和建设的大发展,LA 专业也得到了迅速的发展,环境艺术设计、游憩/旅游规划等新的实践任务开始出现,实践领域日益拓展到现代人类环境生态保护、自然资源与历史文化资源保护利用、区域景观与旅游发展规划、城市区域发展、城市环境建设、各类人类户外活动空间场所建设。随着人类生存环境问题的日益严峻和城市化,其专业已不仅仅面向城乡环境建设,还要面向整个国土生态安全、区域环境生态保护、资源筹划等问题[14]。

但与此同时,从 20 世纪 40 年代西方现代 LA 专业思想开始影响中国至今,LA 专业的译名之争就一直激烈地存在,有着造园、园林、风景园林、风景建筑学、景观建筑学、景观建筑设计学、景观设计学、景观规划设计等诸多争论,其间反映的是业界对于 LA 专业的学科内涵、学科方向、实践领域、行业规范等方面的认识差异[15],归根到底是对 LA 主体发展阶段有不同的认同①。新世纪伊始,一些学者前瞻性地提出,中国的 LA 专业正面临向景观学(Landscape Studies)专业②变革的挑战[18],由此引发了又一次激烈的专业名称之争。

综上所述,LA 专业本体及其基础研究、教育和实践一直处于不断发展的过程中。而在中国,业界对其发展阶段的认同则存在着多种差异。在这种复杂的

---

① 以讨论较多的风景园林和景观设计学为例:王绍增认为,风景园林学科是综合利用科学、技术和艺术手段保护和营造人类美好的室外境域的一门学科,主要处理人类生活空间和自然的关系,要求科学(真)、生活(善)、景观(美)三者并重,学科的外延跟随着人类活动范围的扩大经历了传统园林、城市绿地、大地景观规划三个层面的发展,与处理室内空间的建筑学、人类聚集地域的城市规划、人类生理生存条件的环境保护,以及人类社会生存环境的社会学,共同组成综合性非常突出的人居环境门类[16];而基于"LA学科的发展已远远超出'审美'论,将生态学的应用和土地的利用规划设计作为核心内容"的认识,俞孔坚认为,从 LA 的历史发展观来看,景观设计学是中国 LA 学科的现在时,其核心是"解决所有关于人们使用土地和户外空间的问题"[17]。可见,风景园林的专业认识主要是对户外人工空间的合理营造,而景观设计学则开始关注更为宏观的土地利用问题。

② 《全国高校景观学(暂定名)本科(工学)专业申请报告》中指出:景观学(Landscape Studies)是一门以协调人类与自然的和谐关系为总目标,以环境、生态、地理、农、林、心理、社会等广泛的自然科学和人文艺术学科为基础,以规划设计为核心,面向人类聚居环境创造建设与保护管理的工程应用性学科专业。这实际上是 LA 专业必须应对现代工业化、城市化和社会化发展的变革要求。刘滨谊在总结同济大学景观专业五十多年发展历程的基础上,提出景观学的学科构成与研究领域为"环境·生态"、"规划·设计"和"行为·文化",与之相对应的学科方向或支撑专业为"环境科学与生态学"、"风景园林与环境艺术"、"游憩学与旅游学",而其核心基础理论为"景观资源学与生态学"、"风景园林美学与景观美学"、"景观游憩学与旅游学"。

情况下,为了研究专业生态教育的具体问题,本书谨以景观专业代指上述所有对LA专业的不同的解释、翻译和新的专业发展倡议,并将特别关注在这种认同差异下中国景观专业教育及专业生态教育应如何进行。

1.2.2 生态教育

教育是传播人类文明成果、科学知识和社会生活经验并进行人才培养的社会活动。通常有广义和狭义两种概念解释。广义的教育泛指影响人们知识、技能、身心健康、思想品德的形成和发展的各种活动,产生于人类社会初始阶段,存在于人类社会生活的各种活动过程中。狭义的教育主要指学校教育,即根据一定的社会要求和受教育者的发展需要,有目的、有计划、有组织地对受教育者施加影响,以培养一定社会(或阶级)所需要的人才的活动,具有保证人类延续和促进人类发展、促进社会发展、选择①的功能。

早期人类为了在自然中更好地生存,将世代积累的自然知识以经验传授的形式零散地在人类社会生活过程中传播,由此产生了最初的生态教育(Ecological Education)。1866年德国科学家海克尔(Haekel)提出生态学(Ecology)一词并将之作为一门科学定义②之后,生态教育开始专指生态学专业教育,局限到了学校教育的范畴。随着生态学众多分支的发展,生态学专业教育逐渐形成了体系化的学科教育[19]。

20世纪60年代开始,随着现代环境运动的开展,美国和西方其他发达国家曾出现以环境科学取代生态学的浪潮[19],生态教育也因此一度作为环境教育的同义词,被视为传授环境科学的基本知识、利用环境进行学习,并训练解决环境问题的技能的一种教育③,以技术教育见长。

到20世纪90年代,随着认识水平的提高和全球生态问题的拓展,以及生态学又开始与环境科学相分离,生态教育的视角更具包容性,并且应生态哲学(Ecophilosophy)的产生和发展而开始上升到意识形态教育的层次,成为一种重新

---

① 即社会根据受教育程度选拔人才,个人通过选择接受教育实现社会地位的变迁。

② 海克尔将生态学定义为"研究有机体与环境间相互关系的科学",这一定义规定了生态学的研究领域和基本内容,一直沿用至今。

③ 1977年各国代表在联合国政府间联合会中通过的环境教育定义:环境教育是使全球人口能认知及关心整个环境及其相关问题,同时发展必要的知识、技术、态度、动机及决心,能够单独或协力的寻求目前问题的解决方法及防止新问题产生的过程。(UNESCO,1978)在此基础上,澳大利亚著名环境教育家罗伯特姆(Ian Robottom)提出了对环境教育的经典定义:环境教育是关于环境的、在环境中进行的、为了改善环境而进行的教育。(Environmental Education is the education which is about, in and for the environ-ment. (Ian Ro bottom,1987))

审视人类与自然的关系,以帮助学生改变现有世界观为目的①的素质教育形式[21]。

因此,生态教育发展到现在,已成为一种教授生态学知识、提升应对环境问题的技能,并且培养生态世界观的广义教育,正从学校教育拓展到全民的普及教育,从单一主体的专业教育形式演变为多主体的多种主流和非主流教育形式,从专业知识培训转向德育和素质教育。从其发展过程和知识体系依托来分析,生态教育具体涉及三个由浅入深的层次:以生态学为依托的知识层次的教育,以环境科学为依托的技术层次的教育,以及以生态哲学为依托的意识形态层次的教育。其中,知识层次的教育有助于学生构筑科学地认识自然和社会的知识基础,技术层次的教育有助于学生获得解决现实环境问题的实践手段,而意识形态层次的教育则有助于引导学生通过各种换位思考和客观评判的思维方式来正确认识人与自然的关系,并获得自觉行动的动力。如果从发展历史的长短、所依托的知识体系的完善性、教育的普及性等方面来衡量,这3个层次生态教育的成熟度是存在客观差异的(图1-2)。

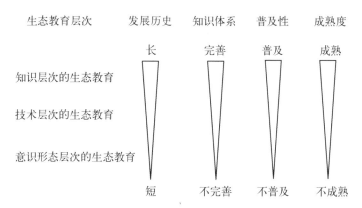

图1-2 各层次生态教育的成熟度评价

1.2.3 景观专业生态教育

顾名思义,景观专业生态教育就是根据培养景观专业人才生态素质的实际需要,结合景观专业教育的特征在景观专业中进行必要的生态教育,以提升景观专业实践的生态合理性,帮助人类社会实现可持续发展的目标。

生态教育进入景观专业中,同样需要依托生态学、环境科学和生态哲学这三

① 贾丁斯(des Jardins)认为,当前重大环境危机的解决已无法仅仅通过个人或社会行为的重组来实现,必须要依靠人类世界观的根本转变。[20]

个基本的知识体系,从而同样可划分为三个层次。然而,各个教育层次的内涵应景观专业教育的特殊需要而有所调整:

(1)知识层次的教育是为生态化景观规划设计提供理论和知识基础,因此为了切实提升景观分析的科学性,必须进行生态学知识的筛选和专门化研究:如乡土生态系统、景观生态格局等都是通常需要强调的生态学知识,而个体生态学的内容只有在景观规划涉及具体物种保护时才有必要,并且与其他规划设计专业相比,自然生态知识的教育在景观专业中应予以强调。

(2)技术层次的教育可为生态化景观规划设计提供具体的方法手段,是景观专业生态教育的核心部分,直接服务于景观专业实践。但由于环境技术与景观工程技术存在一个相互结合的过程,并且生态化景观的规划设计方法也随着景观专业的发展而不断创新,因此这一层次的教育必须结合景观生态规划设计方法和技术的创新研究来进行。

(3)意识形态层次的教育针对专业评判力的训练进行,是生态化景观规划设计的根本保证,因此不能如一般的生态教育只强调对个人生活和行为方式的引导,还要注重对生态美学和非人本主义规划设计观的倡导、对生态合理性景观的正确界定,以及对包含环境目标在内的多目标体系的正确决策能力的训练。

由于不同层次生态教育的成熟度存在着客观差异,影响到相应层次的景观专业生态教育,使之在发展时具有不同的难易程度。因此从理论上讲,景观专业生态教育的发展应存在渐进的阶段序列,不同的阶段因不同层次生态教育的切入而具有不同的生态教育水平特征(图1-3):

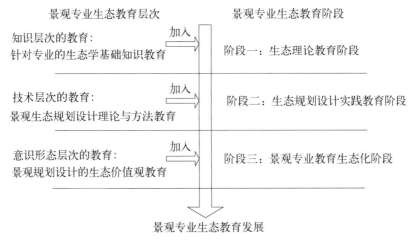

图1-3　景观专业生态教育发展的理论阶段

（1）阶段一：生态理论教育阶段

这一阶段以生态理论课程的开设为特征，是景观专业生态教育的初级阶段。生态学理论知识开始被引入景观专业教育中，但传授的生态学知识一般缺少针对性的筛选，并且缺乏应用性指导，是景观专业教育与生态教育的机械结合。与此同时，由于意识到生态化景观规划设计的重要性，意识形态层次的生态教育也开始出现，但仅仅是倡导性的说教，评判性训练缺失。

（2）阶段二：生态规划设计实践教育阶段

这一阶段以景观生态规划设计的原理课程和设计课的开设为特征，开始对学生应用生态原则进行规划设计实践提供较为直接的指导，整个过程都伴随着对知识层次的生态教育内容的不断筛选调整、对非人本主义规划设计观的实践性指导、对新的生态学研究要求的提出，以及对景观规划设计的生态方法论的完善和创新，是景观专业生态教育的发展提高阶段。

（3）阶段三：景观专业教育生态化阶段

这一阶段以景观专业课程的普遍生态化改革为特征，是景观专业生态教育的成熟阶段，三个层次的生态教育开始向景观专业教育的全面渗透：专门的生态学理论课程和生态规划设计课程有所减少或消失；随着生态化景观规划设计实践的不断开展，实践经验的积累也为生态合理性景观的正确界定、景观生态规划设计方法的效果评价，以及环境目标的正确决策提供了客观依据；完整意义上的意识形态层次教育具备了开展的条件。

可见，与景观专业的发展相类似，景观专业生态教育的发展也是一个研究、教育与实践互动的过程：教育必须以研究为基础，以实践为目标，在对景观专业生态规划设计的理论、方法和评判标准不断澄清的过程中，将越来越多的科学知识转化为日益丰富的实践手段和日益显著的实践动力。

1.3 景观专业生态教育的意义与挑战

考察景观专业生态教育的意义有助于认识它对于专业发展的必要性和具体作用，而考察开展景观专业生态教育所面临的挑战则有助于探讨其有效的实践方式以充分发挥其具体作用。

1.3.1 景观专业生态教育的意义

随着人类社会可持续发展目标的确立，生态素养（Ecological Literacy）已经成为与读写技能和计算技能同样重要的人类基本素养要求,如何提高洞察和了解自然的能力必须成为教育的重点。[22]因此,从各种教育的本质和过程来看,人类的教育应该被重新认识,景观专业教育也不例外。景观专业生态教育的必要性正是由这种社会发展需求的必然性和迫切性决定的。

景观专业生态教育的作用主要表现为其对于景观专业生态化发展的重要推动。客观地评判,景观专业的生态化发展已经成为现实的态势:首先,生态思想对景观专业实践的指导作用一直存在并不断增强①,其认识深度和广度在不断地拓展,并在越来越多的实践中得到体现;其次,生态因素和价值在景观专业的主体构成和实践评价中也占据了越来越重的分量,成为景观专业的重要组成部分②。在研究、教育、实践协同推进的专业发展机制下,景观专业生态教育对于景观专业的这一生态化发展进程的推动是至关重要的。由于专业教育是景观专业发展机制中研究和实践环节之间的衔接体,是专业人员进行基础知识积淀并获得专业思想认识、职业实践和评判技能,以及终身学习能力的重要过程环节,对于将

---

① 考察景观专业实践中所蕴含的生态思想的发展,大致可以区分出自然式设计、乡土化设计、保护性设计和恢复性设计4个阶段:其中自然式设计是19世纪末对应于传统的规则式设计,通过植物群落设计和地形起伏处理从形式上表现自然、立足于将自然引入城市人工环境的早期朦胧的景观生态设计思想;乡土化设计是19世纪末到20世纪中期发展形成的,通过对基地及其周围植被状况和自然史的调查研究,使设计切合当地的自然条件,与环境风貌相融合的景观生态设计思想;保护性设计是19世纪末开始出现,到20世纪60年代末由麦克哈格系统提出的,对区域的自然要素和生态关系进行科学的调查分析,通过合理设计减少对自然的破坏,以保护现状良好的生态系统的景观生态规划设计思想;恢复性设计是20世纪70年代开始出现并发展的,在设计中运用种种科技手段来恢复已遭破坏的生态环境的当代景观生态规划设计思想。[23]

② 对此,很多学者进行了研究并提出了自己的观点,如刘滨谊提出现代景观规划设计的三元(即三大方面)为景观环境形象、环境生态绿化和大众行为心理,相应的景观规划设计观念目标的三元为游憩行为、景观形态和环境生态[24];汤普森(Ian H. Tompson)通过文献综合统计和对英国景观规划设计从业人员的调查访谈研究发现,生态(Ecology)、社区(Community)和愉悦(Delight)已共同构成景观价值观,其关系如图1-4所示[25];郭红雨等则明确将现代景观设计学的发展趋向界定为以生态价值为取向[26]。

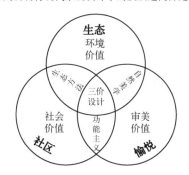

图1-4 景观价值考量的三位一体概念图

(资料来源:Tompson,2002)

专业的最新研究成果转化为实践、以提升实践活动的水平起着至关重要的作用，因此，景观专业教育的生态化是传播最新的景观生态规划设计研究成果的主要手段，是景观生态规划设计实践生态化的重要前提，也是景观专业生态化发展的必要条件。

1.3.2　景观专业生态教育的挑战

然而，传统教育对于生态素养的培养是相当欠缺的①，迫切需要进行变革[28]。景观专业教育也不例外。但是，在现代知识型社会背景下，面对景观专业及其教育的生态化发展情势，根据对景观专业生态教育层次构成和发展阶段的理论假设，景观专业教育的生态化变革必须应对一系列挑战，主要包括：

1. 从理论教育转向实践技能和价值观教育

随着景观专业的不断发展，其与众多学科的结合日益紧密[29]。长期以来，生态学被视为景观专业的相关基础科学，生态学知识也被视为景观专业基础知识的重要组成部分。但是，如果仅仅停留在这一认识层面，景观专业生态教育只能局限在初级发展阶段——生态理论教育阶段。

景观专业生态教育要向景观专业教育生态化阶段发展，必须要有意识地在专业教育中开展并加强实践技能教育和生态伦理教育。其中实践技能训练的加强要求专业教育与专业实践应更紧密地联系和结合；而生态伦理教育则要求传统的专业教育所传授的知识和技能必须重新接受生态伦理观的检验和评价，在进行必要的取舍和调整的同时及时添加与之相符的新的知识和技能，在这一教育过程中，生态世界观能够得到稳固的树立，从而最终成为在专业实践中自觉遵循生态原则的根本保障。

2. 从知识教育转向研究技能教育

一直以来，教育都沿袭着先创立知识体系，然后再以此为内容进行传授的模式。但是，在现代知识日新月异的情况下，这种固守既有知识的传统教育模式已经越来越不适应以研究创新为特征的知识发展模式，教育必须应对越来越迅速的知识创新和传递方式进行变革，从教授现有知识变为教授如何研究创造未有知识，即从知识教育转向研究技能教育。

这一挑战对于景观专业生态教育尤为显著。如景观生态规划设计作为景观

---

①　甚至在教育水平公认为最高的美国，2000 年的一项调查表明，只有 26% 的美国人拥有可以算作生态的价值观，至于规划设计类专业，从教师、学生到从业人员普遍缺乏生态知识，不知道生态系统如何运作，也不清楚人与自然的伦理道德尺度。[27]

专业生态教育的主要内容对象,其理论方法体系仍处于不断的研究、探讨和发展之中,并且在学术界存在着众多的分歧和争议①,因此景观专业生态教育必须在及时总结既有理论方法的基础上,注重专业研究技能的训练,以便根据实际情况分析、判断并采用合适的生态规划设计方法,并在必要时进行技术方法的创新。

3. 从实践类型教育转向实践方法教育

在规划设计类专业中,通常是简单罗列必需教授的客体对象,结合既有的技术规范形成各种范式来进行教学活动,而不是针对职业基本素养展开教育[30]。这种传统的类别型教学模式由于可以对广泛的专业知识进行有效的划分,将教学内容限制到一个适于操作的范围,并且便于提供学习范式,因此在长期的教学实践中得到了普遍认同。但是,随着景观专业实践领域的不断拓展和实践类型的日益丰富,专业教育的时间限制和创新要求②使得这种类别型教学模式的实行越来越困难。景观专业教育必须转向注重专业评判性思维方法训练的方法型教学,即针对实践方法进行教育。

方法型教学可以从两个层面来界定。首先,它是向学生引介景观规划设计基本方法的一种设计训练模式,学生可以通过掌握并灵活运用这些方法来研究解决各种具体的规划设计问题。其次,它更是针对学生思维研究方法的一种训练模式,学生可以了解掌握规划设计的正确思维方法。与类别型教学相比,方法型教学较少关注某类景观的规划设计要领,而是把各种基本的规划设计方法提炼出来作为教学内容。景观生态规划设计方法既然已开始成为一种基本的规划设计思想方法,也应该运用这一教学模式。

1.4 景观专业生态教育的研究现状

通过文献检索和综述性研究可以发现,景观专业生态教育的研究在当前还只

① 高校是学术研究的前沿场所,不同的学术观点常常反映在不同院校的教学中,并形成特色。如麦克哈格在美国宾希法尼亚大学建立了基于对人与自然环境的关系的广泛认识之上的、通过自然因子叠加进行土地利用适宜分析为基本研究方法的景观生态规划设计学派,弗曼(R. T. T. Forman)和斯坦尼兹(C. Steinitz)则在哈佛大学开创了基于景观生态学理论的、以景观格局评价为基础的景观生态规划设计学派,而斯坦纳(Fredrick Steiner)和劳森(G. Lawson)则分别在美国亚利桑那州立大学和澳大利亚昆士兰理工大学开展了以公众参与和综合(自然+社区)调查为基础的景观生态规划设计教学。

② 有限的专业教育时间难于包容所有的类型范式,类型的筛选成为一大问题;并且,规划设计理论和方法不断创新,固有的范式必须进行及时的更新,新的范式需要不断提炼产生,不能再固守一成不变的既有范式。

是刚刚起步：从研究的深度来看，大量的文献还停留在对生态教育思想的倡导和对生态教育内容的研究层面①，针对实践层面的课程体系探讨和教学方法研究等成果很少；从研究的广度来看，直接针对专业生态教育研究的文献总量还比较少。

1.4.1 生态教育思想的倡导性研究

这类研究主要结合对景观专业的历史和发展研究，以及对景观专业应社会发展的职责探讨等进行。除了前述的刘滨谊[24]、汤普森(Ian H. Tompson)[25]和郭红雨等[26]对生态在景观专业中的地位论证外，米勒(Patrick A. Miller)[31]和侯锦雄等[32]明确提出，景观专业的现有实践和教育必须向环境保护的方向变革，中濑勋(Isao Nasaka)[33]提出应通过生态取向的景观事业推动全民生态教育。刘福智等[34]、韩锋[35]指出，普及、加强生态伦理教育对于景观专业教育极为重要性。

1.4.2 景观规划设计的生态理论和方法研究

景观规划设计的生态理论和方法研究一直是景观专业研究的一个重要分枝，一直以来遵循着以实践为先导的研究方式，从 19 世纪末开始有所尝试，到 20 世纪 60 年代后期开始受到广泛关注。麦克哈格[36-38]、斯坦尼兹[39-41]、利里[42]、斯坦纳[43]、弗曼[44,45]等相继在总结自身研究和实践成果的基础上，提出了具有代表性的理论或方法。近年来，弗斯特(Forster Nduhisi)[46]、俞孔坚等[47]一些学者开始在既有研究的基础上进行景观规划设计生态理论和方法论体系的总结研究。此外，近年还有大量的实践探索、经验总结与推广方面的文献涌现，包括具原则性指导意义的技术性手册[48]和专项方法介绍[49-53]、规模各异的案例介绍[54-60]、案例建设后的效果追踪[61]及继发问题的研究[62]，试图解决地下水回灌、地表水体循环补给、污水处理、自然生境恢复、人工设施生态化改造、有害生物防治等一系列环境建设问题，表明这一规划设计理念已在景观业界得到普遍认同。

总的说来，在景观专业内，对景观规划设计的生态理论和方法研究基本集中在大尺度的景观规划实践领域，因此，景观规划也被视为一种对自然环境具有积极保护意义的专业发展领域[63]。但是必须承认，小尺度景观的生态设计方法也同样重要。这类研究目前主要是针对场地设计，在绿色建筑的框架下进行[64]。

① 主要是景观规划设计的生态理论和方法研究。

相对景观生态规划而言,研究成果缺少系统的总结。

1.4.3 景观专业生态教育的课程体系和教学方法研究

以具体的教学实践为目的的景观专业生态教育体系和教学方法的研究成果很少,主要是对课程教学体系的构建研究和对具体设计课程的实践研究。如王云才[65]就如何形成从理论到技术的与景观规划设计匹配的生态学教学体系进行了探讨;米勒[31]针对专业设计课中的景观生态规划设计训练提出了教学方式的改进建议;斯坦尼兹[66]则在实践研究的基础上将一些经验方法引介到专业课程教学中,使景观生态规划的过程与教学过程相匹配。

1.5 研 究 说 明

以上通过历史研究和理论推演,明确了景观专业及其教育的生态化发展趋向,对景观专业生态教育进行了理论界定,分析指出了景观专业生态教育对此所应发挥的作用及必须面对的挑战,并通过文献研究归纳总结了景观专业生态教育的研究现状。在此基础上,本研究将针对景观专业生态教育缺少实践层面研究的现实,重点探讨中国景观专业生态教育实践的基本框架。

1.5.1 研究目的

本研究的根本目的是希望通过对中国景观专业生态教育实践框架的探讨,推动生态教育在中国景观专业的开展,从而促进中国景观专业及其教育水平的进一步发展和提高,以实现中国景观专业教育与世界先进水平的尽早接轨。

1.5.2 研究问题

本研究的核心问题是:在前述的景观专业生态教育层次构成和发展阶段的理论假设下,针对景观专业生态教育发展所必须面对的种种挑战,中国景观专业应如何开展生态教育实践?

专业教育是在相对固定的时空范围内,由某一教育主体(院系)秉持正确的办学思想,借助必要的人力物力,将专业知识整合成可操作的课程体系和教学计划,并向教育客体(学生)展开具体教学活动的复杂过程。对于具体的教育主体而言,在国家的高等教育政策、所属院校的教学管理规定等外部制约机制的约束下,其专业教育是在一个主要由指导性的办学思想和操作性的课程体系、教学内容、教学方法等要素构成的框架下进行操作的(图1-5)。这些框架性要素是专业教育实践研究的具体对象,也是本研究所涉及的主要范畴。

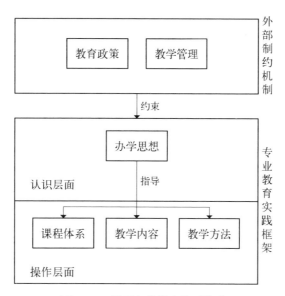

图1-5 景观专业教育体系构成

景观专业生态教育实践是由景观专业院系根据景观专业教育的特色、针对景观专业发展的现实需要、向景观专业学生就生态学知识及其在景观专业的应用、景观规划设计生态理论与方法的应用,以及生态合理性景观的界定与评价等方面的知识和技能进行的针对性训练。作为专业教育实践的新发展,面对一系列全新的挑战,景观专业生态教育应是在既有专业教育的基础上进行的生态化变革,而不是生态教育与专业教育的简单相加。根据景观专业生态教育的层次构成并针对专业教育实践框架的各项构成要素进行分析,这一变革所面临的具体问题包括:

(1)办学思想方面:是否需要调整现有的办学思想?应该如何加以调整?

(2)课程体系方面:哪些现有课程可进行生态化改造?需要新增或去除什么课程?景观专业生态教育的三个层次如何与具体课程相结合?

(3)教学内容方面:生态学基础知识、景观生态规划设计理论方法和生态伦理观教育如何结合中国景观专业教育的实际需要进行组合、设计和创新?

(4)教学方法方面:景观专业教育中成功的教学方法有哪些?传统的专业教学方法是否需要应引进生态教育的需要而进行调整、提高和创新?如何调整、提高和创新?

对这些具体问题的研究必须基于对景观专业教育及生态教育实践规律的基本了解和对中国景观专业教育及生态教育发展现状的准确评估之上,涉及对生态教育基本实践模式、中国景观专业教育及生态教育的发展状况、目标和战略的一系列探讨。因此,本研究将核心问题具体分解为四个方面:

(1)实践模式研究:理想的景观专业教育及生态教育实践应该如何进行?有没有现成的实践经验可供借鉴?

(2)现状评估研究:当前的中国景观专业教育是否存在突出的问题?主要表现在哪些方面?与国际先进水平相比,其现实水平如何?具体差距何在?

(3)发展目标研究:中国景观专业生态教育应如何借鉴国际先进经验进行发展?在生态化改造过程中,专业教育中目前存在的问题与不足能否得到改进?

(4)实践战略研究:景观专业生态教育在中国面临那些特殊要求?中国的景观专业生态教育实践框架应该如何构成?这一实践框架是否具有可操作性?操作后的实际效果如何?

如果从研究的逻辑过程加以分析,上述四个方面的问题可以分解、组合,形成五项循序渐进的研究议题:

1. 景观专业教育及生态教育的实践经验研究

这一研究是对国际景观专业教育及生态教育先进水平的认识性研究,希望借此了解当前国际景观专业教育及生态教育的开展情况并把握其具体特征,作为中国景观专业生态教育实践的直接借鉴。

2. 中国景观专业生态教育的实践基础研究

这一研究是对中国景观专业教育及生态教育现状情况的认识性研究,包括中国景观专业教育的现状问题、专业教育及生态教育的发展状况,以及与国际先进水平的比较这三项具体研究,希望借此发现当前中国景观专业教育存在的主要问题,了解当前中国景观专业教育及生态教育的开展情况和具体特征,并找出当前中国景观专业教育及生态教育与国际先进水平的差距,为今后的改进提出努力的方向。

3. 景观专业生态教育的借鉴研究

通过对景观专业教育、生态教育等相关领域的教育研究成果进行调查汇总,了解这些领域在具体教学实践活动中的一些成功经验,作为景观专业生态教育实践的有效借鉴。

4. 当前中国景观专业生态教育的实践框架研究

这一议题是主要的创新研究部分。在总结归纳上述研究结果的基础上,对当前的中国景观专业教育及生态教育的发展阶段进行准确定位,明确进一步的发展目标,并提出生态化变革的办法,形成建议性的中国景观专业生态教育实践框架。

5. 中国景观专业生态教育实践框架的检验研究

以景观生态规划设计课程的教学改革实践作为具体的实践案例,通过教学应用重点对实践框架中的教学方法部分进行可操作性检验和实效评价考察,并提出了专业设计课的生态教育教学模式。

在本书的研究中,基于专业教育实践框架构成要素的问题提供了一个横向的展开轴,而基于逻辑过程的研究议题提供了一个纵向的展开轴(图 1-6),这种组合结构实际上形成了一个非常便于研究工作展开的内容集。

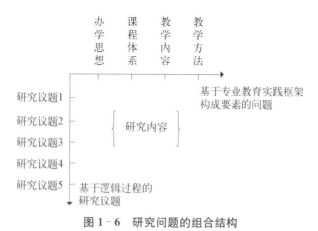

图 1-6 研究问题的组合结构

1.5.3 研究假设

本研究是基于以下假设进行的:

(1) 景观专业及其教育的生态化发展是一个现实的态势,生态教育在景观专业教育中的开展是对既有景观专业教育的全面变革,因此中国景观专业发展生态教育的过程是现有专业教育发展改进的一个有利契机。

(2) 由于发展历史等原因,中国景观专业教育水平落后于世界先进水平,专业生态教育也同样如此。借鉴世界先进经验是中国景观专业生态教育快速发展的有效途径。

(3) 具体国情和中国景观专业教育的现实发展水平决定了中国景观专业生态教育有其特殊性,在借鉴世界先进经验的同时必须加以消化吸收和改进创新。

1.5.4 研究方法及框架

研究中主要采用了调查、分析、比较、行动、历史、归纳、演绎等多种研究方法,具体研究方法的运用应研究议题而异。

1. 景观专业教育及生态教育的实践经验研究

研究采用了调查、分析、比较和归纳的方法。

选择了6所国际上景观专业教育水平领先的院校,通过调查其教学资料,分析其生态教育的构成情况,比较不同院校及不同教学阶段之间生态教育情况的差异,归纳出代表当前国际先进水平的景观专业教育及生态教育实践的基本特征。

2. 中国景观专业生态教育的实践基础研究

中国景观专业生态教育的实践基础主要是从中国景观专业教育发展状况、中国景观专业教育现状问题,以及中国景观专业教育及生态教育与国际先进水平之间的差距这三个方面来考察的。研究采用了调查、历史、分析、比较和归纳的方法。

其中对于中国景观专业教育发展状况和中国景观专业教育及生态教育差距的研究是通过对中国景观专业教育实践的历史回顾,选择了2所具有代表性的院校,通过调查其教学资料,分析其生态教育的开展情况,归纳其专业教育的发展特征和专业生态教育实践的基本特征,并通过与国外院校研究结果的比较,寻找其与国际先进水平之间的差距。

对于中国景观专业教育现状问题的研究是采用对毕业生从业情况进行调查的间接研究方法①,通过单位取样调查的办法,对3类共8个景观规划设计单位的专业人员结构和业务情况进行了调查。由于一般单位的专业人员通常由不同院校、不同学历的毕业生混合构成,对这些人员业务能力的评价可以较为客观综合地反映当前中国景观专业阶段教育的实际成效,进而可以分析归纳得出共通的问题。

3. 景观专业生态教育的借鉴研究采用了调查和归纳的方法

通过对相关领域教育研究文献和既有研究成果的调研,归纳总结在这些领域进行教育实践需要注意的一些问题及可借鉴的解决途径,进而得到景观专业生态教育的一些实践原则。

4. 中国景观专业生态教育的实践框架研究

研究采用了分析、归纳和演绎的方法,在上述研究的基础上提炼出创新的实

---

① 中国目前有大量不同性质、类型和办学水平的院校都在开设景观专业,因此对景观专业教育现状问题的研究牵涉的面非常广,综合性很强。直接的研究方法可针对相关院校的具体教学工作来进行全面评估,间接的研究方法则可通过对在校生进行教学质量评价调查或对毕业生的从业情况调查来进行。然而,目前中国景观专业缺少专业教育标准,各院校的教学实践差异很大,难以进行统一评估;在校生的调查需要在各院校展开,由于时间和经费的限制可操作性差。因此,本研究采用了对毕业生从业情况进行调查的间接方法。

践体系建议。

5. 中国景观专业生态教育实践框架的检验研究

研究采用了行动、调查、分析、比较、归纳和演绎的方法。

通过景观生态规划设计课程的教学改革实践,利用改革前后教学效果的调查比较来检验评价所提出的中国景观专业生态教育实践框架中教学内容和教学方法部分的可操作性和实际效果,并提出了在专业设计课中开展生态教育的建议模式,作为实践框架的具体补充。

整体研究的逻辑框架如图 1-7 所示。

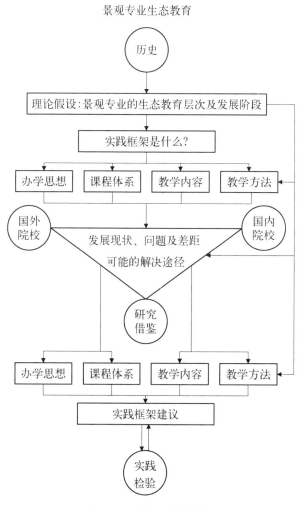

图 1-7　研究的逻辑框架

1.5.5　研究缺陷

本研究缺陷是由信息不全、调查实施困难、理论研究与实践研究未能有效衔接等原因造成的，主要表现为研究结果可能存在一定的片面性和不准确性。

1. 研究结果的片面性

导致研究结果片面的原因主要有三个：

（1）小样本研究

本书的研究中大量采用了取样调查的方法，但由于种种客观原因导致研究样本偏小，使得研究结果不尽全面。

如在对国际景观专业生态教育发展状况的研究中，由于缺少全球景观专业教育的直接评价排名资料，一方面导致样本院校对于国际景观专业教育先进水平的代表性不尽权威，且样本院校的地域分布过于集中，另一方面大大增加了样本院校筛选的工作量，使得样本数量过少，各个教育类型几乎都只有一个研究样本，无法对景观专业教育的各种分类进行生态教育的特色研究，只能综合各类样本得出景观专业生态教育的总体发展情况。

而在对中国景观专业生态教育实践基础的研究中，由于调查资料具有敏感性[①]，只能通过私人渠道了解，限制了可调研对象的数量，导致景观专业代表院校和景观设计单位这两类调查对象均为小样本，在研究中只能分别通过保证样本的代表性和类型覆盖的全面性来加以补救。

（2）信息不全

调研渠道和手段的限制使得本论文的基础资料信息不尽完全。

如在对国际景观专业生态教育发展状况的研究中，由于缺少各样本院校景观专业的详细教学计划，因此课程研究只针对网上能够得到的年度专业课程进行，作为专业教育基础的通识类课程和公共课程无法得到具体的分析研究，并且课程教育的循序渐进特征无法深入剖析。

而在对景观专业生态教育的借鉴研究的研究中，由于借鉴领域的确定由主观判断达成，因此不能保证所有的可借鉴对象都已纳入；并且由于检索途径和经费的限制，文献检索的信息完全性也难以保证。

---

① 由于中国教育界对于教育管理资料的公开没有明确规范，因此大量的教务材料属于内部资料，对外不轻易公布；而景观设计单位出于行业竞争的敏感，不愿透露详细的人员构成信息和业务信息。

（3）研究时序

由于种种客观条件的限制导致论文研究的具体工作时续与逻辑过程不符。

如景观生态规划设计课程教学改革实践的研究应是对论文研究结果的检验和深化，逻辑上应在最后进行。但由于教学实践必须服从于教学计划的安排，因此本章实践研究实际上是在整个研究之前进行的，这一时差导致了实践研究缺乏一个完整的框架性指导，并且未能充分覆盖本书的全部研究结果。

2. 研究结果的不准确性

导致研究结果不准确的原因主要有两个：

（1）研究资料误差

由于统计口径不一、核实渠道欠缺、评价认识不一等种种主客观原因，使得本书的研究资料存在一定的误差，从而影响到研究结果的准确性。

如在对国际景观专业生态教育发展状况的研究中，由于网上的课程介绍资料无法验证文字说明与实际授课效果的匹配性，并且在分类判别时难免存在对文字说明的曲解，以及网上资料在详细的教学形式和课时分配等方面的不尽详实，因此存在种种客观或主观的误差。

在对中国景观专业生态教育实践基础的研究中，由于中国高校的教学管理规范尚未健全，资料往往过时或零散不全，只能通过学校网站上的公开资料、教学管理部门的存档材料，以及相关老师学生私下提供的非正式材料或回忆口述等多种渠道来拼凑、补全。因此主观性材料的比重较大，带来一定的误差风险，只能在调查时注意通过多渠道综合调查并对所得材料进行比较、分析和取舍来减少误差。

而在对景观生态规划设计课程的教学改革实践的研究中，教学效果调查评价的主观性误差，以及由于比较研究对象的可比性缺陷所导致的客观研究误差都是切实存在的。前者主要由于学生个体之间的认识和水平差异所致，只能通过对调查统计结果的进一步分析取舍来提升调查评价的客观性和准确性；后者则由于教学轮次之间的差异和研究对象的多变量性①所致，研究中通过经验理性的分析、在得到表象统计结果之后对内在原因进一步加以剖析等方法来尽可

---

① 就比较研究本身来说，最基本的前提条件是研究对象具有可比性。一般来说，为保证可比性，必须做到：比较的标准要统一；比较的范围、项目要一致；比较的客观条件要相同。而在景观生态规划设计课程的教学改革实践的研究中，"生态专项规划设计"课程不同轮次的教学之间除了需要考察的改革变动之外，在教师组成、班级整体水平等方面还存在着诸多差异；并且由于要同时考察多项改革措施，研究对象是多变量综合作用的结果，这就为分别评价其中的每项措施造成了一定困难。因此研究对象的可比性存在一定程度的缺陷。

能减少这类误差。

（2）研究时间误差

研究时间误差主要指研究结果不能构成对现实状况的即时反应。

如在对中国景观专业生态教育实践基础的研究中，由于样本院校教学计划的新旧差异①，以及毕业生评估相对于教学过程的滞后②，使得相应的研究结果不能完全匹配现实的教育实践开展状况。

1.5.6　内容结构

本书正文部分共分 7 章。其中第 1 章"引言"对本书研究提出背景、景观专业生态教育的理论认识和研究现状，以及研究的目的、问题、方法和逻辑框架等情况作了综合说明；第 2—6 章则按研究的五大议题依次展开；第 7 章是对研究结论和创新点的总结性说明，并指出了后续的研究方向。

此外，本书的基础研究部分均归入附录，具体包括三部分：

附录 A 是国内外样本院校景观专业的专业课程分类及生态教育类型判别方面的研究结果。以表格方式整理收录了研究涉及的 6 所国外院校、2 所国内院校的专业课程分类及生态教育类型判别研究结果。

附录 B 是景观设计单位的调查资料汇总。收录了研究涉及的 3 类共 8 个景观设计单位的调查反馈表。

附录 C 是同济大学景观专业生态专项规划设计课教学改革研究的基本资料。收录了研究中使用的调查表，以及教改实践前后两次教学效果调查的统计分析报告。

---

① 由于中国景观专业的名目之争导致各院校景观专业设置和教学计划的频繁变更，使得本章对北京林业大学和同济大学景观专业教育情况进行研究时，采用的教学计划存在新旧差异。对于同济大学的研究，采用的是在 2006 年 3 月其本科景观学专业作为全国首个景观学专业获得教育部的认可，并于 2006 年秋季开始正式招生，以及 2005 年其研究生教育终于脱离了城市规划专业获得景观规划设计专业的独立硕士点和博士点后，在全面总结以往经验的基础上对各阶段教学计划重新做了调整改动的最新的尚未实施的教学计划；而对于北京林业大学，尽管其 4 年制工学的风景园林本科专业也同样于 2006 年 3 月获得教育部批准，但由于无法及时获得最新资料，研究仍然采用其原有的园林专业和城市规划专业的教学计划。尽管如此，鉴于这两所院校的师资队伍稳定，新旧教学计划间应该存在一定的可比性。

② 通过毕业生的职业竞争力来考察专业教育的实际成效，由于毕业生的职业生涯与专业教育的发生存在一定的时间跨度，因此研究结果并不能确切反映当前的实际教育水平。但是由于中国景观专业教育在专业和院校变更频繁的同时人员却具有延续的特征，教育思想和体系的承继使得基本专业课程的教育相对比较稳定，这一特征在北京林业大学和同济大学都表现得较为突出，因此研究结果还是具有一定的参考价值。

第2章
国际景观专业生态教育的实践经验

　　由于景观专业教育发展的主要趋向之一是专业教育的生态化,因此景观专业教育水平领先的院校在专业的生态教育方面也应该具有一定的领先性;先进的专业教育经验是经过实际操作检验的,具有现实的可操作性,在基本条件吻合的情况下可加以模仿和移植。鉴于以上假设,本章研究选择国际上景观专业教育水平领先的院校,对其院校网站上的专业介绍、教学说明及课程情况等信息进行调查汇总,分析其专业教育中生态教育的比例、构成等情况,并通过比较研究归纳其专业教育和生态教育的基本实践特征,以供中国景观专业生态教育在建设与实践的过程中进行借鉴。

　　课程教育是高等教育实践体系的主要组成部分和操作对象,是对高等院校学生进行专业知识和技能训练的重要途径,从专业课程的开设情况可以集中反映专业教育的水平。因此,景观专业生态教育也必须把课程教学作为主要的实践内容来加以研究。本章研究将各院校的专业课程开设情况作为重点研究对象,通过对专业课程中生态教育开展情况的详细考察来归纳得到景观专业生态教育的实践经验。

2.1　样本院校筛选

　　先进性研究的样本选取宜精不宜多,样本过多将会因数据的平均处理而失去对先进水平的指征。理想状况下,本章选取的样本院校应能突出代表国际上各类景观专业教育的先进水平。由于景观专业教育在不同的院校往往依托不同的背景学科群展开,因此在筛选时必须同时考察具体院校的景观专业教育水平及其代表的景观专业教育类型。

对于景观专业教育水平的考察,由于缺乏对全球景观专业教育的直接评价排名资料,因此采用了一系列间接的求证式考察办法;对于景观专业教育类型的考察,主要针对所授予的学位类型和专业所属院系的情况来进行。

基本筛选过程如下:

(1) 首先参照 2005 年世界 500 强院校的排名情况筛选出排名领先的、设置有景观专业的院校,结果在前 40 名院校中,共有 12 所美国院校和 1 所加拿大院校符合条件;

(2) 参考 2005 年美国工程类院校的排名情况对初选的 12 所美国院校重新加以考察,包括对这些院校重新排序并补充在 2005 年美国工程类院校排名中与已有 5 所院校排名接近的景观专业院校;

(3) 一般情况下,办学时间越长、学位跨度越大、学位程度越高的院校,专业教育的水准和成熟度也越高,因此根据所有院校的专业办学历史、所授予的学位类型和专业所属院系的情况,对每类院校取综合排名最高者,共得到 5 所美国院校和 1 所加拿大院校;

(4) 鉴于样本院校主要为美国院校,将筛选结果向周围一些有留美经历的专业人员征询意见,反馈结果认可这 5 所院校在美国景观专业教育的领先地位。

筛选结果与具体说明如表 2-1 所示。在所有入选的 6 所院校中,除加利福尼亚大学伯克利分校(University of California-Berkeley)的本科 BA 学位教育外,其余均获得了"美国景观规划设计师协会"下属的"LA 专业认证委员会"(Landscape Architecture Accreditation Board)的专业教育认证。

2.2　各样本院校的景观专业教育概况

本节研究通过对各样本院校网站的公布资料进行搜集整理得到了各样本院校景观专业的阶段教育目标、方式特征和课程体系等教育概况,并在此基础上归纳总结当前高水平的国际景观专业教育的基本特征,识别生态教育是否已成为景观专业教育的一个必要组成部分。

2.2.1　加利福尼亚大学伯克利分校

加利福尼亚大学伯克利分校(University of California-Berkeley,以下简称UCB)的景观专业依托于环境设计学院下与建筑系和城市与区域规划系平行

表 2-1　代表国际景观专业教育先进水平的样本院校筛选一览表

采选序号	院校	国家	2005年世界500强院校排名	2005年美国工程院院校排名	本科	硕士	博士	系	二级学院	学院	专业开设时间	入选/未入选主要原因说明
1	加利福尼亚大学伯克利分校（UCB）University of California-Berkeley	美国	3	3	BA	MLA	PhD	Department of Landscape Architecture and Environmental Planning	—	College of Environmental Design	1913	综合排名突出，全面反映环境类院系从本科到博士的专业教育情况
2	伊利诺伊大学厄巴纳—香槟分校（UIUC）University of Illinois-Urbana-Champaign	美国	20	4	BLA	MLA	PhD	Landscape Architecture Department	—	College of Fine and Applied Arts	1907	综合排名突出，全面反映艺术类院系从本科到博士的专业教育情况
3	康奈尔大学（CU）Cornell University	美国	10	12	BS	MLA	—	Department of Landscape Architecture	—	College of Agriculture and Life Sciences	1904	综合排名较突出，反映农业类院系从本科到硕士的专业教育情况
4	哈佛大学（HU）Harvard University	美国	1	20	—	MLA	PhD/Ddes	Department of Landscape Architecture	—	Graduate School of Design/Graduate School of Arts and Sciences	1901	是全球第一个设置景观专业的院校，综合排名突出，代表设计类和艺术类院系单设研究生阶段专业教育的情况

续 表

采选序号	院校	国家	2005年世界500强院校排名	2005年美国工程院校排名	学位 本科	学位 硕士	学位 博士	系	二级学院	学院	专业开设时间	入选/未入选主要原因说明
5	多伦多大学(UT) University of Toronto	加拿大	19	—	—	MLA	—	Department of Landscape Architecture	—	Faculty of Architecture, Landscape and Design	1934	是美国以外院校的代表,代表建筑类院系单设研究生阶段专业教育的情况
6	宾夕法尼亚大学(UP) University of Pennsylvania	美国	13	29	—	MLA	—	Department of Landscape Architecture and Regional Planning	—	School of Design(2003年秋自Graduate School of Fine Arts改名)	1924	综合排名尚可,主要考虑其对景观生态规划设计大师麦克哈格的教育思想传承和反映
—	密歇根大学安阿伯尔分校 University of Michigan-Ann Arbor	美国	18	6	—	MLA	—	—	—	School of Natural Resources and Environment	不详	在环境类院系中的综合排名不如UCB,且仅有硕士学位教育
—	普渡大学西拉法叶主校区 Purdue University-West Lafayette	美国	48	10	BS	—	—	Department of Horticulture and Landscape Architecture	—	College of Agriculture	不详	在农业类院系中的综合排名不如CU,且仅有本科教育

续表

采选序号	院　校	国家	2005年世界500强院校排名	2005年美国工程院校排名	学　位			系	二级学院	学　院	专业开设时间	入选/未入选主要原因说明
					本科	硕士	博士					
—	得克萨斯 A&M 大学 Texas A&M University-College Station	美国	54	14	BLA	MLA	—	Department of Landscape Architecture and Urban Planning	—	College of Architecture	不详	在建筑类院系中全球排名不如 UT
—	威斯康星大学麦迪逊分校 University of Wisconsin-Madison	美国	14	15	BS	—	—	Department of Landscape Architecture	School of Natural Resources	College of Agriculture and Life Sciences	1915	在农业类院系中综合排名不如 CU，且仅有本科教育
—	马里兰大学 University of Maryland-College Park	美国	37	17	BLA	—	—	Department of Natural Resource Sciences and Landscape Architecture	—	College of Agriculture and Natural Resources	1920's	在农业类院系中综合排名不如 CU，且仅有本科教育
—	宾夕法尼亚州立大学 Pennsylvania State University-University Park	美国	32	19	BLA	MLA	—	Department of Landscape Architecture	—	College of Arts and Architecture	1907	在艺术类院系中综合排名不如 UIUC 和 HU
—	华盛顿大学（西雅图）University of Washington-Seattle	美国	15	24	BLA	MLA	—	Department of Landscape Architecture	—	College of Architecture and Urban Planning	1969	在规划设计类院系中综合排名不如 HU，且 HU，且发展历史相对较短

设置的景观规划设计与环境规划系(Department of Landscape Architectureand Environmental Planning),其教育强调景观的艺术创作与自然科学知识和价值观的结合,对"环境"进行了从自然要素和生态关系、到空间的艺术感染力和社会功能、乃至景观格局和风貌改变的广泛诠释。其专业教学计划涵盖了本科(BA)、硕士(MLA 等)和博士(PhD in LA & EP)三个阶段。

1. 本科阶段教育

其 4 年制的本科阶段的教育注重向学生引介景观职业所涉及的各个方面,培养学生创造性的和生态化的设计能力。因此,这一阶段的核心课程是三门针对特定景观设计问题的专业设计课(课程编号为 LA101、LA102 和 LA103),与之配套的一系列专业课程共分为四大类:

(1) 设计技巧与方法(Design Skills and Methods),包括低年级的环境设计基础课程、景观规划设计史和计算机技术;

(2) 生态分析(Ecological Analysis),包括生态学和地质学方面的课程;

(3) 种植设计(Planting Design),包括两门专业课程及一门生物学的综合必修课;

(4) 地形设计(Topographic Design)。

此外,还鼓励学有余力的学生辅修建筑学、城市规划专业或外学院的课程,以开拓学生在环境法、设计史、地理学等方面的知识。

2. 硕士阶段教育

其硕士阶段教育针对非设计类专业的本科毕业生和景观、建筑学或环境设计专业的本科毕业生分别设置了 3 年制和 2 年制两种授予 MLA 学位的教学计划,其中 2 年制教育还专门开设了环境规划的研究方向。此外,与学院内其他系还合作开展授予城市设计(Urban Design)、城市/区域规划及景观/环境规划设计(City and Region Planning and Landscape Architecture/Environmental Planning)和建筑及景观/环境规划设计(Architecture and Landscape Architecture/Environmental Planning)方向的 MUD、CPLA 和 ArchLA 等联合学位的教学计划。

硕士阶段教育的主要目的是为了进一步提升学生的设计和规划技能,训练学生在面对各种尺度的景观规划和设计课题时,能够从生态的角度思考专业问题,并出于社会公平的考虑分配景观和自然资源。因此,课程设置围绕着自然生态、公众参与及规划设计研究方法的主题展开。规划设计项目的实际演练被提升到了极为重要的高度:除环境规划专门化方向的学生必须通过撰写学位论文毕业外,一般学生可自由选择通过撰写学位论文或在最后一学期参加以实际项目或指定设计课程的方式进行的综合测试(Comprehensive Exam)来获取毕业资格;最后一学年的暑期一般还要求学生参加职业实习,以增加学生对专业实践的认识。

整体教学围绕着七项专业技能训练展开:

(1) 对景观空间的想象力;

(2) 对自然过程的理解;

(3) 熟悉景观构成的元素和单元;

(4) 把握人的行为和价值观如何影响景观的构成;

(5) 通过前四项技能的综合运用对景观规划设计的传统进行创新;

(6) 引导公众对景观价值进行更为全面的认识以帮助其作出正确的决策;

(7) 在各种不同尺度的景观规划设计项目中能依据提高生态公平和创造自然情境的原则作出合理的决策。

3. 博士阶段教育

博士教育是在硕士教育的基础上出于学术研究的目的而设置的,强调通过规划设计理论和方法的发展创新来解决自然与城市环境之间的种种问题。学生毕业后主要从事相关领域的教学和研究工作,或者为政府或职业咨询机构服务。

该阶段教育与学生的研究方向紧密结合,院系没有明确的必修课程要求,每个学生的选课计划都经过与导师的协商个别制定,课程可以从本科高年级或硕士课程中按需要选取。获得学位的基本要求是修满 32 学分的有效课程、完成 2 年的学术研究实习、完成系里要求的外文文献阅读量、通过资格测试并完成学位论文。

学术研究实习是非常重要的部分,学生通常通过辅助教师开展实际教学或研究工作来得到实践的训练并形成自身的研究方向。建议的研究方向主要包括:

(1) 自然资源分析;

(2) 调查资料的计算机处理技术;

(3) 环境影响研究;

(4) 海岸线分类方法;

(5) 森林景观设计原则;

(6) 城市宜居性(Urban Livability)研究;

(7) 城市认知;

（8）城市设计案例研究；

（9）城市边界形态研究；

（10）环境解读；

（11）公园和开放空间中的人类行为；

（12）社区休闲计划；

（13）环境模拟。

2.2.2　伊利诺伊大学厄巴纳—香槟分校

伊利诺伊大学厄巴纳—香槟分校（University of Illinois-Urbana-Champaign，以下简称 UIUC）的景观专业依托于艺术与应用学院（College of Fine and Applied Arts）下设置的景观规划设计系（Department of Landscape Architecture），与建筑学二级学院（School of Architecture）和城市与区域规划系（Department of Urban and Regional Planning）共同构成规划设计类学科群，致力于可持续设计、历史与理论，以及基于社区研究进行规划设计的倡导性理念的教育和研究。其中景观专业的教育目标主要是使学生了解这一专业并掌握专业的知识和技能，了解各种认识观念并具备职业的责任感，使之能够根据人类社会的需求正确地使用土地和自然资源并创造合理的环境，以解决人类社会与自然系统之间的种种冲突。专业知识和技能的训练主要包括三方面：

（1）理解自然资源对土地利用、设计决策和建设活动的制约性；

（2）了解影响土地利用和设计决策的各种社会因素，包括人的行为及社会，政治、经济和法律制度等；

（3）掌握基本的专业实践技能，包括使用各种工具、了解实践类型和过程，以及学会分析、综合和方案实施的技巧。

其专业教学计划涵盖了本科（BLA）、硕士（MLA）和博士（PhD in LA）三个阶段。

1. **本科阶段教育**

其4年制的本科阶段教育是对专业实践的一个全面的介绍，非常强调循序渐进的课程衔接和学习过程。第一年主要向学生传授制图、自然科学、社会科学、人文科学和数学等普及性的基础知识，为学生转专业或转校创造条件，"景观规划设计导论"是这一年唯一的专业必修课，使学生对景观专业基本情况有一个整体的初步了解；第二年开始进入设计、构造和种植设计方面的专业训练，强调对基本设计原则、设计过程、场地规划技能、调查和分析方法等专业性的逻辑推理方法的系统训练,并开始引入计算机的使用;后面两年则在此基础上开始大尺度景观规划设计的训练,并进一步加强对历史、理论、构造、植物材料和技术知识的介绍,通过与本地及世界其他区域问题密切结合的各种综合应用性课程来向学生展示对已讲授的基本设计原则的检验,强调训练学生进一步熟悉设计过程并创造性地解决各种景观尺度的土地利用问题。学生如未能通过前期课程的学习将直接影响其对后续课程的选修资格。

此外,其本科阶段教育还非常强调技术、设计和通识类课程的平衡设置,以全面训练学生进入职业实践所需的基本技能。专业必修课程主要由设计课、植物及种植设计、工程、场地营造、设计表现和历史理论六大类组成。

2. 硕士阶段教育

其硕士阶段教育是为了培养富有工作效率和创造力、能够在专业实践中担负负责工作的职业人员而设置的,其主要目标是使学生在广泛的景观职业范围中拥有自己擅长的专门发展方向、具备基本的专业研究技能、并能熟练运用既有的规划设计方法。

其硕士阶段教育的首要特色是强调研究方向的专门化。由于师资力量强(一半以上的专业导师拥有博士学位,并且从其他院系聘请了客座导师),因此根据导师的研究擅长,教学计划中列出了社区与城市设计(Community and Urban Design)、生态设计与技术(Ecological Design and Technology)和文化遗产设计(Cultural Heritage Design)三个专门化方向,其中文化遗产设计专门化方向是与考古系(Department of Anthropology)联合教学的。学生入学之初就会有专门的指导老师组织选定自己的专门化方向,并根据选定的方向进行选课和设计培养计划。如果发现最初的选定的专门化方向不适合,在早期培养阶段还可以申请转方向。

除了研究方向专门化的特色之外,其硕士阶段教育还针对生源的前期教育和实践背景多样化的特征,设计了多种教学计划:既有适合景观专业本科毕业生的 2 年制教学计划,又有适合其他专业本科毕业生的 2.5 年或 3 年制教学计划,还有针对景观专业本科优秀生提前攻读硕士学位或没有本科学位的同等学力生的专门教学计划。所有教学计划都以 2 年制教学计划为基础,对学生需要补修的本专业本科专业课程作了规定,以保证学生掌握基本的专业技能。

硕士阶段的专业学习由讲课、设计课和独立的论文研究三部分组成。每个专门化研究方向都设有必修的核心课程及配套的选修课程。

3. 博士阶段教育

其博士阶段教育也是为希望毕业后从事专业教学或研究工作,以及为政府或职业咨询机构服务的学生设置的。与硕士阶段教育相比,更强调在专门化方向研究的深入性及研究经验的积累,要求学生精通其专门研究领域的研究方法、具有提出科研问题和成功获得研究成果的能力。

博士阶段教育也设有三个专门的研究方向:

(1) 设计的社会和文化因素(Social and Cultural Factors in Design);

(2) 历史与理论(History and Theory);

(3) 技术与环境(Technology and Environment)。

类似于硕士阶段教育,博士生的选课和培养计划也都是根据自己的专门研究方向确定的,每个专门化研究方向也都规定有必修的核心课程及配套的选修课程,但课程设置仍然依托本科高年级和硕士阶段的课程,只是对外系的辅修课程有着除学时数以外更为细致明确的要求,以帮助学生跳出专业研究的局限性,从专业外换位思考自己的研究方向。博士生的专业学习由课程选修、初步测试和论文研究三部分组成。

2.2.3 康奈尔大学

康奈尔大学(Cornell University,以下简称 CU)的景观专业依托于农业与生命科学学院(College of Agriculture and Life Sciences)下与动物学、植物学、生态学、自然资源等 26 个专业系科平行设置的景观规划设计系(Department of Landscape Architecture),其教育旨在将学生培养成为富有职业责任感和创造力的设计师,以通过各种具有创新性的、因地制宜的设计方案来提升景观对象的审美品质和价值。因此,以理论和技术知识为基础的实践能力培养是其专业教育的重点,依托一系列设计课程及配套的知识课程来实现。鉴于景观设计是一项表现多元文化价值的艺术,需要有多学科知识的支撑,因此康奈尔大学景观专业非常注重与本学院的园艺系(Department of Horticulture)及建筑、艺术与规划学院(College of Architecture, Art, and Planning)的合作办学。

其专业教学计划涵盖了本科(BS in LA)和硕士(MLA)两个阶段。

1. 本科阶段教育

其 4 年制的本科阶段教育是美国常春藤联合会中唯一有资格授予景观专业 BS 学位的教学计划,主要训练学生掌握景观职业实践所必需的基本技能。其教学围绕一系列精心设计、循序渐进的专业设计课展开,每一设计课都围绕一组不同的设计原则和理论展开,训练学生把握不同的景观要素:地形、植物、水、工程和构造。与设计课相配套,专业课程涵盖技术/制图、历史、植物/自然资源等方面,并且还要求学生从学院的本专业外课程中选修生物学、自然和生命科学、人文科学、写作及口语表达等方面的课程。

其本科阶段教育的突出特点是在本科高年级阶段就要求学生选择专门的研究方向以有目的地进一步拓展其设计知识。建议的专门化方向包括:

(1) 艺术、设计研究、表现、雕塑、景观艺术、计算机可视化、舞蹈艺术、戏剧研究、木工;

(2) 生态、环境可持续设计、绿色建筑、恢复生态学、城市生态恢复、环境法;

(3) 园艺、公共园林管理、城市绿化;

(4) 景观史、文化景观史、历史保护、景观保护、考古学;

(5) 社区设计、参与性活动研究、活动场地设计;

(6) 娱乐产业、生态旅游、高尔夫球场设计、经营、经济学;

(7) 意大利研究、西班牙研究、其他地域研究;

(8) 自行提出。

2. 硕士阶段教育

其硕士阶段教育是由农业与生命科学学院(College of Agriculture and Life Sciences)和建筑、艺术与规划学院(College of Architecture, Art, and Planning)联合开办的。对非设计类专业的本科毕业生和景观或建筑学专业的本科毕业生分别设置了 3 年制和 2 年制两种授予 MLA 学位的教学计划。其中 3 年制的教学计划要求学生修满 90 个学分、完成 6 学期的在校学习、通过核心课程考核并完成学位论文或参加一个高级设计课(Capstone Studio);2 年制的教学计划只要求学生修满 60 个学分、完成 4 学期的在校学习,但必须通过完成学位论文毕业,并且对于学生的专门化研究有更高的要求,不仅对这类课程的总学分数要求较 3 年制教学计划增加了 8 个学分,还对专门化方向作了一定的限制,明确指出了 5 个研究方向:

(1) 景观历史与理论(Landscape History and Theory);

(2) 景观生态与城市绿化(Landscape Ecology and Urban Horticulture);

(3) 文化景观(The Cultural Landscape);

(4) 场地/景观与艺术(Site/Landscape and Art);

(5) 城市设计(Urban Design)。

硕士阶段的课程教育仍然以专业设计课为核心,结合专门的研究方向展开,分为专门化课程、历史研究课程及理论课程三大类。学生选课计划均根据其专门化方向经过与导师的协商来确定。不同的设计课体现不同的设计观念,避免将学生限制到固定的思维模式中。

2.2.4 哈佛大学

哈佛大学(Harvard University,以下简称 HU)的景观专业依托于设计研究生院(Graduate School of Design)下与建筑系、城市规划系和设计系平行设置的景观规划设计系(Department of Landscape Architecture),其教育旨在通过对历史、艺术、设计理论、土木工程及场地分析等方面知识的全面介绍,激发学生的创造力和创新精神,训练学生掌握进行明智的决策的必备技能。其教育尤其强调对土地规划和生态分析过程的介绍,以及对影响设计过程的社会、经济、法律、环境和政策问题的研究。

整个教学活动以专业设计课为核心展开,强调评判分析能力的培养,以及对设计、形态研究、理论、历史、职业实践及科学研究的深入广泛的认识了解。为此,学生可以有大量的机会参加与设计研究生院的建筑学、城市规划等其他系联合开展的教学活动,使用哈佛大学艺术博物馆(Harvard University Art Museums)、阿诺德植物园(Arnold Arboretum)、哈佛森林(Harvard Forest)和华盛顿的丹巴顿—欧克斯园林研究中心(Dumbarton Oaks)等各种实习场所,并接触众多来自不同国家、拥有不同专业背景的访问学者,从而可以学会从多文化、多学科的角度思考设计问题。

其专业教学计划涵盖了硕士(MLA)和博士(DDes/PhD in LA)两个阶段。

1. 硕士阶段教育

其硕士阶段教育同样针对非景观专业的本科毕业生、建筑学专业的本科或硕士毕业生,以及景观专业的本科毕业生分别设置了 3 年制、2 年制和 1.5 年制三种授予 MLA 学位的教学计划。其中,3 年制和 2 年制教学计划旨在对学生进行全面的专业实践技能训练,强调通过密集的系列设计课程使学生掌握对各种尺度的景观进行设计的技能,课程设置综合、全面而严格,分别要求学生修满120、80 个学分才能毕业;1.5 年制教学计划则以主题多样的自选设计课(Studio Options)为主,强调理论和分析技能的培养,旨在进一步发掘学生的潜能,培养职业领导型人才。所有教学计划均要求学生明确专门的研究方向。

专业课程涵盖设计、历史、理论、技术、自然科学应用、植物和职业实践 7 个方面,分为必修课(Requirements)、限选课(Distributional Electives)和任选课

(Free Electives)3 大类。其中必修课是指定的专业课程,限选课对于具体课程的内容方面有明确的限制要求,而任选课则可完全根据学生自己的研究方向和个人兴趣选择。

自选设计课是哈佛的一大特色,使得设计课也提供了任选的可能。这类设计课一般具有主题明确、结合实际课题、内容具有专业/学科交叉性的特点,除部分由本系教师开设外,还多方聘请校外职业设计师开设,能有效培养学生的实践研究能力。

2. 博士阶段教育

其博士阶段教育除了设有授予 DDes(Doctor of Design,设计学博士)学位的教学计划,还与艺术与科学研究生院(Graduate School of Arts and Sciences)合作设立了授予景观方向 PhD 学位的联合教学计划。其中 DDes 学位的教学计划特别强调对专业知识的应用性研究,专为那些希望在职业实践生涯中得到更好的发展的精英人士设计,因此研究课题虽然门类众多,但仍然是针对分类景观的规划设计实践展开的,重视对景观规划设计和城市规划设计的技术层面的研究,如城市设计、居住区规划、建筑理论与实践、房地产开发等的新的、先进的方法技术;而 PhD 学位的教学计划则充分发挥联合教学的优势,侧重于历史、理论及跨学科方向的研究。

其博士阶段教育的突出特点是每个学生的培养计划各不相同,且提供了跨系、跨院甚至跨校的极为灵活宽松的选课环境,学生可以根据自己的研究需要从整个学院、哈佛的其他学院及麻省理工等合作院校的研究生课程中自由选取,整个教学计划只对学生的学位论文环节作出了必要的限定。

2.2.5　多伦多大学

多伦多大学(University of Toronto,以下简称 UT)的景观专业依托于建筑、景观与设计学院(Faculty of Architecture,Landscape and Design)下与建筑系和城市与区域规划系平行设置的景观规划设计系(Department of Landscape Architecture),得到加拿大和美国景观规划设计师协会的双重认证。作为学院统一的建筑学本科教育的承接之一,其专业教学计划只包含硕士(MLA)阶段教育。

其硕士阶段教育主要针对土地规划、设计及管理的社会需要,以培养景观职业实践的领导型人才为目标,通过以设计课为基础的、富有挑战性的系列专业课程,指导学生进行城市景观规划设计和设计理论的研究。主要研究领域包括城市景观与生态、城市设计、景观信息交换（Landscape Communications），及开放空间规划。在教学研究中极为强调数字技术的运用，为此还特别设置了计算机基础（Digital Knowledge Bases）、综合技术支持的虚拟设计（Collaborative Virtual Studios）、数字环境强化（Immersive Digital Environments）等研究方向。

其硕士阶段教育针对非设计类专业的本科毕业生、建筑学或环境设计等相关专业的本科毕业生分别设置了 3 年制和 2 年制两种授予 MLA 学位的教学计划，对于景观专业本科毕业的、想进一步深造的学生，还专门设置了未获专业认证、可直接进入第三年硕士阶段学习的 1 年制教学计划。其中 3 年制教学计划要求学生在入学前补修一些生物学/生态学、地理学、英语、历史及视觉艺术方面的本科生课程，并通过总学分考核毕业；2 年制和 1 年制教学计划则对学生选修专业课程的数量要求相对较低，但要求撰写学位论文。

专业课程的内容大致可涉及历史、技术和环境三个方面，分为必修课（核心课程）和选修课两大类。根据气候条件，有野外实习要求的课程一般安排在春夏季节开设。

2.2.6　宾夕法尼亚大学

宾夕法尼亚大学（University of Pennsylvania，以下简称 UP）的景观专业依托于设计学院（School of Design）下与建筑系、城市规划系、艺术系和历史保护系平行设置的景观规划设计与区域规划系（Department of Landscape Architecture and Regional Planning），因 20 世纪 60 年代由麦克哈格执教领导而在生态规划设计方面作出了倡导性贡献，获得全球的一致公认。目前其专业教育仍以传承这一历史特色为宗旨，提倡在综合各种生态信息、历史观念、构造技术、现代新技术，及城市化等社会发展趋向的基础上进行创新设计，不断追寻新的观念、形式和方法，以保持其专业在世界范围的影响力。为此，该系对师资水平要求严格，经常从世界范围邀请著名的实践家和理论家来作讲座、主持研讨会或开设高级设计课，并充分利用全院的师资力量，注重与其他系的教学和研究合作。

其专业教育只有硕士阶段教育，针对非景观、建筑类专业的本科毕业生和景观或建筑学专业的本科毕业生分别设置了 3 年制和 2 年制两种授予 MLA 学位的教学计划。此外，还与学院的其他系科联合设置多种授予双学位（MLA/MARCH、MLA/MCP 和 MLA/MFA）的教学计划，并设有历史保护（Historic Preservation）、城市设计（Urban Design）、房地产开发（Real Estate and

Development)、景观学(Landscape Studies)等只颁发学历证书的教学计划。

其专业教育通过对专业实践领域、对象和技术手段的全面介绍,鼓励学生在知识学习的同时发掘自身的创造力。设计能力的培养是专业教学和研究的重心,具体包括四种技能的训练:形态创造、综合分析、提问求解及工作过程设计。这些技能的训练主要通过设计课进行,通过五个步骤达成:

(1) 手眼能力的训练(观察和表现);

(2) 空间及时空感觉能力的训练;

(3) 场地工作能力的训练;

(4) 想象、思考及评判能力的训练;

(5) 计划、政治、社会及技术创新能力的训练。

因此,专业课程分为设计课、操作课(Workshops)、理论课、传媒课四个系列,课程教育极为强调循序渐进的必要性,教学计划中对这四个系列课程选修的构成和顺序要求作了详细规定,但也允许学生根据自己的实际情况作合理的调整。课程教学以专业设计课为核心,除讲课外还开设研讨会及操作性课程,课程内容主要涉及历史与理论、技术(包括生态、园艺、土方、结构和项目管理)、视觉和数字媒体(Visual and Digital Media)三方面。最后一年学生主要根据自己的研究方向进行研究工作,具体研究方向可在整个学院范围内自由选取。

2.2.7　国际先进的景观专业教育的基本特征

根据以上调查,可以概括得到如表 2-2 所示的各样本院校景观专业教育的基本情况比较,并可从中进一步分析总结出当前高水平的国际景观专业教育的一些基本特征,主要可归纳为以下 6 点。

1. 生态教育在专业教育中占有重要地位

从各院校各阶段专业教育的办学目的、课程内容分类,以及对专门化研究方向的建议说明中,可以发现生态科学知识的应用已经成为一个重要的教学和研究领域,在专业教育中占有重要的地位。加利福尼亚大学伯克利分校和宾夕法尼亚大学甚至已经将生态规划设计作为基本的景观规划设计手段在办学思想中明确反映出来,作为专业技能训练的重点。

2. 景观专业教育的目的具有阶段性特征

一般本科和硕士阶段教育主要致力于不同层次的职业实践人才培养,其中本科阶段主要进行基本的专业实践技能训练,而硕士阶段则致力于专业实践技能的提高训练及实践领域的专门化定向,以培养职业实践中的领导型人才;博士

表2-2 各样本院校景观专业教育情况综合表

教育阶段	样本院校	授予学位	计划年制	办学目的	专业课程内容分类	专业必修课要求	核心专业课程类型	与本科课程的交叉	与硕士课程的交叉	跨院系选课	跨校选课	联合办学	研究方向专门化	研究方向	毕业考核
本科阶段	加利福尼亚大学伯克利分校（University of California-Berkeley）	BA	4年制	向学生引介景观职业所涉及的各个方面，培养学生创造性的和生态化的设计能力	(1)设计技巧与方法 (2)生态分析 (3)种植设计 (4)地形设计	有	设计课	—	—	鼓励	无	—	无	—	总学分考核
	伊利诺伊大学厄巴纳—香槟分校（University of Illinois-Urbana-Champaign）	BLA	4年制	对专业实践进行全面的介绍，以全面训练学生进入职业实践所需的基本技能	(1)设计课 (2)植物及种植设计 (3)工程 (4)场地营造 (5)设计表现 (6)历史和理论	有	不详	—	—	要求	无	—	无	—	总学分考核
	康奈尔大学（Cornell University）	BS in LA	4年制	训练学生掌握景观职业实践所需的基本技能	(1)技术/制图 (2)历史 (3)植物/自然资源	有	设计课	—	—	要求	无	—	高年级要求	(1)艺术、设计研究、表现、雕塑、景观艺术、计算机可视化、舞蹈艺术、戏剧研究、木工 (2)生态、环境可持续设计、城市绿色建筑、生态恢复、环境法 (3)园艺、公共园林管理、城市绿化 (4)景观史、文化景观史、历史保护、景观保护、考古学	总学分考核

续　表

教育阶段	样本院校	授予学位	计划年制	办学目的	专业课程内容分类	专业必修课要求	核心专业课程类型	与本科课程的交叉	与硕士课程的交叉	跨院系选课	跨校选课	联合办学	研究方向专门化	研究方向	毕业考核
														(5) 社区设计,参与性活动研究,活动场地设计 (6) 娱乐产业,生态旅游,高尔夫球场设计,经营,经济学 (7) 意大利地域研究,西班牙研究,其他地域研究 (8) 自行提出	/ 综合测试
本科阶段	加利福尼亚大学伯克利分校 (University of California-Berkeley)	MLA, MLA/MUD, MLA/CPLA 和 MLA/ArchLA	3年制 2年制	进一步提升学生的设计和规划技能,训练学生在全面对各种尺度的景观规划和设计课题时能从生态的角度思考专业问题,并出于社会公平的考虑分配景观和自然资源的使用	(1) 自然生态 (2) 公众参与 (3) 规划设计设计研究方法 (4) 职业实习	无	不详	无	—	不详	无	有	入学要求	(1) 景观规划设计 (2) 环境规划 (3) 城市设计 (4) 城市/区域规划及景观环境规划设计 (5) 建筑景观及景观环境规划设计	学位论文
硕士阶段	伊利诺伊大学厄巴纳-香槟分校 (University of Illinois-Urbana-Champaign)	MLA	3年制 2.5年制 2年制	培养富有工作效率和创造力,能够担负实践负责工作的职业人员,使学生在广泛的景观职业范围中即有自己擅长的专门发展方向,具备基本的专业技能,并能熟练运用既有的规划设计方法	不详	按研究方向而异	不详	有	—	要求	无	有	入学要求	(1) 社区与城市设计 (2) 生态设计与技术 (3) 文化遗产设计	学位论文

续　表

教育阶段	样本院校	授予学位	计划年制	办学目的	专业课程内容分类	专业必修课要求	核心专业课程类型	与本科课程的交叉	与硕士课程的交叉	跨院系选课	跨校选课	联合办学	研究方向专门化	研究方向	毕业考核
硕士阶段	康奈尔大学（Cornell University）	MLA	3年制 2年制	景观职业实践技能提高	(1)专门化课程 (2)历史中研究课程 (3)理论课程	有	设计课	有	—	不详	无	是	入学要求	(1)景观历史与理论 (2)景观生态与城市绿化 (3)文化景观 (4)场地/景观与艺术 (5)城市设计	学位论文/高级设计课
	哈佛大学（Harvard University）	MLA	3年制 2年制 1.5年制	通过理论和分析技能的培养，进一步发掘学生的潜能，培养职业领导型人才	(1)设计 (2)历史 (3)理论 (4)技术 (5)自然科学应用 (6)植物和职业实践	有	设计课	—	—	有	无	无	入学要求	—	学位论文/高级设计课
	多伦多大学（University of Toronto）	MLA	3年制 2年制 1年制	针对土地规划、设计及管理的社会需要，以培养景观职业实践的领导人员为目标，通过以设计课为基础的、富有挑战性的系列专业课程，指导学生进行城市景观规划设计及设计理论的研究	(1)历史 (2)技术 (3)环境	有	不详	—	—	有	无	无	有要求，开始时间段不详	(1)城市景观与生态 (2)城市设计 (3)景观信息处理 (4)开放空间规划 (5)计算机基础 (6)综合技术支持的虚拟创作 (7)数字环境强化	学位论文/总学分考核

续 表

教育阶段	样本院校	授予学位	计划年制	办 学 目 的	专业课程内容分类	专业必修课要求	核心专业课程类型	与本科课程的交叉	与硕士课程的交叉	跨院系选课	跨校选课	联合办学	研究方向专门化	研 究 方 向	毕业考核
硕 士 阶 段	宾夕法尼亚大学 (University of Pennsylvania)	MLA, MLA/MARCH, MLA/MCP 和 MLA/MFA	3 年制 2 年制	保持其专业在生态规划设计方面的世界影响力，通过对专业技术手段的全面介绍，对象，培养学生的设计能力，并激励学生发掘自身的创造力	(1) 历史与理论 (2) 技术 (3) 视觉和数字表现	有	设计课	—	—	不详	无	有	最后一年要求		总学分考核
博 士 阶 段	加利福尼亚大学伯克利分校 (University of California - Berkeley)	PhD in LA & EP	—	出于学术研究的目的，培养可从事相关领域的教学和研究工作，或者为政府或职业咨询机构服务的专业人员	无	无	—	有	有	不详	无	不详	入学要求	(1) 自然资源分析 (2) 调查资料的计算机处理技术 (3) 环境影响研究 (4) 海岸线分类方法 (5) 森林景观设计原则 (6) 城市宜居环境研究 (7) 城市认知 (8) 城市设计案例研究 (9) 城市边界形态研究 (10) 环境解读 (11) 公园和开放空间中的人类行为 (12) 社区休闲计划 (13) 环境模拟	学位论文

续　表

教育阶段	样本院校	授予学位	计划年制	办学目的	专业课程内容分类	专业必修课课程要求	核心专业课程类型	与本科课程的交叉	与硕士课程的交叉	跨院系选课	跨校选课	联合办学	研究方向专门化	研究方向	毕业考核
博士阶段	伊利诺伊大学厄巴纳－香槟分校(University of Illinois-Urbana-Champaign)	PhD in LA	—	培养可从事专业教学或研究工作,以及为政府或职业咨询机构服务的专业人才,着重训练学生精通专门研究领域的研究方法,具有提出研究问题和成功获得研究成果的能力	无	按研究方向而异	—	有	有	要求	无	不详	入学要求	(1)设计的社会和文化因素 (2)历史与理论 (3)技术与环境	学位论文
	哈佛大学(Harvard University)	DDes/PhD in LA	—	DDes学位的教学计划特别强调对专业知识的应用性研究,专为那些希望在职业生涯中得到更好的发展的精英人士设计;PhD学位计划则侧重于历史、理论及跨学科方向的研究	无	无	—	无	有	要求	允许	有	入学要求	—	学位论文

阶段教育则主要基于学科后续发展的考虑,致力于专业研究和教育人才的培养,对于研究领域的专门化及研究创新技能训练有更为明确的要求。因此,大部分院校并不要求本科生确定专门的研究方向,但对于硕士生和博士生却在入学之初就提出这一要求;此外,除个别院校外,硕士的学位论文并非必需的结业要求,而博士却必须通过学位论文毕业。

3. 阶段教学计划的灵活性存在差异

本科阶段教学计划相对完整固定,一般为4年制,选课要求明确,并强调通过课程学习来完成学业。硕士阶段和博士阶段的教学计划则较为灵活,但各自的灵活性特征有所不同。

硕士阶段教学计划的灵活性主要是针对学生的本科教育背景差异而产生的,表现为教学计划的多样性及教学计划的向下(本科阶段教学)可兼容性。因此,除了最为普遍的3年制和2年制教学,1年制、1.5年制及其他双学位、证书制教学也很常见。在同时开设本科阶段专业教育的院校,研究生阶段的专业课程一般与本科阶段的专业课程存在交叉,尤其是本科高年级的专业课程;在不设本科阶段专业教育的院校,则其硕士阶段的教学计划更带有本科阶段教学计划相对完整固定的特征,选课要求相对明确,并且学生专门研究方向的确定时间相对滞后。

博士阶段教学计划的灵活性则是针对学生的研究方向分化而产生的,表现为学生培养计划的个性化。虽然部分院校在硕士阶段教育也表现出这一灵活性特点,但在灵活程度上远远不如博士阶段。在博士阶段教学中,除了论文指导类课程外,课程体系几乎沦为无形,学生选课普遍要求针对具体研究方向跨院系甚至跨校进行。这种培养方式非常有利于在具体研究方向的深入及从学科以外的角度来审视、反思自己的研究方向,有效达成研究型教育的目的。

4. 跨学科教育的特征应专业教育阶段而异

跨院系选课的要求在各个院校专业教育的各个阶段都普遍存在,但是仔细分析,这种跨学科教育的特征并非简单追求学生专业与非专业知识结构的平衡,在不同专业教育阶段具有不同的特点和目的。

本科阶段的跨院系选课一般在低年级发生,主要是出于通识教育的目的;硕士阶段的跨院系选课主要在任选课部分发生,主要针对学生研究方向专门化的教育需求;而博士阶段的跨院系选课则往往是作为基本要求提出的,其深层的目的是通过学科跨越来促进景观专业的持续发展,可谓意义深远。

5. 专业实践技能培训存在基本构成

从各院校本科和硕士阶段教育的专业课程内容分类及具体课程的开设情况可

以总结得出,景观专业的基本专业实践技能培训大致由5个循序渐进的方面构成:

(1)方案表现与交流:主要包括绘图和计算机表现技术的训练,也有一些院校将口述和写作训练包括在其中;

(2)景观要素把握:主要是对水、植物/种植、地形/场地、工程/构造等景观构成要素及其相关知识(如规划设计时的处理技术等)的介绍;

(3)景观规划设计理论与方法:主要包括景观规划设计历史、理论和方法的知识介绍,以及对各类型景观及其规划设计方法的介绍和训练;

(4)科学分析:主要是出于景观分析的目的,对自然/生态/环境科学的具体知识与应用进行介绍,一些院校将人文/社会科学的知识与应用介绍也纳入其中,此外,专业研究方法和计算机分析技术的训练也非常普遍;

(5)职业实践:主要是通过各种实践和实习使学生了解职业实践和专业研究工作的现实情况并进行实际锻炼,硕士阶段还会对针对项目管理、公众参与组织、工作过程设计、相关法规制度等专门的实践技术内容开设指导性课程。

6. 设计课具有教学核心作用

专业设计课在景观专业本科和硕士阶段的教育中是一类关键的核心课程,因此普遍受到各个院校的重点关注。除了对设计课的系列顺序进行研究安排外,一些院校还通过设置多主题的任选设计课、聘请职业景观师开设设计课等方式来提高设计课对学生实践操作能力的训练实效。

可见,在当前高水平的国际景观专业教育中,生态教育已成为其教学和研究工作中的一个重要组成部分。但是,针对景观专业教育所表现的阶段渐进性、教学计划灵活性、专业技能复杂性、以设计课这一实践型课程为教学核心等种种特点,要了解当前国际景观专业生态教育的发展状况,则必须进一步研究生态教育在景观专业教育的各个阶段、针对不同专业技能训练要求而开设的各种专业课程中的具体开展情况及其具体的教学形式构成等更为详细的情况。

2.3 各样本院校景观专业生态教育课程构成

本节研究是在详细整理汇总各样本院校景观专业阶段性教育的专业课程设置及教学实施情况①的基础上,通过对具体课程的生态教育相关性及生态教育

---

① 限于篇幅,该部分调查资料未收入本书中。

层次类型的分析判别和分类统计,来认识了解其专业生态教育课程构成情况,并归纳总结以专业课程体系为依托的、代表当前先进水平的景观专业生态教育的实践特征,作为中国景观专业生态教育建设发展的参考。

由于各院校的博士阶段专业教育相对缺乏完整的课程体系,因此本节研究主要针对本科和硕士阶段教育进行。

2.3.1 课程分类及类型判别

课程构成是指课程分类及不同类型课程的数量、教学形式组成、重要性等分解特征情况,是对整体课程设置的解构剖析。通过对课程构成的研究可以达成一个先分解再综合的认识了解过程,使得对于专业课程设置及教学情况的研究更为简便易行和深入细致。

一般情况下,课程数量是对开课数量的反映,课程教学形式组成可通过具体教学形式的课时分配情况来分析得到,课程重要性则可借助具体课程的总学时或学分在所有课程中所占的比重来判断,而课程分类的研究则需要先期决定课程类型及分类判别标准。

对于课程类型,出于考察景观专业生态教育的目的,本节研究既从专业教育的角度设置了课程内容、选修要求和教学形式三大常规类型组合,又从专业生态教育的角度设置了课程的生态教育相关性及生态教育类型层次两大类型组合,以便通过交叉研究了解这两个类型体系之间的相互关系,更深入全面地了解生态教育课程与景观专业课程的结合情况(图 2 - 1)。其中,课程内容的类型是在上节景观专业教育基本特征研究的基础上,根据专业实践技能培训的五项基本构成并考虑到设计课在景观专业教育中的特殊地位而得到的;选修要求和教学形式的类型是综合各院校景观专业课程的具体情况,根据其中的共性特征而得到的;生态教育相关性则根据课程教学内容是否具有生态相关性划分为三类;生态教育类型层次的类型则是基于第 1 章中对于景观专业生态教育层次的推断得到的。

在对具体课程进行分类判别时,选修要求类型和教学形式类型[①]可以根据各院校的专业课程开设情况直接获得,但其他三种类型的确定则相对困难,需要对判别原则进行统一规范。

---

① 由于同一门课程在教学中可能采用多种教学形式,因此一门课可以同时兼有多种教学形式类型。

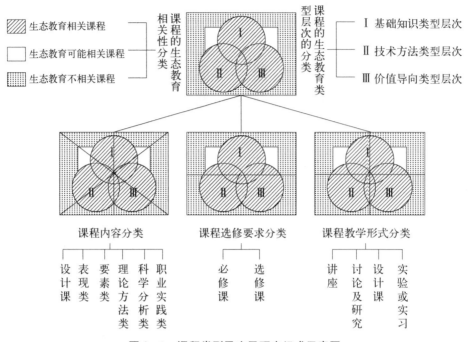

图 2-1　课程类型及交叉研究组成示意图

1. 生态教育相关性判别原则

生态教育相关性的判别也是根据课程内容的介绍来进行的,主要判别原则包括:

(1) 内容介绍中凡直接提及对生态知识、生态/环境技术或生态伦理观的介绍或训练,如出现"ecological""environmental""eco-ethetic"等字样并在内容上与之相符的课程,均归入生态教育相关课程;

(2) 内容介绍中凡提及与景观生态规划设计基本原则及其导向有关的基础知识、技术知识及认识观念的介绍或训练的课程,如植物类课程提及乡土植物选择的、场地类课程提及自然地形的合理处理的,等等,均归入生态教育相关课程;

(3) 内容介绍中凡提及对自然与人类利用之间的冲突关系、问题解决办法等的介绍或训练(如自然资源和土地的保护等)的课程,均归入生态教育相关课程。

(4) 凡内容介绍中未对课程内容作明确说明的均归入可能相关一类。

2. 生态教育类型层次判别原则

生态教育类型层次的判别也是根据课程内容的介绍来进行的,主要判别原则包括：

（1）基础知识类型层次：包括内容介绍中提及对生态学、生态规划设计等相关知识、理论、概念、历史情况等的表述介绍（如自然景观史、乡土植物类型等）的课程；

（2）技术方法类型层次：包括内容介绍中提及对自然研究、生态规划设计等技术方法的表述介绍或指导性的实践应用（如生态分析技术、生态恢复技术等）的课程；

（3）价值导向类型层次：包括内容介绍中提及对生态伦理的探讨或对既有的非生态性或生态性的专业认识、实践及技术方法等的评价的课程。

3. 课程内容类型判别原则

课程内容类型的判别主要参考具体院校原有的课程内容类型，并结合具体课程内容的介绍来分析进行的，主要判别原则包括：

（1）设计课全部归入设计课类型，制/绘图课全部归入表现类型，景观规划设计的历史、理论和方法课全部归入理论方法类型，自然/生态/环境/社会科学的知识与应用及分析技术型课全部归入科学分析类型，实习、个人研究及职业实践指导性课程全部归入职业实践类型；

（2）针对景观要素的课程如只涉及对要素本身及工程技术手段的介绍则归入要素类型，如还涉及要素作为景观分析的对象如何进行科学分析的内容则归入科学分析类型；

（3）计算机课程依其侧重于图形表现或分析技术分别归入表现或科学分析类型。

附录 A 是根据各样本院校景观专业课程开设情况资料研究得到的生态教育课程构成基本情况。考虑到各样本院校之间在总课程数、学分/学时设置上的差异，本节的统计研究是将附录 A 中的实际数据折算成比例数据后进行的，以尽可能消除院校间的具体差异对研究结果可能造成的偏差影响。

2.3.2 本科阶段生态教育课程构成

由于各样本院校景观专业本科阶段教育具有教学计划相对完整固定的特征，因此对其生态教育课程构成的考察可以在整体课程研究和分类交叉研究这两个层面上进行，即对于生态教育相关课程所占的比重，以及属于不同生态教育类型层次的课程之间的比例关系，都可以既针对所有课程，又针对课程内容、课程选修要求、课程教学形式等分类课程来进行。

1. 生态教育相关课程比重

生态教育相关课程比重是所有生态教育相关课程与所有专业课程的比例关系。通过课程数量比重可以看出生态教育相关课程的数量水平，通过其与课程学分比重的对比可以判断生态教育相关课程在专业教育中的重要性。

从图2-2和图2-3可见，各院校生态教育相关课程的数量和学分比重都相当接近，整体上已达到30%～35%的水平。

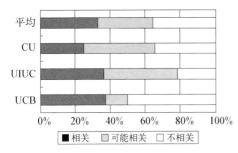

图2-2　生态相关课程的数量比重　　图2-3　生态相关课程的学分比重

2. 生态教育相关课程的层次分布

生态教育课程的层次分布是在所有专业课程中，分别属于基础知识、技术方法和价值导向类型层次的生态教育相关性课程所占的比例关系。从中可以看出在40%～45%的生态教育相关课程总量水平下，三种类型层次的课程比例关系。

从图2-4可见，各院校三种类型层次的生态教育相关课程所占比重的差异较大，基础知识和价值导向类型层次的课程比例变幅尤其明显，分别接近17%和22%。由于生态基础知识的教育在专业课程之外还可以通过初期的通识课

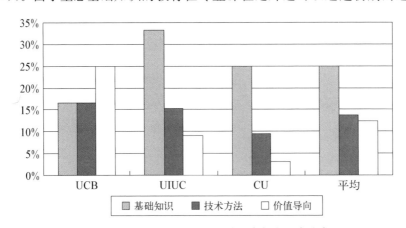

图2-4　生态教育相关课程的生态教育层次分布

程来进行,而生态规划设计技术方法和生态价值观的教育则属于景观专业生态教育发展的较高层次,因此这种差异性可能是各院校生态通通识课程设置及教育发展水平差异的综合反映。

从平均水平看,基础知识、技术方法和价值导向类型层次的课程呈递减态势,所占比重分别为25%、14%和12%。

3. 生态教育相关课程分类比例

生态教育相关课程分类比例是在按照课程内容、课程选修要求、课程教学形式等进行分类的各部分专业课程中,生态教育相关课程所占的比重。可以借此来进一步考察生态教育相关课程应景观专业课程类型变化的具体特征。

(1)课程内容分类

图2-5是各样本院校景观专业课程中,生态教育相关课程在设计课及表现、要素、理论方法、科学分析和职业实践这六类课程中分别所占的比重。各院校虽然存在一定的差别,但都表现出表现类课程不具有生态相关性、实践类课程的生态相关性少的特征。从平均水平看,科学类、理论方法类和要素类课程中的生态教育相关课程比重较为接近,分别为50%、48%和47%,设计课中的生态教育相关课程占39%,实践类课程中只占到6%。

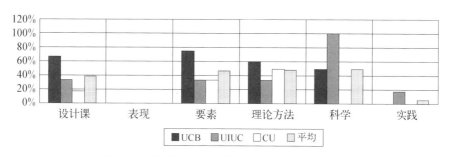

图2-5　分类课程中生态教育相关课程比重分布

可见,这些院校景观专业的本科阶段教育中,生态教育目前主要存在于课堂教育中,在实践层面较少涉及。由于实践类课程是为学生熟悉了解景观职业的预备课程,这种职业实践层面生态教育的相对缺失无形中也反映出景观生态规划设计的思想方法在景观专业职业实践活动中还尚未普及成熟。

(2)课程选修要求分类

图2-6—图2-9是生态教育相关课程的数量和学分在各样本院校的专业必修课和选修课中所占的比重。可以看到,无论在必修课还是选修课中,数量和学分比重都具有一致性。但是必修课中生态教育相关课程的比重要高于选修课

中的比重,因此可以判断生态教育是景观专业教育的重要组成部分。

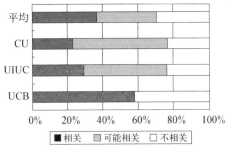

图2-6 必修课中生态相关课程的数量比重　图2-7 必修课中生态相关课程的学分比重

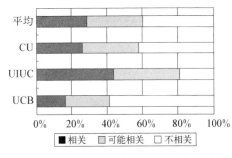
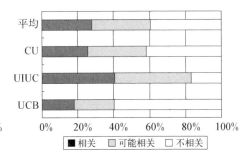

图2-8 选修课中生态相关课程的数量比重　图2-9 选修课中生态相关课程的学分比重

（3）课程教学形式分类

图2-10和图2-11是各样本院校景观专业的所有课程及生态教育相关课程的周学时中,讲座、讨论及研究、设计课、实验或实习这四种教学形式分别所占的比重。

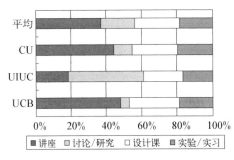
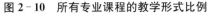
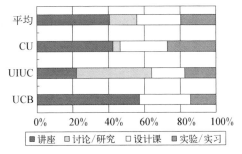

图2-10 所有专业课程的教学形式比例　图2-11 生态相关课程的教学形式比例

可以看到,图2-10和图2-11反映的数据结构非常类似,可见景观专业的生态教育课程基本沿袭了传统的专业课教学形式。从平均水平看,在四种教学形式中,讲座是主要的教学形式,学时比例占到 41%;设计课、实验/实习和讨论/研究的学时比例依次递减,分别占到 24%、20% 和 15% 的水平。

　　而与其他两个院校相比,伊利诺伊大学厄巴纳—香槟分校的讲座和讨论/研究这两种教学形式的学时比例明显反置,直接原因应该是因信息不全造成的数据处理误差过大①,因此讲座形式教学的平均比重占到 40% 以上还是可以采信的。

　　4. 生态教育分类课程的层次分布

　　生态教育分类课程的层次分布是在按照课程内容、课程选修要求进行分类的各部分专业课程中,三种生态教育类型层次的课程的比例关系,以及每一生态教育类型层次的课程中,不同教学形式所占的比重。可以借此进一步考察生态教育相关课程的类型层次与景观专业课程类型之间的对应特征。

　　(1) 课程内容分类

　　图 2-12—图 2-16 是各样本院校在设计课及要素、理论方法、科学分析和职业实践类的生态教育相关课程中,三种生态教育类型层次的课程分别所占的比重。其中明显可以看到各院校间的差别较大,三所院校分别针对不同的课程类型突出不同类型层次的生态教育,这实际上提示了生态教育在课程组织上可以具有相当的灵活性。

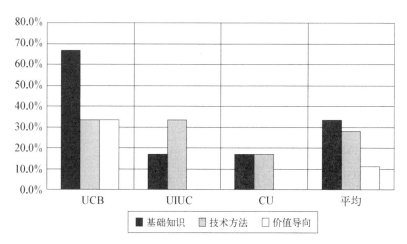

图 2-12　设计课的生态教育层次分布

---

　　① 在分析伊利诺伊大学厄巴纳—香槟分校的具体课程的教学形式周学时分配时,由于只有课程教学形式和周总学时的信息,因此简单地将周学时在教学形式间作了平均分配。

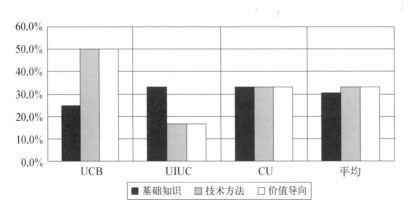

图 2－13　要素类课程的生态教育层次分布

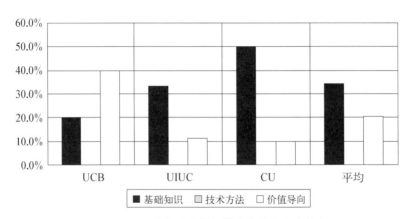

图 2－14　理论方法类课程的生态教育层次分布

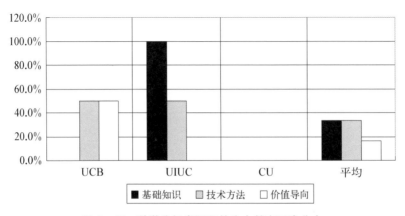

图 2－15　科学分析类课程的生态教育层次分布

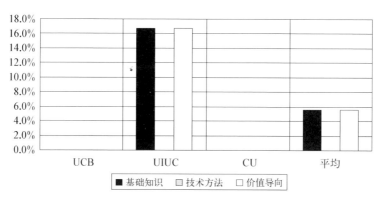

图 2‑16　职业实践类课程的生态教育层次分布

就平均水平而言,生态基础知识的教学较为平均地分布在设计课及要素类、理论方法类、科学分析类课程中,生态技术方法的教学主要集中在要素类、科学分析类课程和设计课中,而生态价值导向的教学则主要发生在要素类和理论方法类课程中。

（2）课程选修要求分类

图 2‑17 和图 2‑18 是各样本院校在具有生态教育相关性的景观专业必修和选修课程中,三种生态教育类型层次的课程分别所占的比重。各院校间的差别同样比较大,但所有院校的生态技术方法型教育在必修课中的比重都明显高于选修课,并且除了加利福尼亚大学伯克利分校外,其余两个院校的生态基础知识型教育均表现出明显的反置特征,即选修课中的比重高于必修课。这种以生态技术方法类型层次教育为主的景观专业生态教育课程设置在一定程度上验证了景观专业生态教育应以技术层次教育为核心的理论假设。

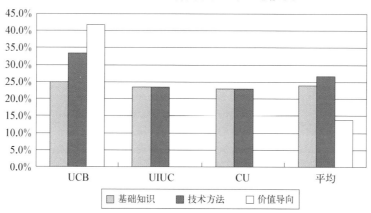

图 2‑17　必修课的生态教育类型层次分布

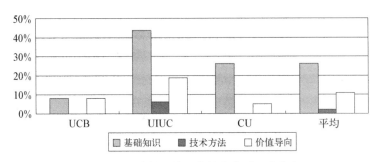

图 2‐18　选修课的生态教育类型层次分布

（3）课程教学形式分类

图 2‐19—图 2‐21 是各样本院校在三种生态教育类型层次课程教学中，讲座、讨论及研究、设计课、实验或实习这四种教学形式分别所占的比重。各院校间的差别同样比较大，其中，伊利诺伊大学厄巴纳—香槟分校讨论/研究的教学形式比例较大，还是因为信息不全导致数据处理误差过大造成的。总的看来，生态价值导向型课程的教学以讲座为主，而生态基础知识和生态技术方法型课程的教学则要求讲座、设计课及实践/实习的有机配合。

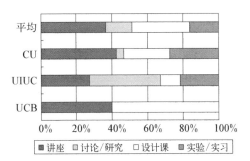

图 2‐19　生态基础知识型课程的
教学形式比例

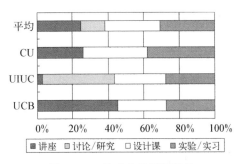

图 2‐20　技术方法型课程的
教学形式比例

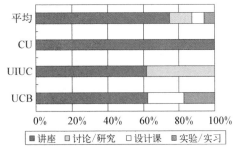

图 2‐21　价值导向型课程的教学形式比例

2.3.3　硕士阶段生态教育课程构成

硕士阶段生态教育课程构成的考察同样通过整体课程研究和分类交叉研究进行，但由于景观专业硕士阶段教育往往针对不同本科教育背景的学生设置不同的教学计划,并有不同的课程选修要求,因此生态教育相关课程及生态教育类型层次课程与选修要求分类课程之间的关系在此不进行分析研究。

1. 生态教育相关课程比例

从图 2-22 和图 2-23 可见,各院校生态教育相关课程的数量和学分比重都比较接近,整体上已达到近 45％ 的水平。

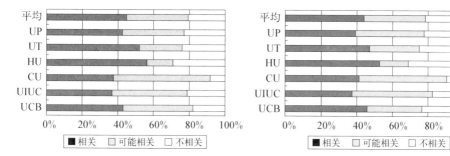

图 2-22　生态相关课程的数量比重　　图 2-23　生态相关课程的学分比重

2. 生态教育相关课程的类型层次分布

从图 2-24 可见,各院校三种类型层次的生态教育相关课程所占比重的差异较大,基础知识、技术方法和价值导向类型层次的课程比例变幅分别达到 20％、20％ 和 12％。但仔细考察,这种变化与该院校景观专业是否具有本科阶段教育,以及专业所属院系的类别并无显著的相关,因此这种差异性同样可能是各院校生态教育发展特色及水平差异的综合反映。例如宾夕法尼亚大学对于生态分析的擅长导致其生态技术方法类型层次课程的明显优势。

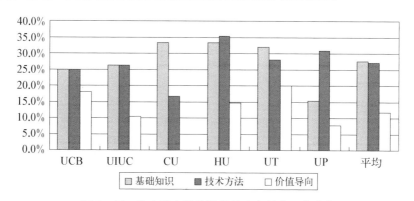

图 2-24　生态教育相关课程的生态教育层次分布

从平均水平看,基础知识、技术方法和价值导向类型层次的课程呈递减态势,所占比重分别为 28％、27％ 和 12％。

3. 生态教育相关课程分类比例

（1）课程内容分类

图 2-25 是各样本院校景观专业课程中,生态教育相关课程在设计课及表现、要素、理论方法、科学分析和职业实践这六类课程中分别所占的比重。

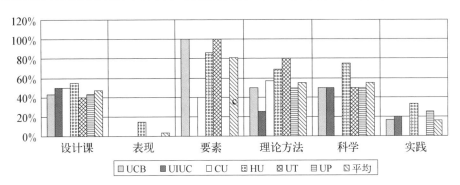

图 2-25　分类课程中生态教育相关课程比重分布

各院校之间的差别比较明显。这种差别一部分是由于景观专业硕士阶段教育向本科阶段教育的兼容特征造成的,表现为部分开设有本科阶段教育的院校存在一些分类课程的缺失,如表现、要素和科学分析类课程;但主要是由于各院校自身的生态教育特色造成的。

从平均水平看,生态教育目前仍主要存在于课堂教育中,要素类、理论方法类和科学分析类课程以及设计课的生态相关性都比较强,而职业实践类、表现类课程的生态相关性则较弱。其中,要素类课程中的生态教育相关课程占81%,理论方法类和科学分析类课程中的生态教育相关课程均占55%,设计课中的生态教育相关课程占47%,而职业实践类和表现类课程中分别只占到6%和4%。

（2）课程教学形式分类

图 2-26 和图 2-27 是各样本院校景观专业的所有课程及生态教育相关课程的周学时中,讲座、讨论及研究、设计课、实验或实习这四种教学形式分别所占的比重。

二者反映的数据结构较为类似,可见景观专业的生态教育课程在相当程度上沿袭了传统的专业课教学形式。从平均水平看,讲座和设计课是两种主要的教学形式,所用学时分别占总学时的43%和33%;讨论/研究和实验/实习相对次要,分别只占15%和9%。

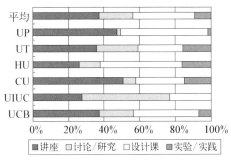 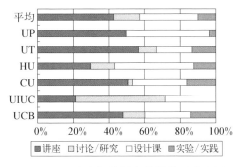

图 2 - 26　所有专业课程的教学形式比例　　图 2 - 27　生态相关课程的教学形式比例

伊利诺伊大学厄巴纳—香槟分校讨论/研究教学形式的学时比例较大,直接原因仍然是因信息不全造成的数据处理误差过大。

4. 生态教育分类课程的层次分布

(1) 课程内容分类

图 2 - 28—图 2 - 33 是各样本院校在设计课及表现、要素、理论方法、科学分析和职业实践类的生态教育相关课程中,三种生态教育类型层次的课程分别所

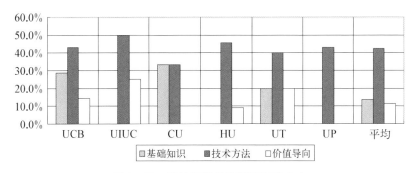

图 2 - 28　设计课的生态教育层次分布

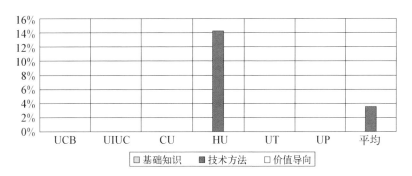

图 2 - 29　表现类课程的生态教育层次分布

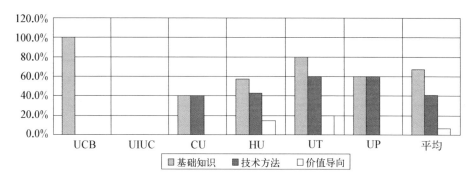

图 2‑30　要素类课程的生态教育层次分布

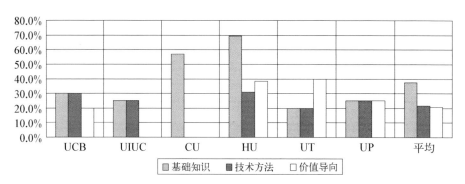

图 2‑31　理论方法类课程的生态教育层次分布

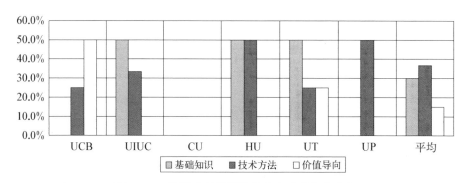

图 2‑32　科学分析类课程的生态教育层次分布

占的比重。各院校间的差别明显较大,表明生态教育在课程组织上具有相当的灵活性。

　　就平均水平而言,生态基础知识的教学主要集中在要素类、理论方法类和科学分析类课程中,生态技术方法的教学主要集中在设计课和要素类、科学分析类课程中,生态价值导向的教学则主要集中在理论方法和科学分析类课程中。

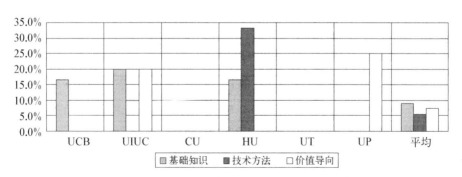

图 2－33　职业实践类课程的生态教育层次分布

（2）课程教学形式分类

图 2－34—图 2－36 是各样本院校在三种生态教育类型层次课程教学中、讲座、讨论及研究、设计课、实验或实习这四种教学形式分别所占的比重。各院校间的差别同样比较大,其中伊利诺伊大学厄巴纳—香槟分校讨论/研究的教学形式比例较大仍然是因为信息不全导致数据处理误差过大造成的。

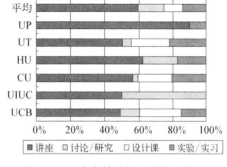

**图 2－34　生态基础知识型课程的
教学形式比例**

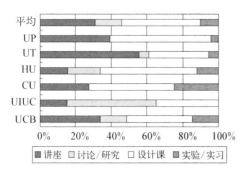

图 2－35　技术方法型课程的教学形式比例

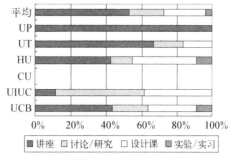

图 2－36　价值导向型课程的教学形式比例

总的看来,生态基础知识和生态价值导向型课程的教学都以讲座为主;而生态技术方法型课程的教学则以设计课为主,但讲座也是一种重要的教学形式。

2.3.4　阶段生态教育课程构成的特征及比较

综上所述,当前国际上景观专业教育水平较为领先的院校中,本科和硕士阶段生态教育的课程构成具有以下共同特征：

（1）生态教育相关课程在专业课程中已占到相当的比重，课程数量和学分比重均达 30% 以上；

（2）在生态教育相关课程中，基础知识、技术方法和价值导向三种类型层次的课程已初步呈现均衡分布的态势，但综合考虑本科阶段专业必修课中生态技术方法型课程比重的明显优势及硕士阶段生态技术方法型课程和生态基础知识型课程的基本持平，可以判断生态技术方法应是景观专业生态教育的主要关注点，从而验证了 1.2.3 节中对于技术方法层次教育是景观专业生态教育的核心部分的理论假设；

（3）景观专业的生态教育目前主要存在于课堂教育中，重点依托要素、理论方法和科学分析类课程及设计课展开教学活动，在职业实践层面较少涉及，而表现类课程与生态教育则呈明显的不相关性；

（4）基础知识、技术方法和价值导向这三种类型层次的生态教育课程具有应课程内容类型而分类聚集的特征，其中生态基础知识的教学主要集中在要素类、理论方法类和科学分析类课程中，生态技术方法的教学主要集中在要素类、科学分析类课程及设计课中，而生态价值导向的教学则主要发生在理论方法类等类课程中；

（5）景观专业的生态教育课程基本沿袭了传统的专业课教学形式，其中生态价值导向型课程的教学以讲座为主，而生态技术方法型课程的教学则要求讲座、设计课及实践/实习的有机结合；

（6）各院校生态教育课程的具体构成存在多方面的差异，表明景观专业生态教育存在较大的个性空间。

对景观专业的本科和硕士阶段生态教育课程构成情况进行比较，还可进一步分析得到二者的一些阶段性特征差别：

（1）硕士阶段生态教育相关课程的比重高于本科阶段，说明硕士阶段生态教育有所加强；

（2）硕士阶段技术方法型课程的比重较本科阶段提升了 13%，几乎等同于生态基础知识课程所占的比重；

（3）硕士阶段要素类课程的生态相关性较本科阶段的提高尤其明显；

（4）本科阶段的生态教育相关课程中专业必修课多于选修课，是专业教育的重要组成部分，而硕士阶段的生态教育则应学生个人的研究方向而异；

（5）在生态教育相关课程的教学中，本科阶段以讲座形式为主，硕士阶段则表现为讲座和设计课并重的倾向,并且生态技术方法的教学主要借助设计课这一教学形式实现。

2.4　当前景观专业教育及生态教育的先进性特征

本章综合了当前国际上景观专业教育水平较为领先的加利福尼亚大学伯克利分校、伊利诺伊大学厄巴纳—香槟分校、康奈尔大学、哈佛大学、多伦多大学和宾夕法尼亚大学 6 个样本院校的专业教育情况,并重点研究了这 6 所院校开设的景观专业课程中生态教育相关课程的构成情况,以指征当前国际景观专业教育及景观专业生态教育的先进水平。

研究表明,当前先进的景观专业教育具有以下特征:

(1) 生态教育的重要地位得到确立;

(2) 专业教育的阶段目标明确,与教学计划匹配合理;

(3) 对专业技能的基本要求已达成共识;

(4) 设计课的核心教学作用得到强调。

与此同时,当前先进的景观专业生态教育具有以下特征:

(1) 生态教育已成为专业教育的重要组成部分,生态教育相关课程平均占到专业课程总量的 30% 以上;

(2) 景观专业生态教育的三个层次发展较为均衡,基础知识、技术方法和价值导向型课程呈递减态势,但技术方法层次教育的核心地位已初步显现;

(3) 与景观专业教育的阶段性特征相吻合,景观专业生态教育也存在明显的阶段性差异:其中本科和硕士阶段的生态教育均有专业课程体系为依托,而由于阶段教学计划的灵活性差异,与本科阶段相比,硕士和博士阶段生态教育在学生个体之间存在一定的差别;

(4) 景观专业生态教育并非以独立的课程集合为依托,而是表现出与各类专业课程相结合的特征:6 所院校均少有专门的生态教育课程开设,但各种类型的专业课程均具有不同程度的生态教育相关性;

(5) 设计课这一景观专业教育的核心课程,在生态技术方法的教学中具有重要作用。

总的看来,6 所院校虽然存在类型差异,但在专业办学目标、技能要求、核心课程类型等方面已具有基本共识,而在学位类型、课程内容、教育阶段定位等方面则表现出一定的灵活性。这种基于基本共识之上的多样化发展在生态教育相关课程的构成中同样存在:在课程的整体比重、生态教育类型层次构成、教学形式组成,及与专业课程全面结合等方面,6所院校已具有基本一致的特征;但在具体的课程依托组织方面则表现出了相当的灵活性。这种发展格局对于在规范统一人才规格的同时灵活应对专业市场需求变化而言应该说是非常有利的。

此外,应该看到,教育建设的根本是学科发展和师资建设,景观生态教育也不例外。上述基本特征的背后所反映的实际上是专业研究的客观水平、专业师资对于景观生态规划设计的重视、认同程度,及个人的领悟和应用能力。

第3章

中国景观专业生态教育的实践基础

　　景观专业教育的实际成效可以通过对毕业生的职业竞争力的考察来得到综合的反映;由于中国景观专业教育建设发展存在专业和院校变更频繁的历史特征,因此可以由少数专业延续性较好、专业发育较为完善的代表性院校来集中反映专业教育的实际水平。基于以上假设,本章研究通过对中国各种类型的景观规划设计单位中专业人员构成情况,以及景观专业教育代表性院校的教育开展情况的调查研究,归纳分析当前中国景观专业教育的效果、问题和基本特征,以及中国景观专业生态教育的现状特征,以明确认识当前中国景观专业教育及其生态教育与国际先进水平的差距,发现其现实的实践基础,明确进一步建设发展的努力方向,从而可通过这一建设发展过程来改进现有的问题并与国际先进水平接轨。

　　鉴于课程体系研究的重要性,并且为了便于与上一章的研究成果进行直接比较,本章研究同样以样本院校的专业课程构成研究为切入点,来分析当前中国景观教育中生态教育的开展情况、归纳其基本特征并比较其与国际先进水平之间的客观差距。

3.1　研究样本筛选

　　本章调查研究的样本主要包括景观规划设计单位和景观专业代表院校两大类,具体筛选考虑单位类型覆盖的全面性及院校的代表性。

3.1.1　景观规划设计单位及分类

　　图3-1是对同济大学旅游管理专业开办以来历届学生毕业首次去向的分

类汇总统计,反映出规划设计类单位一直是景观专业毕业生的主要就业去向;图3-2是同济大学旅游管理专业进入规划设计类单位的毕业生数量的历届变化情况,整体呈上升趋势。鉴于这些客观事实,并考虑到专业教育对于跨行的规划设计工作可能存在的潜在制约影响,因此本章研究将规划设计类单位中的景观设计单位作为跟踪调查毕业生职业竞争力的考察对象。

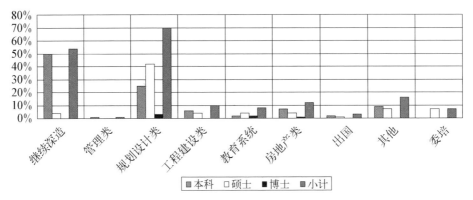

图3-1 同济大学旅游管理专业学生毕业首次去向统计

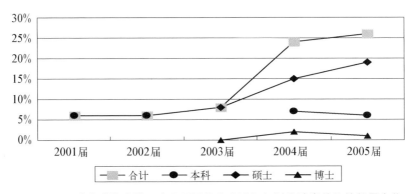

图3-2 同济大学旅游管理专业历届毕业生进入规划设计类单位的数量变化

目前中国的景观规划设计单位主要包括三大类:一是由传统建设部系统下属的规划设计院改制发展而来的国企性质的规划设计单位;二是随着中国建筑师、规划师和景观师职业认证体制的建设完善而不断涌现的私企性质的规划设计公司或事务所;三是随着中国房地产市场的开放而登陆的、日益增多的境外景观规划设计公司或事务所。由于规划设计单位体制的不同可能造成人才竞争机制的差异,为了更为全面地考察景观专业毕业生的职业竞争力以评估景观专业教育的成效,本章研究对景观规划设计单位的取样力求平衡覆盖这三种类型,共接洽了上海、广州、北京、杭州、宁波的 12 家单位，最后成功调查了 8 家单位，其中规划设计院 4 家、境内事务所 2 家、境外事务所 2 家。

3.1.2　中国景观专业代表院校

表 3-1 的沿革情况清晰地揭示出中国景观专业教育的两大体系：一是由北京农业大学和清华大学创办的造园组发展而来并为北京林业大学传承发扬的造园专业；二是受同济大学自发开设的园林规划专门化启发并由同济大学和原武汉城建学院（现华中科技大学建筑与城市规划学院）不断坚持创办的园林专业。前者是长期受到教育部支持和首肯的农林系统院校，后者是几度受挫、历尽艰辛但终成正果的建设系统院校，两者一直有着密切的交流。[11,12]

表 3-1　中国景观专业教育主要沿革情况一览表①

时期	院系类型	教育载体	主要相关院系	主要相关人员	教育阶段	备　注
20世纪20—30年代	农学院的园艺系、森林系、工学院的建筑系	庭园学或造园学课程	江苏省立第二农业学院（现苏州农业职业技术学院）园艺科	章守玉	—	
			浙江大学园艺系	范肖岩	—	
			河南大学园艺系	李驹（李超然）	—	
			国立中央大学森林系、园艺系、建筑系	陈植、毛宗良、刘敦桢	—	
			天津工商学院建筑系	—	—	
20世纪40—50年代初	农林院校的园艺系	观赏园艺组	金陵大学园艺系观赏组（后改名为花卉组）	沈隽、汪菊渊、程世抚、李驹	本科	1945—1952
			复旦大学观赏组	毛宗良、章守玉	本科	1949—1952，1952年调整到沈阳农学院（现沈阳农业大学）观赏园艺教研组，1953年停办
			浙江大学农学院园艺组	程世抚	本科	1949—1952

① 该表系对林广思文中资料整理、纠正、补充而成。其中 20 世纪 90 年代中期至 21 世纪初的部分因有大量院校纷纷开设景观专业，故仅收入其中较有影响的部分院校。

时期	院系类型	教育载体	主要相关院系	主要相关人员	教育阶段	备　注
20世纪40—50年代初	农林院校的园艺系	观赏园艺组	武汉大学园艺系观赏园艺组	陈俊愉、余树勋、鲁涤非	本科	1949—1951
		森林造园教研组	清华大学营建学院造园学系	吴良镛等	本科	1949—1952
			浙江大学园艺系森林造园教研组	孙筱祥、熊同和、林汝瑶、蒋芸生、储椒生、尹兆培、吴寅、姚永正等	本科	1952年秋—1953年夏
		造园组	北京农业大学园艺系与清华大学营建学院(建筑系)合办造园组	汪菊渊、陈有民、吴良镛、朱自煊等	本科	1951年9月—1953年8月
20世纪50—60年代初	农林院校的园艺、林学等系工科院校的建设系	造园专业	北京农业大学园艺系造园专业	汪菊渊等	本科	1953年结束与清华大学合办造园组的约定后自办,1956年3月调整至北京林学院城市及居民区绿化专业
		城市及居民区绿化专业	北京林学院(现北京林业大学)城市及居民区绿化系城市及居民区绿化专业	汪菊渊、陈有民、宗维城、俞静淑、孙筱祥、姚同珍、梁永基、陈兆玲、杨赉丽、孟兆祯、俞善福、金承藻、周家琪、华珮净、李驹、陈俊愉、余树勋等	本科硕士	1957—1964,1959年招收园林工程和观赏植物育种专业研究生,1960年招收园林植物栽培、园林植物育种和园林设计专业研究生,1962年招收园林植物栽培学专业和园林植物研究生。此后中断招生

续　表

时期	院系类型	教育载体	主要相关院系	主要相关人员	教育阶段	备　注
20世纪50—60年代初	农林院校的园艺、林学等系工科院校的建设系	城市及居民区绿化专业	南京林学院（现南京林业大学）林学系城市及居民区绿化专业	刘玉莲、王志诚、杨培玉、徐竟芷、刘旭云、张亚昭等	本科	1958—1959，1960—1962
			沈阳农学院（现沈阳农业大学）林学系城市及居民区绿化专业	—	本科	1959—1962
			湖南林学院（现中南林业科技大学）园林绿化专业	沙钱荪	本科	1959—1962
			河南农学院（现河南农业大学）林学系城市及居民区绿化专业	李瑞华	本科	1960—1961
			上海农学院（现上海交通大学农业与生物学院）园林绿化专业	—	本科	1960—1961
		园林规划专门化	同济大学城市建设系城市规划专业园林规划专门化	李德华、潘百顺、臧庆生、张振山等	本科	1958级，培养15位毕业生并通过教材的编写积累教学成果。其毕业生中相当一部分成为工科院校景观专业创办或复办的核心力量
		园林专业	武汉城市建设学院园林专业	余树勋、丁文魁、阎林甫、冯桂丛、郑建春、于志熙、张承安等	本科	1960级，其中丁文魁为1958级同济大学城市建设系城市规划专业园林规划专门化的毕业生

时期	院系类型	教育载体	主要相关院系	主要相关人员	教育阶段	备　注
		园林专业	北京林学院(现北京林业大学)园林系园林专业		本科	1964—1965
20世纪70—90年代初	农林院校	园林专业	云南林学院园林系园林专业	汪菊渊、陈有民、宗维城、俞静淑、孙筱祥、姚同珍、梁永基、陈兆玲、杨赉丽、孟兆祯、俞善福、金承藻、周家琪、华珮净、李驹、陈俊愉等	本科	1974—1978,为北京林学院下放
			北京林学院(现北京林业大学)园林系园林专业		本科	1978 年恢复
			北京林学院(现北京林业大学)城市园林系园林规划设计专业(专门化)和园林植物专业(专门化)		本科硕士	1979—1988,1985 年更名为北京林业大学
			北京林业大学园林系和风景园林系	孟兆祯等	本科硕士	1988—1992
			沈阳农学院园林系园林绿地专业	—	专科	1984—1985,1985 年沈阳农学院改名为沈阳农业大学
			沈阳农业大学园林系园林专业	—	本科	1986—1994
	工科院校	风景园林专业	同济大学建筑系风景园林专业	陈从周、李铮生、丁文魁、臧庆生、陈久昆、司马铨、张振山、安怀起	本科硕士	1979—1986,1982 年开始在建筑学中国古园林方向招收硕士研究生
			武汉城市建设学院城市规划系风景园林专业	—	本科	1985—1993
			同济大学建筑与城市规划学院城市规划系风景园林专业	李铮生、丁文魁、臧庆生、陈久昆、司马铨、吴为廉等	本科硕士	1986—1996 年在城市规划专业风景园林规划与设计方向招收硕士研究生。1996 年并入风景科学与旅游系

续　表

时期	院系类型	教育载体	主要相关院系	主要相关人员	教育阶段	备　注
20世纪90年代中—21世纪初	农林院校	城市规划专业（风景园林规划与设计）、园林专业	北京林业大学园林学院城市规划专业与园林专业	孟兆祯、陈俊愉、张启翔、梁伊任、曹礼昆、周曦、刘晓明、王向荣、朱建宁、成仿云、苏雪痕、刘燕、董丽、彭春生等	本科硕士博士	1992—，1993年开设博士点，1995年开始招收博士生
			沈阳农业大学林学院园林系园林专业	闫宏伟、宋力等	本科	1994—
		风景园林专业	北京林业大学园林学院	孟兆祯、陈俊愉、张启翔、梁伊任、曹礼昆、周曦、刘晓明、王向荣、朱建宁、成仿云、苏雪痕、刘燕、董丽、彭春生等	本科	2006—
	工科院校		清华大学建筑学院景观园林研究所	—	硕士	1997—
		旅游管理专业	同济大学建筑与城市规划学院风景科学与旅游系旅游管理专业	丁文魁、严国泰等	专科	1993—1996
			同济大学建筑与城市规划学院风景科学与旅游系旅游管理专业	丁文魁、吴为廉、刘滨谊、严国泰、吴伟等	本科硕士博士	1996—2005，在城市规划专业风景园林规划与设计方向继续招收硕士研究生，于2001年增设旅游管理专业硕士点并开始招生，1998—2005在城市规划专业景观规划理论与方法方向招收博士研究生

时期	院系类型	教育载体	主要相关院系	主要相关人员	教育阶段	备　注
20世纪90年代中—21世纪初	工科院校	旅游管理专业	清华大学建筑学院资源保护和风景旅游研究所	—	硕士	2001—
		园林专业（农学）	同济大学建筑与城市规划学院风景科学与旅游系园林专业	刘滨谊、严国泰、吴伟等	本科	2004—2005
		景观学专业	同济大学建筑与城市规划学院景观学系景观学专业	刘滨谊、严国泰、吴伟、吴承照等	本科硕士博士	2006—，同年开设景观学专业硕士点和博士点并开始招生，旅游管理专业硕士点保留并暂停招生
			清华大学建筑学院景观学系	杨锐、孙凤岐、章俊华等	硕士	2003—
	综合院校	地理学/人文地理学专业	北京大学景观规划设计中心	俞孔坚、李迪华等	硕士博士	1997—2003
			北京大学景观设计学研究院	俞孔坚、李迪华、吴志刚等	硕士博士	2003—

　　其中,北京林业大学和同济大学因专业教育的延续性强及发育较完善而成为这两大体系的突出代表。近年来,虽然由于景观专业人才市场的客观需求导致不同性质和类型的学校,无论办学条件成熟与否,纷纷开设了景观专业,但拥有成型的专业教学计划或稳定的课程体系的并不多。因此,为反映中国景观专业教育的实际发展水平,本章将这两所院校作为当前中国景观专业教育的代表性样本加以研究。

3.2　当前中国景观专业教育的实效评价

　　本节研究通过对上海、广州和北京的4家景观规划设计院、2家境内的景观规划设计事务所,和 2 家境外的景观规划设计事务所的专业人员构成和近期业务情况的调查,来分析研究景观专业毕业生在现实的多教育层次和多专业背景混杂的职业竞争中是否存在一定的竞争优势、存在何种竞争优势,以此为据来评价中国景观专业阶段性教育的实际成效,并分析发掘当前中国景观专业教育中存在的问题。

3.2.1　职业竞争优势量裁及调查人群划分说明

为了在人事制度存在一定差异的各样本单位之间取得较为合理统一的景观规划设计行业职业竞争优势的量裁标准,本书以实际项目运作中基本人员分工为参考,即在调查时忽略具体个人的职务、职称和待遇,而采用项目负责人员、方案设计人员、初级/专门技术人员这三种责任层次不同的项目分工来衡量具体个人的业务能力,其中:

(1) 项目负责人员:具有较全面的专业知识及项目管理和创新能力,能提出建设性思路、协调各工种间的设计并把握项目的整体质量;

(2) 方案设计人员:具有较为出色的景观规划设计和创新能力,能独立提出并完成项目中局部或整体的设计方案;

(3) 初级/专门技术人员:具有某方面的专业技能,能承担描图、方案表现、施工配套设计等专项工作。

由于同一景观设计单位可能同时拥有在不同年代接受专业教育,具有不同求学过程、学历学位及专业背景的人员,为了更为客观地对不同类型的从业人员的职业竞争力进行分别评价及比较,还需要对项目负责人员、方案设计人员、初级/专门技术人员进行进一步的调查分类。其中:

1. 求学时期

从表 3-1 可以总结发现,中国景观专业的发展大致可分为 6 个阶段(表 3-2),而当前未退休的从业人员一般是 20 世纪 60 年代中期之后接受的专业教育,因此以 1978 年"文化大革命"后恢复高考及 2000 年景观专业硕士研究生开始扩招(图 3-3)为分界点,将从业人员大致划分为 3 个年龄段:其中>45 岁的因为是在"文化大革命"期间景观专业发展的停滞期接受的教育,主要由相关专业转行而来,其专业知识是通过长期实践积累获得的;28~45 岁之间的是在高考恢复后景观专业恢复期接受的教育,景观专业本科和研究生毕业的都有,且都经过了相当一段时间的实践锻炼,是考察综合竞争力的最佳样本人群;<28 岁的景观研究生毕业者的比重大大增加,但由于入行不久,实践经验不多,是考察实际教育成效的最佳样本人群。

表 3-2　中国景观专业教育发展阶段及特征总结

历 史 时 期	景观专业教育发展阶段	阶 段 特 征
20 世纪 20—30 年代	萌芽期	专业课程开始开设
20 世纪 40—60 年代初	初创期	本科专业教育开始间断出现,但名称、院系变化频繁
20 世纪 60 年代中—70 年代中	停滞期	专业教育取消或停办
20 世纪 70 年代末—90 年代初	恢复期	专业普遍复办,专业目录规范化,专业教育以本科为主,研究生教育开始小规模开展
20 世纪 90 年代中	停滞期	工科专业目录取消
20 世纪 90 年代末—21 世纪初	发展期	市场需求和高等教育事业的发展促进专业扩招,各院校纷纷以各种名目自主办学,并促成专业目录的修复

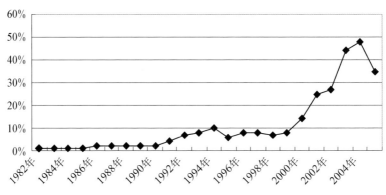

图 3-3　同济大学景观专业历届硕士研究生招生数量变化

2. 专业背景

景观专业的相近专业主要包括工科系统的建筑学、城市规划和农林系统的园艺、观赏植物等,由于项目配套的要求,结构、水电、计算机等相关技术性专业的毕业生也有可能进入景观行业。出于事业发展的考虑或其他的需要,这些非景观专业背景的从业人员也可能再接受景观专业的进修教育,因此从最终学历很难反映具体人员的求学经历和真实的专业背景。由于本科教育是全面了解专业基础知识、训练专业基本技能的重要阶段,对于从业人员的专业知识构成有着至关重要的影响,因此研究中对从业人员专业背景的界定主要考察其本科专业类型。

3. 教育层次

按当前中国景观专业教育的发展状况划分了专科、本科、硕士、博士 4 个层次。鉴于近年来越来越多的外国景观公司和景观师涌入了中国,因此对于这 4 个教育层次还分别作了国内与国外的划分,以比较二者之间的竞争力差异。

综上所述,研究中对调查人群主要作了 3 个层次共 4 种划分:

(1) 按项目分工来区分其职业竞争能力,分为项目负责人员、方案设计人员、初级/专门技术人员 3 类;

(2) 对于项目负责人员、方案设计人员、初级/专门技术人员 3 类人员,按年龄段划分来区分其接受专业教育的年代,分为>45、28—45、<28 这 3 类,分别代表"文化大革命"时期、"文化大革命"后至景观专业研究生扩招前、景观专业研究生扩招后这 3 个历史时期;

(3) 对于不同年龄段的项目负责人员、方案设计人员、初级/专门技术人员 3 类人员,按本科专业教育背景来区分其专业竞争能力,分为建筑学、城市规划、景观(工科)、景观(农林)、农林(除景观外的其他相关专业,如园艺、观赏植物等)、其他(结构、水电、计算机等相关技术性专业)6 大类;

(4) 对于不同年龄段的项目负责人员、方案设计人员、初级/专门技术人员 3 类人员,按最终学位来区分其受专业教育的层次,分为国内/外专科、国内/外本科、国内/外硕士和国内/外博士共 4 大类 8 小类。

为了考察专业人员构成是否因承接的业务类型而发生差异,研究还对各单位的近期业务情况按项目的规划设计类型进行了分类调查。详细的调查资料详见附录 B。由于不同单位间的人数差异很大,因此数据分析时对各单位的每类样本人群均取其占总人数的百分比值。

3.2.2　专业竞争优势

对于专业竞争优势的研究是基于景观专业毕业生应在本行业中具有必然竞争优势的假设进行的,即假定景观专业毕业生应该占到从业人员的绝大部分,并且与其他专业背景的人员相比具有明显更强的职业竞争力。

从图 3 - 4 可见,在整体景观规划设计从业人员中,景观专业背景的占到45.9%,其中工科院校景观专业较农林院校景观专业有一定的优势。但是,农林院校景观专业较农林院校其他专业明显占优,而工科院校景观专业毕业的从业人数反而不及同为工科的建筑学和城市规划专业毕业的总人数。

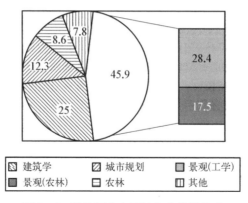

图 3-4　整体调查人群的专业背景构成

进一步考察专业背景相同的调查人群中项目负责人员、方案设计人员、初/专门技术人员的比例关系(图 3-5),可以发现各专业均有一定程度的同构特征,景观专业并未有明显的竞争优势表征。

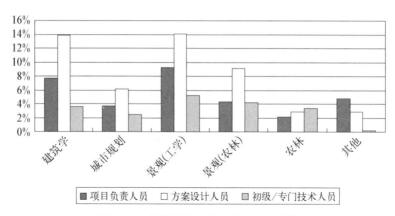

图 3-5　整体调查人群的专业竞争优势

再对不同年龄段的调查人群中项目负责人员、方案设计人员、初级/专门技术人员的比例关系进行考察(图 3-6—图 3-8),可以发现随着年龄的减小,景观专业背景的从业人员在人数和竞争力方面的优势都渐趋扩大,说明景观专业教育发展的成效是客观存在的。

但是,对 28~45 岁和<28 岁这两个年龄段人群详加比较,可以发现两个需要加以注意的特征:一是<28 岁的人群中,景观(农林)毕业生的人数和竞争力都呈现赶超之势,其中其毕业生的人数增加可能是 1998 年之后工科院校的景观专业目录被强制取消而导致毕业生减少的直接后果,但其毕业生的竞争力优势则提示了其专业教育的实际成效;二是 28~45 岁的人群中,工科的建筑学、城市

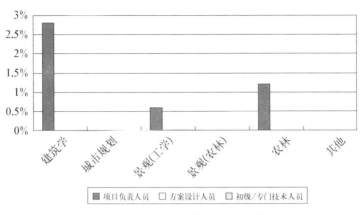

图 3-6　>45 岁人群的专业竞争优势

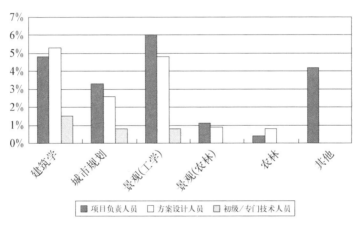

图 3-7　28～45 岁人群的专业竞争优势

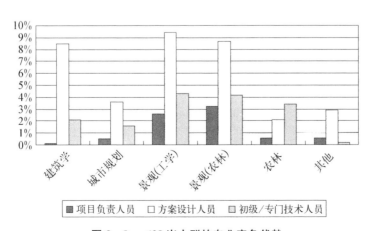

图 3-8　<28 岁人群的专业竞争优势

规划和结构、水电、计算机等其他相关技术性专业背景的从业人员在竞争力方面增长迅速,说明一旦这类人员通过工作实践获得了景观行业的基本知识和经验积累,景观专业背景的毕业生将不再具有必然的行业竞争优势。

继续考察不同类型的景观规划设计单位中调查人群的专业背景构成和竞争优势(图3-9—图3-11),可以发现:规划设计院人群的专业构成是最为全面均衡的,其中建筑学和景观以外的其他农林专业背景的从业人员最具竞争力;境外事务所人群以工科专业背景为主,其中城市规划和景观(工学)专业背景的从业人员最具竞争力;境内事务所人群以工科和景观(农林)专业背景为主,其中城市规划和结构、水电、计算机等其他相关技术性专业背景的从业人员最具竞争力。

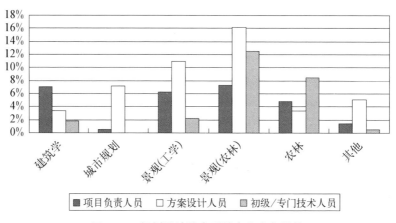

图3-9 规划设计院人群的专业竞争优势

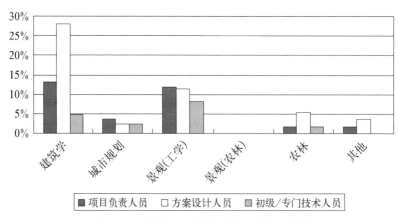

图3-10 境外事务所人群的专业竞争优势

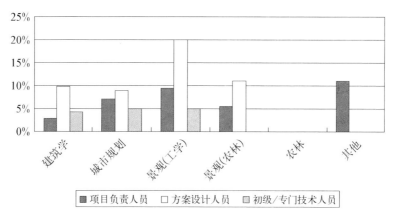

图 3-11　境内事务所人群的专业竞争优势

　　设计院中非景观专业从业人员的竞争优势可能是由于其强调论资排辈的人事制度导致＞45 岁的人群占据了项目负责人群的主流,但成立时间一般不长、且人事制度较为灵活的境内事务所中景观专业背景的人群不具有明显的竞争优势则提示了景观专业毕业生在本行业中并不存在必然竞争优势的客观事实。

　　最后,考虑到景观规划设计单位所承接的业务要求对其专业人员的专业背景构成可能会产生一定的影响,还对样本单位按业务类型分别进行了考察(图 3-12—图 3-13),可以看到两类单位中调查人群的专业背景构成和竞争优势并无显著差别。

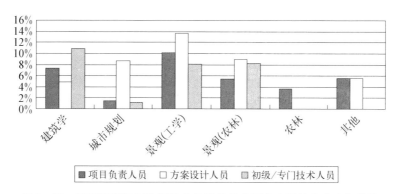

图 3-12　承接景观规划和设计业务的单位中调查人群的专业竞争优势

　　综上所述,在景观规划设计行业的从业人员中,不同专业毕业人群的竞争情势具有以下特征:

　　(1)具有景观专业背景的人群在行业中总数占优,但相较于同类的相近专业,景观(工学)背景的从业人数并不占优;

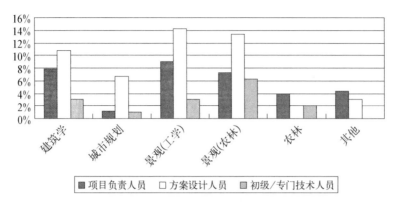

图 3-13 承接景观设计业务的单位中调查人群的专业竞争优势

（2）随着近年来景观专业教育的迅速发展，景观专业毕业人群的短期竞争优势开始呈现；

（3）在毕业后的短期竞争中，景观（农林）专业背景的人群较景观（工学）专业背景的人群更具竞争力；

（4）但从长期竞争力看，景观专业背景的人群较建筑学等相近或相关专业背景的人群并无明显优势。

因此从总体上看，景观专业毕业生应在本行业中具有必然竞争优势的假设并不完全成立。

3.2.3 学位竞争优势

对于学位竞争优势的研究是基于接受过高层次教育的从业人员应该具有更为明显的职业竞争优势这一假设进行的，即假定高学历者应该占据更多的高端位置，而低学历者应更多地承担配套性工作。

图 3-14 是整个调查人群中的学位构成情况。可以看到本科毕业生占到景观规划设计行业从业人员中 60%～70%，其次是硕士占到 20% 左右，因此本科毕业生是景观设计行业的主力。境内/外事务所均有国外学历者加盟，境外事务所的国外学历者尤其集中，占到 25% 强，其中主要是在国外取得硕士学位者。

进一步考察同学位的调查人群中项目负责人员、方案设计人员、初级/专门技术人员的比例关系（图 3-15），可以发现国内本科毕业生由于基数优势明显，因此在各人员档次中都占优势。但从同学历人员的梯度构成来看，国外学历较国内学历的竞争力明显占优。此外，国内学历中博士、硕士、专科和本科的竞争力依次递减。

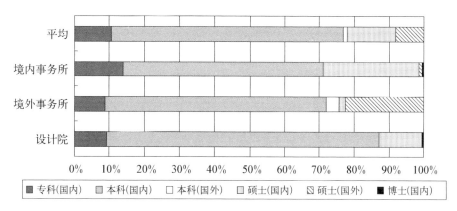

图 3‑14　整体调查人群的学位构成

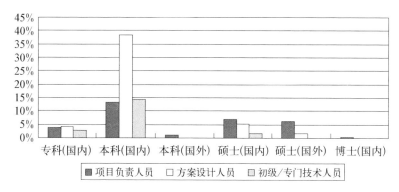

图 3‑15　整体调查人群的学位竞争优势

再考察不同年龄段的调查人群中项目负责人员、方案设计人员、初级/专门技术人员的比例关系(图 3‑16—图 3‑18),可以发现各年龄段的国内本科毕业生由于基数优势,在高端人员中数量均占优。但考察同学历人员的梯度构成,除

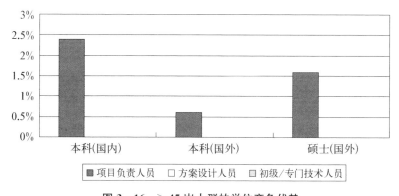

图 3‑16　>45 岁人群的学位竞争优势

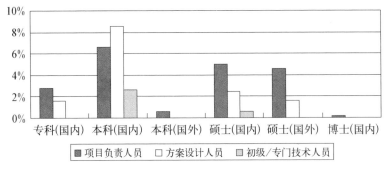

图 3 - 17   28—45 岁人群的学位竞争优势

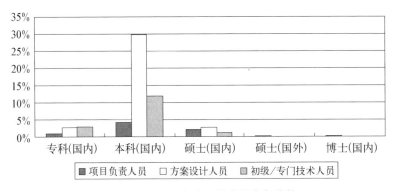

图 3 - 18   <28 岁人群的学位竞争优势

了经历了研究生教育缺失的年代的>45 岁人群中国内本科毕业生占绝对优势外,其余年龄段均表现出高学历者具有更多竞争优势。因此,本科毕业生在景观规划设计行业的竞争最为激烈,通过在实践中的优胜劣汰筛选出少数的优秀者。

此外,对 28～45 岁和<28 岁这两个年龄段人群详加比较,还可以发现两个需要加以注意的特征:一是<28 岁的人群中,国内硕士相对于国内本科毕业生的竞争优势不如 28～45 岁年龄段人群显著;二是 28～45 岁的人群中,国内专科毕业生的竞争力迅速赶超国内本科毕业生并接近国内硕士的水平。前一特征实际上提示了国内硕士在进入景观规划设计行业后的短期竞争力有待加强,后一特征则提示了国内本科毕业生应注意提升其后势竞争力。

继续考察不同类型的景观规划设计单位中调查人群的学位构成和竞争优势情况(图 3 - 19—图 3 - 21),可以发现:规划设计院人群均为国内学历者,其学位及梯度构成较为合理,国内本科毕业生在各方面都是主力军;境外事务所人群中国外学历者明显具有竞争优势,国内硕士及国外本科学历者均为少量精选人才并得到重用,而国内本科及专科毕业生则多从事基础或配套性工作;境内事务所

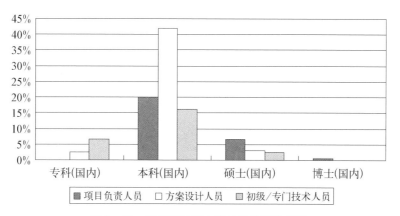

图 3‑19　规划设计院人群的学位竞争优势

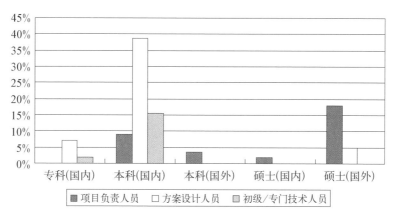

图 3‑20　境外事务所人群的学位竞争优势

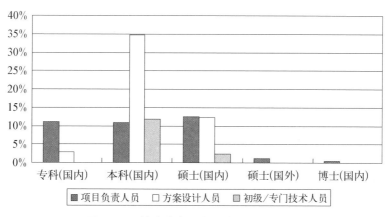

图 3‑21　境内事务所人群的学位竞争优势

人群中国内硕士和国内专科学历者较具竞争优势,国内博士和国外硕士均为少量精选人才并得到重用,而国内本科毕业生则多从事基础或配套性工作。总的来看,不同类型的景观规划设计单位表现出不同的人才选择倾向,其中境内/外事务所较倚重受过高层次教育的人才,这可能是应企业注册及设计资质申请的需要。

最后,考虑到景观规划设计单位所承接的业务要求对其专业人员的学位构成可能会产生一定的影响,还对样本单位按业务类型分别进行了考察(图3-22—图3-23),可以看到两类单位中调查人群的学位构成和竞争优势并无

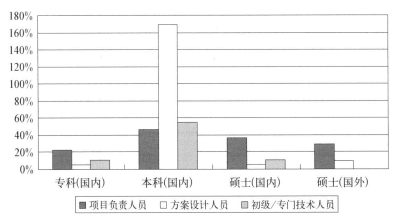

图 3-22　承接景观规划和设计业务的单位中调查人群的学位竞争优势

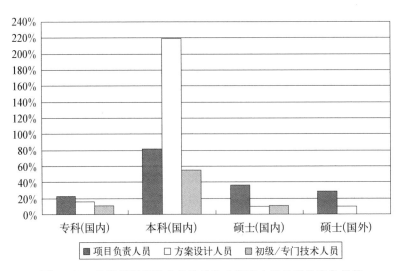

图 3-23　承接景观设计业务的单位中调查人群的学位竞争优势

显著差别。相较于只承接景观设计业务的单位,承接景观规划和设计业务的单位中高学位人才在高端位置中的比重略有增加,说明高学位人才在承担相对复杂的业务的竞争中占有一定优势。

综上所述,在景观规划设计行业的从业人员中,不同教育层次的人群的竞争情势具有以下特征:

(1)本科毕业生在景观规划设计行业中占大多数,是行业的主力;

(2)国外学历较国内学历的竞争优势明显,国内学历中博士、硕士、专科和本科的竞争力则依次递减,并且国内本科毕业生的行业竞争最为激烈;

(3)应对国内低学历毕业生的竞争,国内硕士在进入景观规划设计行业后的短期竞争力有待加强;

(4)应对国内专科毕业生的竞争,国内本科毕业生的后势竞争力有待加强;

(5)不同教育层次的人群在不同类型的景观规划设计单位拥有不同的上升空间;

(6)高学位人才在承担相对复杂的业务的竞争中占有一定优势。

因此,接受过高层次教育的从业人员应该具有更为明显的职业竞争优势这一假设基本成立,但国内本科和硕士学历者都还存在一定的职业竞争力提升空间。

3.2.4　中国景观专业教育问题分析

综合考察景观规划设计行业的从业人员中不同专业毕业人群和不同教育层次人群的竞争力特征,可以分析得出当前中国景观专业教育存在两个根本问题:

1. 专业教育的整体发展规模有待进一步协调掌控

在景观规划设计行业从业人员的整个调查人群中,景观专业背景人群不及半数,说明对于整个就业市场而言,景观专业教育整体上仍供不应求,教育规模还有相当的发展空间。与此同时,工科院校景观专业毕业的从业人数不及同为工科的建筑学和城市规划专业毕业的总人数,则提示了在整体教育规模发展的同时必须注意结构规模的合理调整:相比之下,工科院校景观专业较农林院校景观专业的教育规模更具迫切的发展需求。

2. 专业教育在有效构筑学生的职业竞争力方面尚有欠缺

景观专业毕业生在本行业竞争中,尤其在长期竞争中并不具有必然优势,且国外学历较国内学历具有竞争优势明显,说明中国现有的景观专业教育与其他相近专业的教育,尤其国外先进的景观专业教育相比还有待进一步改进;而国内景观专业本科毕业生的后势(长期)竞争力和国内景观专业硕士的短期竞争力都还有待进一步提升,则提示了这一改进应该结合阶段教育的具体特征区别进行。

在初步认识到当前专业教育中存在的具体问题之后,中国景观专业教育若要结合实际发展状况开展有效的生态教育,并借此实现专业教育的有效改进,就必须进一步了解中国景观专业教育及生态教育的现实开展情况,并剖析中国景观专业教育及生态教育与国际先进水平之间的现实差距,以便辩证地借鉴国际先进经验,开创具有自身特色的专业生态教育模式。

3.3 当前中国景观专业教育概况

本节研究通过对北京林业大学和同济大学当前景观专业的阶段教育目标、方式和课程体系等客观情况的调查了解,归纳总结当前中国景观专业教育的基本特征,并比较分析当前中国景观专业教育与国际先进水平之间的差距。

3.3.1 北京林业大学景观专业教育概况

北京林业大学在园林学院中共开设了园林、城市规划、旅游管理和园艺等4个本科专业,并依托园林植物与观赏园艺、城市规划(含风景园林规划与设计)和旅游管理等学科设置了3个硕士学位点和2个博士学位点(表3-3)。其中本科的园林专业和城市规划专业,以及城市规划与设计(含风景园林规划与设计)的硕士点和博士点与现代景观专业的实践范畴有较全面的对应关系,因此本章仅针对这几个专业和学科进行。

1. 本科阶段教育

根据园林和城市规划专业的培养计划①,两个专业的课程组成总体上非常类似,但教育中设计与植物的分离倾向较为明显,园林专业侧重于对园林植物要素的了解和运用,而城市规划专业侧重于对规划设计技能的训练,因此后者的专业设计课有所加强。学生毕业都要求修完必需的学分并完成毕业设计任务。

---

① 同样限于篇幅,对于中国景观专业样本院校专业培养计划和课程教学的详细调查资料未收入本文中。

表 3 - 3　北京林业大学园林学院景观专业教育的学位点分布及基本情况介绍

教育阶段	学位	学科/专业/学位点	学制	教育目标	主要专业课程
本科	农学学士	园林专业	4年	培养以生态、园林艺术、园林建筑、园林工程、园林绿化和园林植物为综合基础,掌握风景区、森林公园及各类城市园林的总体规划、地形地貌设计、园林建筑设计、园林工程设计、园林植物种植设计、园林植物繁育、栽培、养护管理及园林施工的高级园林综合人才	绘画、设计初步、园林艺术、园林设计、风景区规划、园林绿地规划、园林建筑设计、园林工程、园林树木学、园林花卉学、植物生态学、园林史、计算机辅助设计、园林经济管理等
	工学学士	城市规划专业	4年	培养从事城市规划设计、风景区、森林公园、旅游区及城市各类绿地规划设计的高级工程技术人才,希望学生了解城市规划设计的原理及方法,了解中外风景园林的发展趋势。重点掌握自然环境的保护,利用和开发人工生态环境的理论和方法,能胜任城市开放空间,各类园林绿地、风景名胜区、风景园林建筑等方面的规划设计和研究工作	城市规划原理、城市生态学、城市景观规划设计、城市绿地系统规划、风景名胜区规划、风景园林设计、风景园林建筑设计、观赏植物学、建筑结构与构造、风景园林艺术、风景园林工程等
	管理学学士	旅游管理专业	4年	培养从事风景旅游资源评价、旅游规划、旅游经营管理、旅游开发建设、旅游市场营销、旅行社经营管理、导游、旅游综合利用等方面工作的高级专门人才	旅游法规、旅游行为心理学、旅游经营管理、导游概论、森林旅游概论、旅游资源评价、旅游规划、森林公园规划、旅游市场营销、旅游发展史、饭店、旅行社管理、旅游学概论、景观地学、观赏植物学、旅游英语、风景摄影等
	农学学士	园艺专业(观赏园艺方向)	4年	培养具有观赏园艺学科基本理论和基本知识,了解本学科发展现状与前景,掌握花卉产业现代化栽培技术,具有观赏植物栽培、繁殖、育种、经营、管理、国际贸易及园林绿化设计与施工以及植物造景能力的高级工程技术人才	园林树木学、花卉学、园林植物遗传学、育种学、切花生产理论与技术、盆花生产理论与技术、花卉设施园艺、花卉市场营销、花卉国际贸易、园林绿化与施工、花卉采后生理与技术、花卉应用设计、草坪与地被、盆景艺术、花卉生物技术等课程

续　表

教育阶段	学位	学科/专业/学位点	学制	教育目标	主要专业课程
研究生	农学硕士、博士	园林植物与观赏园艺①	3年	掌握园林植物及观赏园艺学科坚实的理论基础和系统知识，了解从事该专业研究的国内外发展动态，具有从事园林植物及观赏园艺科研、教学、管理和独立承担技术工作的能力，能较熟练地掌握一门外国语，具有较宽的知识面、较强的适应性及扎实、熟练的专业技能。具有一定的美学修养	野生园林植物资源调查采集、森林花卉品种分类学、植物配置与造景等
	工学硕士、博士	城市规划与设计(含风景园林规划与设计)②	3年	全面而扎实地掌握本学科领域的基本理论、规划与设计的手法及先进的技术手段和绘图、制作模型的技能，并在某一方面进行深入的学习和研究。比较熟练地掌握一门外国语，能及时了解国内外学科发展的动态及趋向，把握学科发展的前沿，具有与各类规划设计人员合作进行城市规划、城市绿地系统规划、风景名胜区规划、城市园林及城市景观设计与单项设计等多方面的能力，具有从事科学研究和教学工作的能力。同时具有健康的体魄	园林设计、园林建筑设计、植物生态学等
	管理学硕士	旅游管理	3年	掌握本学科领域全面而扎实的理论基础和系统知识，了解该领域国内外学术动态及发展趋势，把握学科发展前沿。具有从事旅游规划、旅游管理、旅游管理方面的科研、教学、管理和独立承担技术工作的能力，能较熟练地掌握一门外语，具有较宽的知识面、较强的适应性并具备熟练的专业技能	旅游规划、户外游憩活动的规划管理、旅游环境学、生态旅游发展专题等

① 园林植物与观赏园艺是国家重点学科和"211"工程重点建设学科。
② 城市规划与设计是"211"工程重点建设学科。

2. 研究生阶段教育

城市规划与设计(含风景园林规划与设计)学科的研究生阶段教育分为硕士和博士两个阶段。

其中硕士阶段教育主要设有四个研究方向:

(1) 风景园林规划设计与理论;

(2) 风景区规划研究;

(3) 园林建筑研究;

(4) 园林工程研究。

毕业要求包括 3 点:

(1) 根据教学计划中的课程要求修满 32 学分(其中专业选修课部分的学分视研究方向与论文工作的需要允许通过选修计划外课程来完成);

(2) 至少公开发表 1 篇与本专业相关的学术论文;

(3) 在导师指导下独立完成学位论文并通过答辩。

博士阶段教育只开设了一个研究方向:风景园林规划设计与理论。专业课程设置与硕士阶段教育相同,但是对于学生毕业有更高的要求,包括:

(1) 根据教学计划中的课程要求修满 46 学分(其中专业选修课部分的学分视研究方向与论文工作的需要允许通过选修计划外课程来完成);

(2) 至少在本专业核心刊物上公开发表 2 篇学术论文;

(3) 在导师指导下独立完成学位论文并通过答辩。

3.3.2　同济大学景观专业教育概况

同济大学的景观专业是依托在建筑与城市规划学院下与建筑学系、城市规划系和艺术设计系并行设置的景观学系中,其专业教学计划涵盖了本科(工学学士)、硕士(工学硕士)和博士(工学博士)三个阶段。

1. 本科阶段教育

4 年制的景观学本科专业旨在面向整个国土、城市与乡村的人居环境建设,服务城市与乡村景观建设、城市规划与设计、风景名胜区、国家森林公园、国家地质公园规划设计等部门与规划设计院所,培养能胜任在规划设计研究院、企业、政府部门从事景观规划与设计、园林规划与设计、风景名胜区规划、风景资源保护与利用、旅游项目策划与开发、城市景观建设与管理等方面工作的高级专业技术人才。其专业教育注重对学生的"逻辑+形象"思维能力和语言表达能力、实际动手能力,以及专业综合协调与组织管理能力的培养,通过广泛的基础知识(理科、工科、文科、艺术)、专业知识(景观规划与设计的基本原理、方法和技能)、以及专业修养与专业素质的教育,使学生掌握景观规划设计的基础理论、专业知识和规划设计技能,掌握景观规划与设计、景观资源与生态、植物与城市绿地系统、景观美学与史学、城市规划、建筑设计、工程技术的基础理论、知识和技能。要求学生具备一定的艺术修养、健康的体质、分析与综合能力。

专业课程可分为人居环境的空间规划设计、景观资源与景观生态学、景观植物配置与园林工程三大主干方面,主要包括景观规划设计理论、景观规划设计、景观资源学、景观生态学、风景区规划原理、建筑设计、中外园林史、园林植物与应用、城市绿地规划原理、种植设计、城市规划、景观建筑与园林工程学等。此外,还通过景观与园林认识实习、景观环境测绘实习、景观规划设计实践、毕业设计(论文)等实践环节提升学生的专业认识和实际操作技能。

2. 硕士阶段教育

其硕士阶段教育旨在面向中国城乡人居环境建设,面向规划设计、建筑设计、城市景观规划设计和主管风景名胜区、自然保护区、森林公园等的建设部门,培养掌握景观规划设计、环境生态保护、资源筹划、环境规划、城市设计、景观建筑设计、旅游开发管理等方面知识的高级理论人才和专业技术人才,并为开拓中国景观规划设计学科培养新生力量,并注重学生职业道德的培养,希望学生能够树立正确的世界观、人生观和价值观,坚持真理、发扬为人民服务的精神。

硕士阶段教育主要设有四个研究方向:

(1) 景观规划设计;

(2) 旅游规划;

(3) 资源保护与利用;

(4) 工程与管理。

其 2.5 年的教育过程要求课程学习 1—1.5 年,论文工作不少于 1 年。考虑学生个体情况的差异允许延迟或提前答辩,但在校注册时间最少不应少于 1.5 年,最长不得超过 4 年。毕业要求包括 3 点:

(1) 至少修满 34 学分,其中学位课不少于 18 学分、非学位课不少于 11 学分、必修环节(包括健身、论文选题、学术讲座和社会实践)5 学分;

(2) 至少公开发表一篇与本专业相关的学术论文;

(3) 在导师指导下独立完成学位论文并通过答辩。

3. 博士阶段教育

博士阶段教育旨在培养具有正确的世界观、人生观和价值观,坚持真理、发扬为人民服务的精神,具有职业道德,在本学科领域内掌握坚实宽广的基础理论和系统深入的专门知识,并熟悉相关学科的理论和知识,具有独立从事景观学理论研究与工程实践的能力,在学术上具有创造性精神和能力,身心健康的高级专业人才。

博士阶段教育主要设有 5 个研究方向:

(1) 景观规划设计理论与方法;

(2) 城乡景观规划与管理;

(3) 旅游规划理论与方法;

(4) 遗产景观;

(5) 资源保护与生态规划。

博士研究生学制为 3 年,学习年限最长不超过 5 年。期间,课程学习不多于 1 年,论文工作不少于 2 年。特别优秀的研究生提前完成培养计划(在校注册时间不少于 2 年)并符合提前毕业条件,经审批同意可提前毕业。

毕业要求包括:

(1) 总学分不少于 20 学分,其中学位课不少于 5 门 13 学分,非学位课不少于 2 门 4 学分,必修环节(包括论文选题和 8 次以上的学术讲座)3 学分;

(2) 在本学科相关的国内外学术期刊上发表 3 篇以上学术论文,其中在专业核心刊物上至少发表 1 篇;

(3) 在导师指导下独立完成学位论文并通过答辩。

3.3.3　当前中国景观专业教育的特征及其与国际先进水平的差距

根据以上资料可概括得到两所院校景观专业教育的基本情况如表 3 - 4 所示。

为便于和国外样本院校的情况进行比较,表 3 - 4 中采用与表 2 - 2 类似的研究项进行分析。对应于国际景观专业教育的 6 个基本特征,同样可分析总结出当前中国景观专业教育的 6 个基本特征:

1. 生态教育在专业教育中开始受到重视

从两所院校各阶段专业教育的办学目的,以及对研究方向的建议说明中,可以发现生态科学知识基础、生态保护及生态规划已开始进入景观专业教育的视野。

表3-4 两所院校景观专业教育情况综合表

教育阶段	样本院校	授予学位	计划年制	办学目的	专业课程内容分类	专业必修课的要求	核心专业课程类型	与本科课程的交叉	与硕士课程的交叉	跨院/系选课	跨校选课	研究方向向专门化的时间要求	研究方向	毕业考核
本科阶段	北京林业大学	农学学士 工学学士	4年制	培养以生态、园林艺术、园林建筑、园林绿化和园林植物为综合基础，掌握风景区、森林公园及各类城市园林的总体规划、地形地貌设计、园林建筑设计、园林工程设计、园林植物种植设计、园林植物繁育、栽培、养护管理及园林施工的高级园林综合人才 培养从事城市规划设计、风景区、森林公园、旅游区及城市各类绿地规划设计的高级工程技术人才。希望学生了解城市规划设计的原理及方法，了解中外风景园林的发展趋势。重点掌握自然环境的保护、利用和开发城市人工生态环境的理论和方法，能胜任城市开放空间、各类园林绿地、风景名胜区、风景园林建筑等方面的规划设计和研究工作	无	有	不详	—	—	无	无	无	—	总学分考核＋毕业设计
	同济大学	工学学士	4年制	面向整个国土、城市与乡村的人居环境建设，服务城市与乡村景观建设、城市规划与设计、风景名胜区、国家森林公园、国家地质公园规划设计等部门、企业、政府部门从事景观规划与设计、园林规划与设计、风景名胜区规划、风景资源保护与利用、旅游项目策划与开发、城市景观建设与管理等方面工作的高级专业技术人才	无	有	不详	—	—	无	无	无	—	总学分考核＋毕业设计

续表

教育阶段	样本院校	授予学位	计划年制	办　学　目　的	专业课程内容分类	专业必修课的要求	核心专业课程类型	与本科课程的交叉	与硕士课程的交叉	跨院系/系选课	跨校选课	研究方向专门化的时间要求	研究方向	毕业考核
硕士阶段	北京林业大学	工学硕士	3年制	全面而扎实地掌握本学科领域的基本理论、规划与设计的手段及先进的技术手段和绘图、制作模型的技能，并在某一方面进行深入的学习和研究。比较熟练地掌握一门外国语。能及时了解国内外学科发展的动态及趋向，把握学科发展的前沿。具有与各类规划设计人员合作进行城市规划、城市绿地系统规划、风景名胜区规划、城市园林及城市景观设计与单项设计等多方面的能力。具有从事科学研究和教学工作的能力。同时具有健康的体魄。	无	有	不详	有	—	有	无	论文开题要求	(1) 风景园林规划设计与理论 (2) 风景区规划研究 (3) 园林建筑研究 (4) 园林工程研究	总学分考核+论文发表+学位论文
	同济大学	工学硕士	2.5年制	面向中国城乡人居环境建设，面向规划设计、建筑设计、城市景观规划设计和主管风景名胜区、自然保护区、城市公园、森林公园等的建设部门，资源保护、环境规划，城市规划，景观建筑设计，旅游开发管理等方面知识和高级理论与专业技术人才，并为开拓中国景观规划设计学科培养新生力量，并注重学生职业道德的培养。希望学生能够树立正确的世界观，人生观和价值观。坚持真理，发扬为人民服务的精神。	无	有	不详	无	—	有	无	论文开题要求	(1) 景观规划设计 (2) 旅游规划 (3) 资源保护与利用 (4) 工程与管理	总学分考核+论文发表+学位论文

续表

教育阶段	样本院校	授予学位	计划年制	办学目的	专业课程内容分类	专业必修课的要求	核心专业课程类型	与本科课程的交叉	与硕士课程的交叉	跨院系/系选课	跨校选课	研究方向专门化的时间要求	研究方向	毕业考核
博士阶段	北京林业大学	工学博士	3年制	—	无	有	不详	有	有	有	不详	论文开题要求	风景园林规划设计理论与理论	总学分考核+论文发表+学位论文
	同济大学	工学博士	3年制	培养具有正确的世界观、人生观和价值观,坚持真理,发扬为人民服务的精神,具有职业道德,在本学科领域内掌握实宽广的基础理论和系统深入的专门知识,并熟悉相关学科的理论与知识,具有独立从事景观学理论研究与工程实践的能力,在学术上具有创造性精神和能力,身心健康的高级专业人才	无	有	不详	有	有	有	有	论文开题要求	(1)景观规划设计理论与方法 (2)城乡景观规划与管理 (3)旅游规划理论与方法 (4)遗产景观 (5)资源保护与生态规划	总学分考核+论文发表+学位论文

2. 阶段教育客观形成，但阶段教育目标区分模糊，且博士阶段教育发育不全

两所院校事实上均已形成本科、硕士和博士阶段教育相配套的完整的专业教育过程，但在不同阶段的教育目标中都提出是为了培养本专业的高级人才，并且对于技术型和理论研究型人才的培养意向在各阶段教育目标中都有所反映，而实践/研究领域的专门化定向仅在北京林业大学硕士阶段教育目标中有提及。这实际上反映出两所院校对于分阶段培养不同规格的专业人才还存在一定的模糊认识，导致阶段教育目标区分不清晰。此外，博士这一最高阶段的教育发育不全，在课程体系上过多依赖硕士阶段的专业课程设置（表3-5），不利于提高人才培养效率。

表3-5 两所院校景观专业硕/博阶段教育课程重复设置情况

学 校	重复/雷同课程（门）	占博士生专业课数
北京林业大学	20	100%
同济大学	3	42.9%

3. 阶段教学计划缺少灵活性

两所院校的本科、硕士和博士阶段教育均设计了完整固定的教学计划，选课要求明确，并强调严格按照计划要求通过课程学习、实践、毕业设计/学位论文等环节来完成学业。

这种严格控制的教学计划对于专业基础训练是非常必要的，但对于学生的教育背景及研究方向趋于多样的研究生阶段教育来说，未免刻板，不利于学生在具体研究方向的深入。

4. 跨学科教育欠缺

两所院校研究生教育阶段都允许跨院系选课，但是在现实的操作中，学生普遍反映很难实现，因此客观上是欠缺的。

这种跨学科教育的欠缺所反映的问题表面上是教学管理操作方面的缺陷，更为深层的则是学科后续发展潜力的匮乏，因此必须加以重视。

5. 专业实践技能培训潜在基本构成，但技能覆盖不全

从两所院校景观专业各阶段教育的课程开设情况可以发现，其专业实践技能的培训同样可以纳入到方案表现与交流、景观要素把握、景观规划设计理论与方法、科学分析和职业实践这五个方面的构成体系中。但是，在所有的专业介绍

和教学计划资料中对于专业课程的内容分类并无明确说明,因此上述基本构成只是通过分析得出的潜在规律。

需要注意的是,虽然基本构成潜在地存在,但专业课程对于技能的覆盖并不全面。如景观要素类课程只涉及植物/种植和工程/构造,对于水、地形/场地等景观构成要素及其相关知识的介绍则无专门的课程设置;职业实践类课程多局限于景观类型参观认识或项目现场调查的层面,实际上属于要素类课程的实践形式教学,虽然也有一些关于专类景观的管理方面的课程开设,但总的说来不能全面体验职业实践和专业研究工作的现实情况,针对项目管理、公众参与组织、工作过程设计等专门的实践技术内容缺少指导性课程,并且实践类课程在所有课程中所占的比例远远小于国际先进水平(图 3-24)。

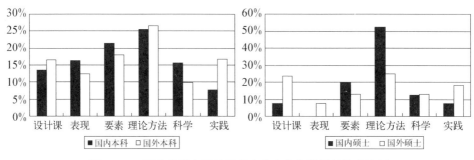

图 3-24 国内外样本院校景观专业内容分类课程构成比例

6. 设计课的教学核心作用未获确立

虽然两所院校对于专业设计课均比较注意系列和顺序的安排,但从图 3-24 可以看出,两所院校专业设计课比重与国际先进水平还存在一定差距,硕士阶段尤其明显。因此这一专业教育关键性课程的核心地位还未获确立,可能影响到专业教育的有效性。

对国内外景观专业教育的基本特征做进一步的比较分析,不难看出中国景观专业教育与国际先进水平的差距,主要反映在五个方面:

(1)专业教育中对生态教育的重视程度不够;

(2)阶段教育有待进一步合理完善;

(3)教育对于学科后续发展的促进作用有待加强;

(4)专业技能培训的全面性和有效性有待加强;

(5)设计课的教学核心作用有待明确。

3.4　中国景观专业生态教育的
课程构成及基本特征

在现实的差距背后,中国景观专业教育对生态教育的重视已经开始显现,这也从一个侧面反映出本课题研究的必要性。然而,要了解中国景观专业生态教育的具体发展状况,同样需要对其课程构成进行深入的研究。

本节是根据北京林业大学和同济大学景观专业阶段性教育课程设置的详细资料,对其专业生态教育课程构成情况的详细研究,并通过对两所院校景观专业生态教育课程体系特征的归纳总结来透视中国景观专业生态教育的特征、判识中国景观专业生态教育的发展基础。

由于两所院校景观专业的各个阶段教育均有相对完整固定的专业课程设置,因此本节研究将针对本科、硕士和博士阶段教育分别进行。

3.4.1　课程分类及类型判别

为了便于将研究结果和第 2 章中代表当前先进水平的国际景观专业生态教育的课程构成情况进行比较,以发现二者之间的差别,本节采用与 2.3.1 节相同的课程分类系统及类型判别标准进行分析,在此不再赘述。

此外,由于两所院校景观专业各阶段的专业课程体系均相对完整固定,因此对其生态教育课程构成的考察都可以进行整体课程研究和分类交叉研究。但由于北京林业大学景观专业博士阶段教育课程选修要求的资料缺少,因此在博士阶段生态教育课程构成的研究中不对生态教育相关课程及生态教育类型层次课程与选修要求分类课程之间的关系进行分析研究。

3.4.2　本科阶段生态教育课程构成

1. 生态教育相关课程比重

从图 3-25 和图 3-26 可见,两所院校生态教育相关课程的数量和学分比重存在一定差距,同济大学高出北京林业大学近 10%,两校平均达到 28% 的水平。

2. 生态教育相关课程的类型层次分布

从图 3-27 可见,两所院校三种类型层次的生态教育相关课程所占比重的

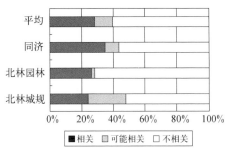

图 3‑25 生态相关课程的数量比重　　　图 3‑26 生态相关课程的学分比重

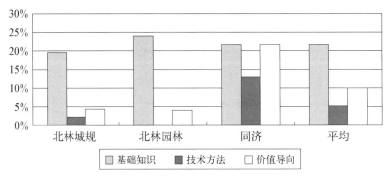

图 3‑27 生态教育相关课程的生态教育类型层次分布

差异很大,技术方法和价值导向类型层次的课程比例变幅尤其明显,分别超出 10%和 15%,反映出院校的生态教育发展水平的差异。

从平均水平看,基础知识、价值导向和技术方法类型层次的课程呈明显递减的态势,所占比重分别为 22%、10%和 5%。

3. 生态教育相关课程分类比例

(1)课程内容分类

从图 3‑28 可见,两所院校景观专业课程中,生态教育相关课程在设计课及表现、要素、理论方法、科学分析和职业实践这 6 类课程中分别所占的比重差别非常大,但都表现出表现类课程不具有生态相关性、科学分析和要素类课程的生态相关性较高的特征。从平均水平看,科学分析类、要素类、设计课、职业实践类和理论方法类课程中的生态教育相关课程比重依次递减,分别为 52%、50%、33%、28%和 17%。

同济大学的生态教育主要依靠设计课和要素类课程进行,而北京林业大学的生态教育主要依靠科学分析、要素和职业实践类课程进行。需要注意的是,尽管北京林业大学的职业实践类课程中生态教育相关课程比重非常高,但具体内

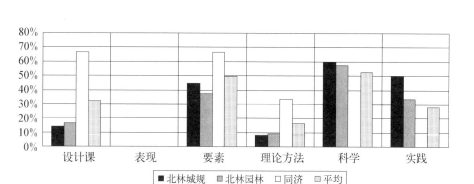

图 3-28 分类课程中生态教育相关课程比重分布

容仅是植物认识实践,因此实际上仍属于要素教学的类型。

（2）课程选修要求分类

图 3-29—图 3-32 是生态教育相关课程的数量和学分在两所院校的专业必修课和选修课中所占的比重。可以看到,两校间必修课中的数量和学分比重差异较大,反映出两所院校对专业生态教育的重要性认识还存在一定的差距。

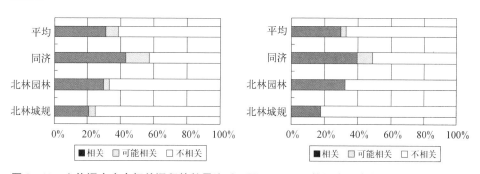

图 3-29 必修课中生态相关课程的数量比重　图 3-30 必修课中生态相关课程的学分比重

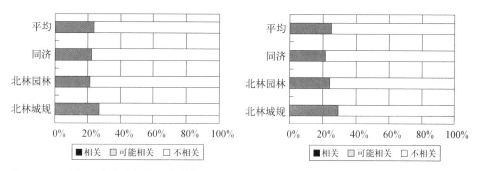

图 3-31 选修课中生态相关课程的数量比重　图 3-32 选修课中生态相关课程的学分比重

（3）课程教学形式分类

图 3－33 和图 3－34 是各样本院校景观专业的所有课程及生态教育相关课程的总学时中,讲座、讨论及研究、设计课、实验或实习这四种教学形式分别所占的比重。可以看到,两张图反映的数据结构差别较大,表明两所院校的生态教育课程的教学形式均与传统教学形式存在较大差异;并且两所院校表现出彼此截然不同的差别特征:同济大学的生态教育采用设计课和讲课并重的方式,而北京林业大学的生态教育主要以讲课方式进行。这可能是由于两校的生态教育均处于探索尝试阶段,先导课程的不同导致了这种差异的发生。

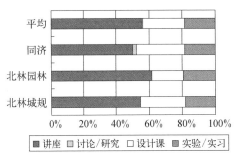

图 3－33　所有专业课程的教学形式比例　　图 3－34　生态相关课程的教学形式比例

4. 生态教育分类课程的层次分布

（1）课程内容分类

图 3－35—图 3－39 是两所样本院校在设计课及要素、理论方法、科学分析和职业实践类的生态教育相关课程中,三种生态教育类型层次的课程分别所占的比重。其中明显可以看到院校间的差别较大,但都具有不同层次的生态教育

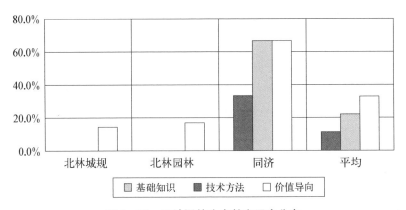

图 3－35　设计课的生态教育层次分布

与不同课程类型相结合的特征。从平均水平看,对于生态基础知识层次的教育主要依托于科学分析类课程,对于生态技术方法层次的教育主要依托于要素类课程和设计课(同济大学),而对于生态价值导向层次的教育则主要依托于设计课。

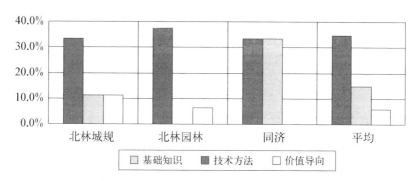

图 3‑36　要素类课程的生态教育层次分布

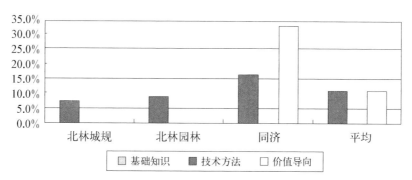

图 3‑37　理论方法类课程的生态教育层次分布

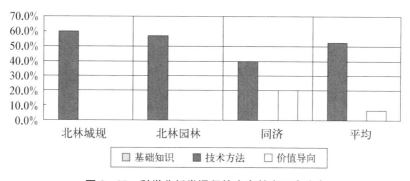

图 3‑38　科学分析类课程的生态教育层次分布

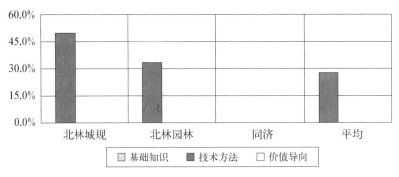

图 3‐39 职业实践类课程的生态教育层次分布

（2）课程选修要求分类

图 3‐40 和图 3‐41 是两所样本院校在具有生态教育相关性的景观专业必修和选修课程中，三种生态教育类型层次的课程分别所占的比重。院校间的差别同样比较大：一是两所院校表现出明显的反置特征，北京林业大学选修课中的生态教育比重略高于必修课，而同济大学则必修课中的生态教育比重明显高于选修课；二是必修课的生态教育主导类型不同，北京林业大学以生态基础知识

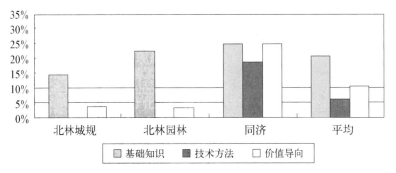

图 3‐40 必修课的生态教育类型层次分布

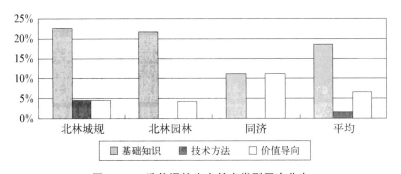

图 3‐41 选修课的生态教育类型层次分布

层次的课程为主,而同济大学则表现出三种类型层次的课程并重的特征。这实际上反映出两所院校对于生态教育的认识和重视程度存在差距。

（3）课程教学形式分类

图 3-42—图 3-44 是两所样本院校在三种生态教育类型层次课程教学中,讲座、讨论及研究、设计课、实验或实习这四种教学形式分别所占的比重。院校间的差别同样比较大,其中,北京林业大学的生态教学整体上均以讲座为主,而同济大学生态基础知识型课程的教学以讲座为主,生态技术方法和生态价值导向型课程的教学则都以设计课为主。

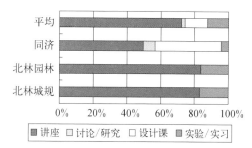

图 3-42　生态基础知识型课程的
教学形式比例

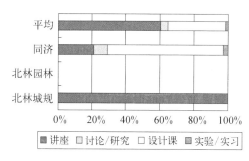

图 3-43　生态技术方法型课程的
教学形式比例

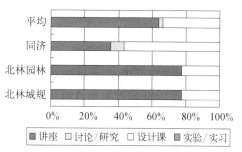

图 3-44　生态价值导向型课程的
教学形式比例

3.4.3　硕士阶段生态教育课程构成

1. 生态教育相关课程比例

从图 3-45 和图 3-46 可见,两所院校生态教育相关课程的数量和学分比重存在一定差距,同济大学高出北京林业大学 20％左右,两校平均达到 30％以上的水平。

2. 生态教育相关课程的类型层次分布

从图 3-47 可见,两所院校 3 种类型层次的生态教育相关课程所占比重具有一定程度的同构性,生态基础知识类型层次的课程均占一定优势。

从平均水平看,基础知识、价值导向和技术方法类型层次的课程呈递减的态势,所占比重分别为 25％、10％和 10％。

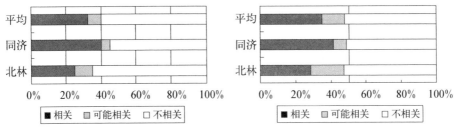

图 3‑45 生态相关课程的数量比重　　图 3‑46 生态相关课程的学分比重

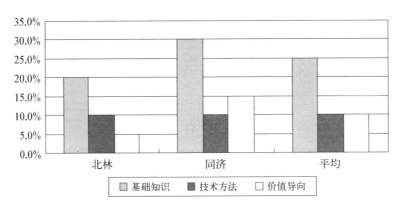

图 3‑47 生态教育相关课程的生态教育类型层次分布

3. 生态教育相关课程分类比例

（1）课程内容分类

图 3‑48 是两所样本院校景观专业课程中，生态教育相关课程在设计课及表现、要素、理论方法、科学分析和职业实践这 6 类课程中分别所占的比重。

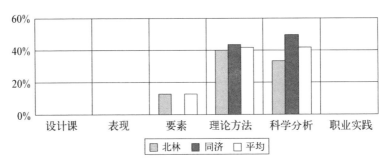

图 3‑48 分类课程中生态教育相关课程比重分布

院校之间具有一定程度的同构性。从平均水平看，生态教育目前仍主要存在于课堂教育中，理论方法类和科学分析类课程的生态相关性相对比较强，相关课程均占到 42%；要素类课程的生态相关性较弱，相关课程只占 13%；设计课和职业实践类课程并无必然的生态教育相关性;而表现类课程则在硕士阶段教育中不再设置。

（2）课程选修要求分类

图 3-49—图 3-52 是生态教育相关课程的数量和学分在两所样本院校的专业必修课和选修课中所占的比重。可以看到,院校之间必修课中的数量和学分比重差异较大,选修课中的数量和学分比重则较为一致,且两所院校表现出明显的反置特征,即北京林业大学选修课中的生态教育比重略高于必修课,而同济大学则必修课中的生态教育比重明显高于选修课,反映出两所院校对于生态教育的重视程度存在差距。

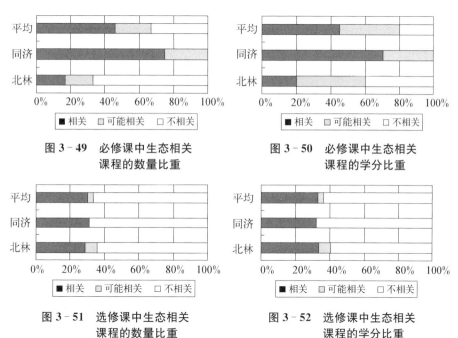

图 3-49　必修课中生态相关
课程的数量比重

图 3-50　必修课中生态相关
课程的学分比重

图 3-51　选修课中生态相关
课程的数量比重

图 3-52　选修课中生态相关
课程的学分比重

（3）课程教学形式分类

图 3-53 和图 3-54 是各样本院校景观专业的所有课程及生态教育相关课程的周学时中,讲座、讨论及研究、设计课、实验或实习这四种教学形式分别所占的比重。

可以看出景观专业的生态教育课程基本沿袭了传统的专业课教学以讲座为主的形式,所用学时占到总学时的 70%～90%;但与传统的专业课教学四种教学形式齐全的情况不同,生态教育课程讲座教学的比重更高,除此以外仅以实验/实习为补充。

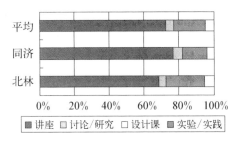

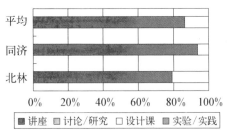

图 3-53　所有专业课程的教学形式比例　　图 3-54　生态相关课程的教学形式比例

4. 生态教育分类课程的层次分布

（1）课程内容分类

图 3-55—图 3-57 是两所样本院校在要素、理论方法和科学分析类的生态教育相关课程中，三种生态教育类型层次的课程分别所占的比重。院校间具有一定程度的同构性。

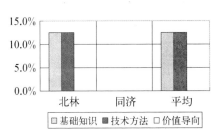

图 3-55　要素类课程的生态教育层次分布

就平均水平而言，生态基础知识的教学主要集中在科学分析类和理论方法类课程中，生态技术方法和生态价值导向的教学主要集中在理论方法类课程中，而设计课和实践类课程则表现出生态教育的缺失。

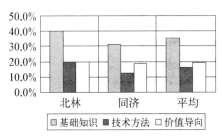

图 3-56　理论方法类课程的生态教育层次分布

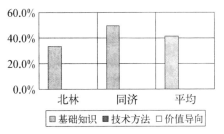

图 3-57　科学分析类课程的生态教育层次分布

（2）课程选修要求分类

图 3-58 和图 3-59 是两所样本院校在具有生态教育相关性的景观专业必修和选修课程中，3 种生态教育类型层次的课程分别所占的比重。院校间的差别同样比较大，表现出明显的反置特征，即北京林业大学选修课中各层次生态教育的比重高于必修课，而同济大学则必修课中各层次生态教育的比重明显高于

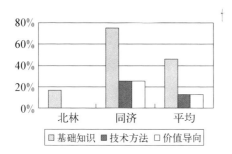

图 3‑58　必修课的生态教育
类型层次分布

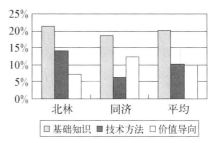

图 3‑59　选修课的生态教育
类型层次分布

选修课,反映出两所院校对于生态教育的重视程度存在差距。但与此同时,两所
院校都表现出生态基础知识层次的课
程为主的特征。

（3）课程教学形式分类

图 3‑60—图 3‑62 是两所样本院
校在三种生态教育类型层次课程教学
中,讲座、讨论及研究、设计课、实验或
实习这四种教学形式分别所占的比重。
两所院校均表现出以讲座为主的特征,
教学形式构成较为类似。

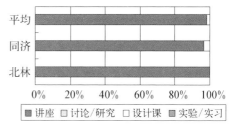

图 3‑60　生态基础知识型课程的
教学形式比例

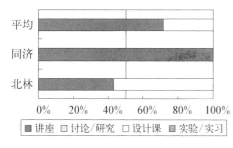

图 3‑61　生态技术方法型课程的
教学形式比例

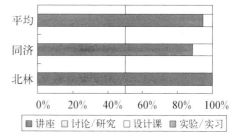

图 3‑62　生态价值导向型课程的
教学形式比例

3.4.4　博士阶段生态教育课程构成

1. 生态教育相关课程比例

从图 3‑63 和图 3‑64 可见,两所院校生态教育相关课程的数量和学分比重存
在很大差距,同济大学高出北京林业大学 30% 以上,两校平均达到近 40% 的水平。

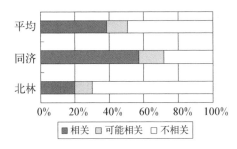

图 3-63　生态相关课程的数量比重

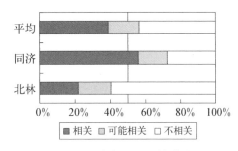

图 3-64　生态相关课程的学分比重

2. 生态教育相关课程的类型层次分布

从图 3-65 可见,两所院校 3 种类型层次的生态教育相关课程所占比重具有一定程度的同构性,生态基础知识类型层次的课程均占优。

从平均水平看,基础知识、价值导向和技术方法类型层次的课程呈递减的态势,所占比重分别为 31.5%、16.8% 和 9.7%。

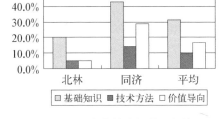

图 3-65　生态教育相关课程的
生态教育层次分布

3. 生态教育相关课程分类比例

(1) 课程内容分类

图 3-66 是两所院校景观专业课程中,生态教育相关课程在设计课及表现、要素、理论方法、科学分析和职业实践这六类课程中分别所占的比重。

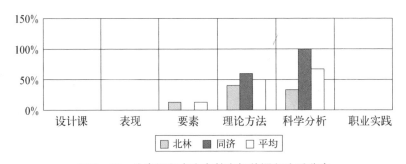

图 3-66　分类课程中生态教育相关课程比重分布

院校之间具有一定程度的同构性,但同济大学的分类课程中类型缺失相对较为明显,仅设有设计课及理论方法、科学分析三类课程。从整体看,生态教育目前仍主要存在于课堂教育中,科学分析类和理论方法类课程的生态相关性相对比较强,相关课程分别占到 67% 和 50%;要素类课程的生态相关性则较弱,相关课程只占 13%；设计课、科学分析类和职业实践类课程并无必然的生态教育相关性，而表现类课程则在博士阶段教育中不再设置。

（2）课程教学形式分类

图 3-67 和图 3-68 是两所院校景观专业的所有课程及生态教育相关课程的周学时中，讲座、讨论及研究、设计课、实验或实习这四种教学形式分别所占的比重。

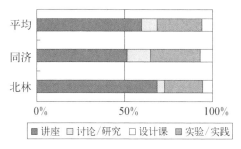

图 3-67　所有专业课程的教学形式比例

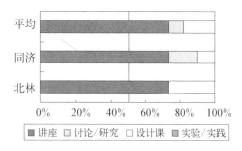

图 3-68　生态相关课程的教学形式比例

可以看到，两张表反映的数据结构差别较大，讲座形式在景观专业生态教育相关课程教学中明显占优，达到 73.3%，超出传统专业课教学 10% 以上，而设计课教学在生态教育相关课程教学中则缺失。此外，两所院校之间的主要差别是同济大学对讨论/研究形式的教学较为重视，在传统专业课教学和生态教育相关课程教学中均占到 15% 左右。

4. 生态教育分类课程的层次分布

（1）课程内容分类

图 3-69—图 3-71 是两所院校在要素、理论方法和科学分析类的生态教育相关课程中，三种生态教育类型层次的课程分别所占的比重。院校间具有一定程度的同构性。

就平均水平而言，生态基础知识的教学主要集中在科学分析类和理论方法类课程中，生态技术方法和生态价值导向的教学主要集中在理论方法类课程中，而设计课和实践类课程则表现出生态教育的缺失。

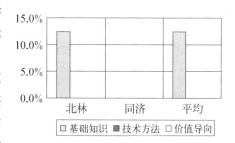

图 3-69　要素类课程的生态
教育层次分布

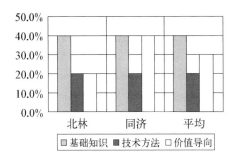

图3-70 理论方法类课程的
生态教育层次分布

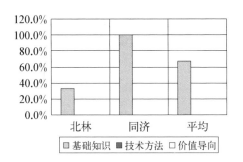

图3-71 科学分析类课程的
生态教育层次分布

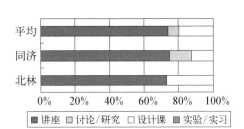

图3-72 生态基础知识型课程的
教学形式比例

（2）课程教学形式分类

图3-72—图3-74是两所院校在三种生态教育类型层次课程教学中，讲座、讨论及研究、设计课、实验或实习这四种教学形式分别所占的比重。两所院校均表现出以讲座为主的特征，教学形式构成较为类似。

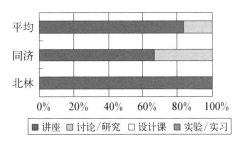

图3-73 生态技术方法型课程的
教学形式比例

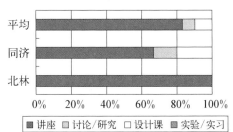

图3-74 生态价值导向型课程的
教学形式比例

3.4.5 两所院校景观专业生态教育的课程构成特征及比较

综上所述，两所院校景观专业生态教育的课程构成具有以下基本特征：

（1）两校均表现出生态教育相关课程的比重随着专业教育阶段的提升而上升的态势；

（2）在生态教育相关课程中，专业生态教育的三个类型层次发展不均衡，各教育阶段中基础知识型课程均明显占优，技术方法型课程都较为薄弱；

（3）生态教育所依托的课程内容类型是由先导课程类型决定的，总体说来以科学分析类、理论方法类和要素类课程为主。但由于先导课程的不同,院校间和阶段教育之间存在一定差异:本科阶段的生态教育主要依托科学分析和要素类课程进行,而研究生阶段的生态教育则主要依托理论方法和科学分析类课程进行;

(4)尽管专业课的教学整体上已经呈现出四种教学形式有机结合的情势,但受先导课程教学形式的制约,生态教育相关课程的教学形式反而趋于单一,基本以讲座这一教授型教学形式为主。

详细考察两所院校的差异,可以看出:

(1)从生态教育相关课程的数量和学分比重,以及选修要求等方面来看,同济大学景观专业教育对生态教育的重视程度要高于北京林业大学;

(2)两所院校在各阶段教育中均开设了专门的生态教育课程,如生态学、植物生态学、景观生态学、生态专项规划设计等,这些课程对于专业生态教育具有重要的先导作用,但由于不同的先导课程设置使得景观专业生态教育在两所院校的开展表现出迥然不同的特征:北京林业大学主要依靠其擅长的植物类要素课程引介植物生态方面的基础知识;而同济大学则开始表现出在各类课程中开展多层次生态教育的意向,并且在不同阶段表现出不同的意向特征,其本科阶段由于专业设计课对于生态教育的强调而带动了生态技术及生态价值导向层次的教育,研究生阶段则由于向理论课程的回归而导致生态技术层次教育的减少,但生态价值导向层次的教育仍然超出北京林业大学。

3.4.6　中国景观专业生态教育的基本特征

中国景观专业生态教育在总体发展的背后,各具体院校的实践模式存在很大差异。这种差异实际上正表明了中国景观专业生态教育的实践还处于探索阶段,各院校都意识到其开展的必要性,并且结合自身的擅长,根据各自对于生态教育的不同理解正在进行意向明确的或是潜意识的尝试,因此才出现了这种院校之间甚至同一院校不同教育阶段之间的显著差别。这种多样化的校际差异正是当前中国景观专业生态教育的基本特征。

3.5　中国景观专业生态教育与国际先进水平的差距

研究判断中国景观专业生态教育与国际先进水平之间的主要差距之所在,

有助于识别并明确中国景观专业生态教育今后发展的主要赶超方向。通过比较分析国内外样本院校景观专业生态教育的课程构成情况和特征,可以发现中国景观专业生态教育与国际先进水平之间的客观差异主要表现在以下六点:

(1) 生态教育的相关课程在专业课程中所占的比重较小,本科阶段和硕士阶段均存在 5%～15% 左右的差距(图 3-75 和图 3-76)。

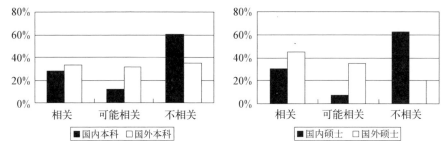

图 3-75　国内外样本院校生态教育相关课程数量比重的阶段比较

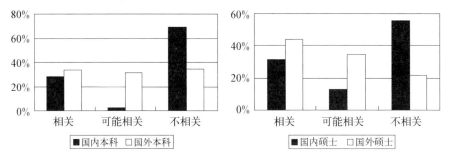

图 3-76　国内外样本院校生态教育相关课程学分比重的阶段比较

(2) 生态技术层次的教育明显落后(图 3-77)。

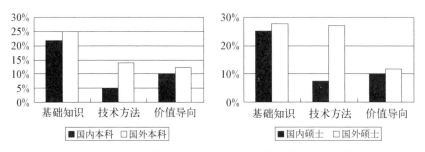

图 3-77　国内外样本院校生态教育层次分布的阶段比较

(3) 生态教育对于课程类型的依托结构差异明显,设计课和要素类、理论方法类课程的生态教育有待加强(图 3-78)。考虑生态技术方法层次教育的提升要求,在加强设计课生态教育的同时还需要对要素类课程的教学内容加以改进(图 3 - 79)。

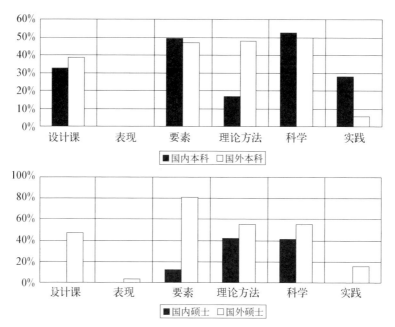

图 3 - 78　国内外样本院校分类课程中生态教育相关课程比重分布的阶段比较

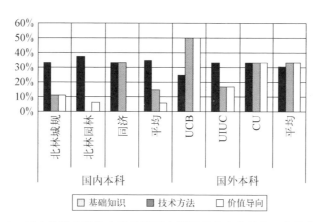

图 3 - 79　国内外样本院校本科阶段要素类课程中生态教育层次分布的比较

(4)生态教育相关课程的教学形式应注意从讲座这一被动学习方式向讨论/研究、设计课和实验/实习等主动学习方式倾斜(图 3 - 80)。

(5)生态教育的开展方式应从专门开设生态教育先导课程逐步转向生态教育与专业课程全面、有机的结合(图 3 - 81)。

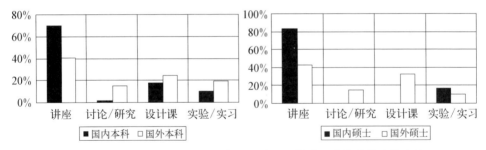

图 3‑80　国内外样本院校生态教育相关课程教学形式构成的阶段比较

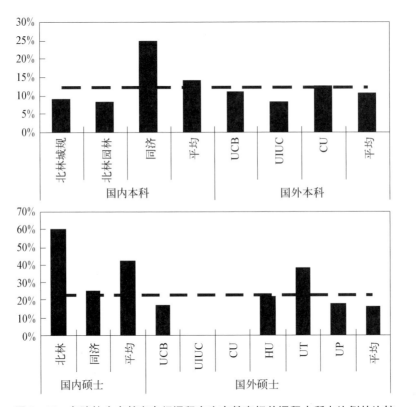

图 3‑81　各院校生态教育专门课程在生态教育相关课程中所占比例的比较

（6）为了达成研究型教育的目的，国外院校在博士阶段教学中弱化课程体系，普遍采用要求学生针对具体研究方向跨院系甚至跨校选课的培养方式，生态教育比重因学生个体而异；而国内院校景观专业的生态教育则作为专业教育的先进内容向高级阶段汇集，在博士阶段尤其得到加强。但是由于博士阶段学生研究方向的分化，片面加强生态教育对于学生在具体研究方向的深入并无必然的助益，是否必要还有待商榷。

第4章

景观专业生态教育的实践发展借鉴

借鉴是通过向他人的经验或教训进行学习以提高自己的实践水平的有效方法。对于景观专业生态教育的实践研究尚处于起步阶段,因此除了要详细了解既有的研究成果,还有必要向相关研究领域进行广泛的借鉴,以获得启发并提高认识。

本章研究是在广泛的文献阅读的基础上,从景观专业生态教育实践及其相关领域的既有研究成果中总结出可供景观专业生态教育实践借鉴的成功经验,作为中国景观专业生态教育建设的有效参考。

4.1 关于借鉴领域与研究成果分类的说明

4.1.1 借鉴领域

景观专业生态教育的本源可归结为景观专业教育和生态教育两个领域,二者构成景观专业生态教育借鉴研究的两个直接领域。

景观专业的生态化教育必须以景观专业教育自身为鉴。毕竟景观专业教育具有自身的特殊性,及时吸取其百多年来发展产生的经验教训,对于专业教育的生态化改革能够少走弯路、提高成效是非常重要的。

对生态教育的研究大部分在广泛的教育领域展开,因此具有普遍的参照意义;还有少量研究针对规划设计类专业进行,由于专业相近而更具有直接的参照意义。所有这些都可以作为景观专业生态教育的有效借鉴。

此外,由于景观专业生态教育在实践层面已有少量的研究开展,可作为直接的参考。

因此,本书将景观专业教育、广泛的生态教育、规划设计类专业的生态教育,以及景观专业生态教育的实践研究作为四个独立的借鉴领域,对相关的研究成果分类进行综述研究。

4.1.2　研究成果分类

由于专业教育的实践框架主要由指导性的办学思想和操作性的课程体系、教学内容、教学方法等要素构成。因此,出于实践研究的目的,对于上述四个借鉴领域的研究成果,还需要根据其对专业实践要素的指导作用进行具体辨识,按教育指导研究、课程设置研究、教学内容研究和教学方法研究这四个研究层面进行分类综述。

4.2　研究成果综述

本节文献综述研究是在多方检索查阅了相关文献资料的基础上进行的。文献来源主要有三大类:

(1) 近年来参加的国内相关学术交流活动上提交的论文资料,主要包括"2005 首届国际景观教育大会"、"全国高校景观学(暂定名)专业教学研讨会"、"景观设计专业与教育国际研讨会"等会议;

(2) 专业学术期刊上发表的学术论文,主要检索了所收录的期刊学术水平较高、收录教育类文献较多的 EBSCO 数据库学术期刊数据库(Academic Search Elit)、John Wiley 电子期刊数据库、Kluwer Online 电子期刊数据库,以及万方数字化期刊数据库;

(3) 专业学位论文,主要检索了全世界最大的博硕士论文收藏和供应商 ProQuest 公司的 PQDD 学位论文文摘索引数据库和 PQDD 学位论文全文数据库,以及收录有全国各高等院校、研究所以及研究生院等单位向中国科技信息研究所(国家法定的学位论文收藏单位)送交的自然科学领域的硕士、博士和博士后全部论文的万方学位论文全文数据库。

4.2.1　景观专业教育的研究成果

对景观专业教育的研究主要集中在如何应专业发展的要求进行教育、如何把握专业教育阶段规模的合理性、如何结合具体国情创建相应的景观教育特色和体系,以及基于教学效果提升的具体教学方法探讨四个方面。其中前三个方面的研究属于教育指导研究的层面,而最后一方面的研究属于教学方法研究的层面。

1. 教育指导研究

综观景观专业的教育发展,可以大致辨别出由基于对设计思考过程进行图解表达的设计式教学向基于对景观结构进行科学分析,以解决土地使用和管理问题的规划式教学推进的过程[9]。专业知识和技能的不断拓展引发了景观专业的分化,开始出现单独的景观设计或景观规划系科设立[63]。为了使得景观专业教育保持专业通识教育(General LA Education)的特征以帮助学生全面了解专业实践的情况,在教学中分阶段地、恰当地安排各种必要的知识就非常重要了。为此,盖兹沃达(Davorin Gazvoda)提出了一个景观专业的阶段性教育构架,建议本科阶段主要进行基础知识的教学和基本景观设计技能的训练,景观规划在本科教学的最后阶段开始介入,而景观设计与景观规划的专门化分离则到硕士教学的最后阶段才开始[9]。

现代景观专业是在美国创立并发展起来的,移植到其他国家,势必面临专业依托的历史积淀、社会发展状况、文化教育特征等一系列特殊性,需要进行调整改造。因此,一方面,在景观专业刚刚开始发展的一些发展中国家,相当数量的研究关注的是如何借鉴西方先进经验,创建自身的景观教育特色和体系;而另一方面,在景观专业教育的发达国家,一些教育家也开始全面总结自己国家的专业教育发展经验并介绍给发展中国家。

发展中国家在这方面的研究相对较多。如茹因(A. H. L. Zuin)对于在巴西开展不久的景观专业教育如何有效培养适合当地社会需要的专业人才提出了开展"可变的景观教育"(Transformative landscape architecture education)的建议,即根据巴西景观专业迅速发展的实际情况,应注重专业思辨能力和实践操作技能的培养,以应对专业实践的各种出乎意料的、不断变化的发展[67];陈文锦在历史回顾的基础上,就名称定位、专业建设和整合对台湾景观设计教育提出了一系列建议,包括专业名称应仍以景观设计为名,应加强专业进修、学术研究的分工与配套课程训练,并加强相关科系跨领域的专业整合[68]。中国景观界也对景观专业教育在中国应如何进行展开了各种探讨。如刘滨谊提出专业教育应根据学科发展和社会服务的需要进行分层次的人才培养,专业知识结构也应以课程设置为实质结合社会需求加以调整[69];邱建建议景观专业的技能培养应包含专业理论、设计原理、相关学科的理论和工程技术知识三块,需要分别进行针对性的课程配置,并应进行从业范围的介绍以使学生明确本专业的社会责任[70]。

发达国家在这方面的研究则比较少,但由于研究者站在回顾的角度总结既往的经验教训,因此成果的可借鉴性较强。如汉娜(Karen C. Hannna)认为,根据美国的经验,对于刚开始建设发展景观专业的国家,对专业教育进行先期的规范,设置基本的教育标准并进行教育规模的协调控制,是非常必要的。为此,她详细介绍了美国和欧盟的专业教育认证经验,比较分析了二者的优劣,指出专业教育认证具有保证专业教学质量和稳定的重要作用,其标准应在法律框架内对职业培训的基本技能要求作出明确规定,并应及早明确和长久保持统一的专业名称和职业名称以实现社会的认同和从业人员的角色归属;通过对美国专业办学发展和学位授予情况的调查研究,她敏锐地指出尽管研究生教育存在获取教育经费、加强专业研究、提升实践水平等种种益处,但必须应社会发展变化的现实水平与本科教学规模相匹配。然而,她又特别提醒规范化教育并不意味着一成不变,而是在必要的统一前提下允许多样性的存在,如在办学思想方面,具体院校必须随时洞察当地的区域性需求进行相应的战略构想。[71]

2. 教学方法研究

鉴于景观专业实践对象的多样性,专业教育的关键在于训练学生掌握正确的专业思维方法,即发现、理解和解决问题的评判性思维方法,包括一个涉及研究、分析、综合权衡等方面的复杂的思考过程[72]。与这种评判性思维直接对应的是学生的专业实践和研究创新能力。因此,以培养学生这方面能力为目的的具体教学方法的研究探讨也比较多。其中多学科参与、结合实际项目和社会调查进行教学是有效的方法,而设计课教学是景观专业一个非常重要的教学实践领域。如利卡(Lilli Licka)等提出了一种针对研究生的校外设计课(External Studios)的教学方法,即结合实际项目组织学生进行课外调查、由多学科背景的项目组成员向学生提供必要的指导、学生提交图文并茂的论文以表述自己所研究的问题及其解决办法,教学实践证明这种设计课教学对于提升学生评判性思考及与多学科人员合作的能力非常有效[73];克雷尼(Melanie Klein)等提出了在景观专业低年级的专业课程中进行建筑学、市内设计等交叉学科教学的方法,通过一系列循序渐进的设计练习(图 4-1)向学生传授其进行专业学习和实践时所必须依赖的科学知识[74];工程专业的学生可通过实际案例研究来提升对现实问题的认识[75],对此,斯维兹(Kevin Thwaites)介绍了在景观专业教学中通过在实际项目框架下进行设计课教学来加强学生研究能力培养的教学经验[76];此

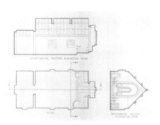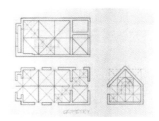

练习1：场地现状的观察、记录与分析

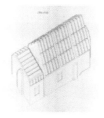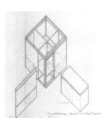

练习2：非平行平面的组合关系　　　　　　练习3：立方体中的空间限定

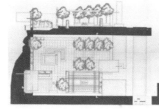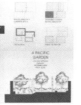

练习4：景观中的空间限定　　　　　　　　练习5a：空间的延伸

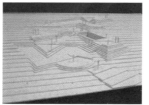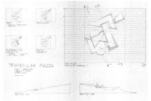

练习5b：色彩与空间特征　　　　　　　　练习6：地形利用

练习8：综合设计

图 4 - 1　系列设计练习作业

（资料来源：Melanie Klein & Katrina Lewis 2005）

外,瓦士尼(Kvashny)结合各种创造性学习活动进行景观专业理论课程教学,通过实际教学效果的对比研究,提出了景观专业课程中应包含对雄辩性(Fluency)、适应性(Flexibility)、创意(Originality)和详尽性(Elaboration)等有关学生创造力变量的训练[77]。

由于学生个体差异是一个普遍存在的问题,也有一些研究出于平等关注每个学生的考虑,针对学生的类型差异进行相应的教学方法改进。研究表明,针对每个学生的个体特征、因材施教地进行教育是极为重要的。如布郎(Robert D. Brown)等以 MBTI 类型指数(Myerss-Briggs Type Indicator)①对加拿大盖尔夫大学景观规划与设计学院(School of Landscape Architecture, University of Guelph)的师生作了学习/教学类型调查,发现由于专业选择的结果,直觉/感觉型(NF)和直觉/思考型(NT)是景观专业的两类主导学习/教学类型,这种学习/教学类型的匹配对于整体教学是有利的,但对于少数因学习/教学类型不匹配而无法适应学习环境的学生,则需要通过提高教学的灵活性、适度引入感受/感觉型(SF)或感受/思考型(ST)教学方法,及必要时对不同类型的学生进行分组教学等方法来提高教学效果[78]。吉尔(Gill Lawson)则针对澳大利亚高等教育体制变革过程中景观专业教学班级人数及学生多样性增加的现象,提出了课程教学的四个变革方法:用以学生为中心的教学方法来取代以教师为中心的教学方法、用以全球性问题为核心的教学内容来取代以地域性场所为核心的教学内容、用以团队竞争力为基础的评级方式来取代以学生个人表现为基础的评级方式、用跨学科知识的教学来取代单一学科知识的教学,充分借助每个学生自身的学习兴趣选择来获得较好的教学效果[79]。

4.2.2 生态教育的研究成果

对生态教育的研究则更为深入,关于新的教育方式和具体教学方法的探讨

---

① MBTI 类型指数将个人的学习类型归为 2 类共 4 种类型:感受(Sensing)型和直觉(Instuitive)型是针对个人如何认知客观事物而言的,而思考(Thinking)型和感觉(Feeling)型是针对个人如何根据自身的价值观来处理和评判所得到的信息而言的,分别定义如下:

感受型学习者:喜欢通过自己的感观来直接获得信息,因此注重客观事实,喜欢准确和简要;

直觉型学习者:喜欢先了解事物的来龙去脉,并从不同的角度出发对事物进行考察,以便深入发现各种可能性,因此喜欢学习理论和概念,并希望能有自由想象和发挥的空间;

思考型学习者:喜欢采用逻辑推理的方法来作出客观的评判决定,因此希望能清楚地了解相关的评价标准;

感觉型学习者:喜欢凭自己的好恶作出评判决定,因此希望能随时得到指导者的鼓励来使自己得到肯定。

较多,甚至已经深入效果评价的程度。其中,前者应属于教育指导研究的层面,而后者属于教学方法研究的层面。

总体上讲,生态教育的研究大多是结合具体的教学案例进行的,教学场所已开始由课堂转向户外(自然和社会),教学内容已开始由书本上的生态学知识转向对实践技术、传统经验和伦理道德等全方位的关注,提升学生的自觉行为和实践已经成为生态教育的明确目标之一。

1. 教育指导研究

由于生态知识具有明显的地域性差异,因此生态教育必须同时应对本土化教育和异地化教育两种发展思路,由此引发了对本土教育和远程教育这两种截然不同的教育方式的集中探讨。而掌握本土生态知识是促使生态理论学习转化为实际保护行动的一个有效途径,因此本土教育显得尤为重要。

本土教学是以本土科学知识(Indigenous science)为传授内容的一种教学方式。与书本上记载的系统的科学知识不同,本土科学知识是通过一代代人地的长期居住和生产生活活动得到的、以口头传授为主的、带有明显地方性的、受到地域内人群广泛认同的民间科学知识,其中传统生态知识(Traditional ecological knowledge,以下简称 TEK)是本土科学知识的重要组成部分[80]。这种教学可以作为课堂教学的有效补充,帮助学生深入了解本地的生态问题并以实际行动进行保护。近 20 年来,TEK 开始成为西方生态研究的热点,相应的教学研究也开始展开。如智利通过对科研、教育单位和南部农业地区居民的调查研究表明,TEK 与科学知识的对照和补充有助于为更全面地认识了解环境提供帮助[81];费斯特尼(Benjamin Charles Feinstein)则对夏威夷大学一门教授夏威夷传统生态知识的本科课程进行了评价研究,证实了 TEK 课程的重要性,探讨了 TEK 课程的组织方法和教学模式[82];沃德(Nathalie F. R. Ward)通过对加勒比海域三个岛屿上 7 个女孩对鲸鱼的态度问题的采访,证实了地方文化对于公众环境保护意识的潜移默化的作用,提出应结合地方文化进行环境课程设计[83]。

远程教学则是一种由信息技术的发展催生的新型教育方式,生态教育可以用它来实现对非本地生态系统的体验教学。如奥卡达(Masaya Okada)等提出了使用共享的虚拟环境来进行远程环境教育,以提供全球环境体验并获得全球专家指导的一个计算机支持系统[84]。

2. 教学方法研究

研究表明,户外体验教学、多学科参与式教学是普遍有效的教学方式,而以普通公众为受众的共同学习法、案例法、个人行为引导法教学的成功经验则提示了这些教学方式也是行之有效的。

户外体验教学(图4-2)是直接借鉴了环境教育的"在环境中进行教育"的成功经验,一般通过配设专门的自然实践场所或借助到自然环境中旅行的方式来进行。如美国对于其生态、历史、环境和文化多样性的教育开始倡导一种探索型旅行教学模式[85];美国佐治亚州塞普隆岛(Sapelo Island)开展的一项基于宗教教育目的的人类学和生态学的经验教学课程,内容就包括了与当地的生态学家一起工作、进行劳动体验等[86];加拿大苔原生态研究站则通过举办以户外科学教育为特色的中学生科学夏令营,对中学生进行苔原生态系统的知识教育[87]。这方面的一些研究已进入效果评价的阶段。如佛塞特(Leesa K. Fawcett)通过对比实验证实了直接接触自然对于科学和环境教育的重要性[88];

图4-2 户外体验教学现场照片

沙农(Joseph Franklin Shannon)通过对美国德州林业署一个依托户外森林基地对教师进行环境保护知识培训的教学计划实施前后受训者的对比研究,证实了这种培训方式的有效性[89]。

多学科参与式教学是应生态学分支学科和交叉学科众多、研究范围广泛的特点而产生的,一般采取多学科专家联合教授或多学科学生共同学习这两种方式,尤其后一种方式因为操作相对容易而较为常见。如美国佐治亚大学生态学院就开设了两门由多学科学生参与的关于可持续发展的实践课程[90]。

共同学习是在以公众为对象的生态教育中,通过组织由多方参与的学习团体,创造一个共同的学习环境,以利于团体成员通过彼此的沟通交流进行系统的分析思考、集中各种观点进行系统评价,使科学家、各利益团体和管理者能够了解彼此的相互依赖关系。伯屈(O. J. H. Bosch)对此进行了研究探讨[91]。

案例法是通过选择与教学目的相应的案例并进行详细的介绍,来形象地说明问题的一种教学方法。所选案例与教学目的的相关性在很大程度上决定了教学的成败。如纳塔德查(Poranee Natadecha)提出为了向公众解说环境问题的潜在原因①,有效的方法之一就是向人们讲授由长期不良行为导致环境破坏的具体案例[92];布朗兹(Carol B. Brandt)则使用批判教学法来进行人类植物学研讨课的教学,通过对现实的批判来关注基于美国西南部干旱地区的水资源问题考虑的人类文明使用植物的方法[93]。

个人行为引导法是以确立生态世界观为目的的生态教育方式,一般通过行为实践课程进行,以培养公众自觉关怀地球生态环境的行为素质。如怀特斯沃斯(Karen Gamble Wadsworth)通过设计一门教授小学 4—5 年级学生如何进行生态取向的食物选择的课外兴趣课程并对其教学情况进行调查,证实了这一课程对于提高学生生态认识并将保护付诸行动的有效性[94]。

4.2.3　规划设计类专业生态教育的研究成果

在与景观专业邻近的其他规划设计类专业中,也有一些在专业内进行生态教育的研究,往往一项研究同时涉及专业教育实践体系的多个要素,颇具借鉴意义。

---

①　纳塔德查认为,环境问题的所谓解决通常只是对问题表象的治理,一般通过自然科学或技术手段来实现;但其根本的治理必须通过让政府、研究人员、教育者和普通公众都明了其背后的原因,并借助社会中个体行为的纠正来有效地加以避免。因此,生态教育不能局限于自然科学或技术手段的教育,必须对环境问题的潜在原因进行教育。

1. 教育指导研究

这方面的研究主要是对专业生态教育的原则性探讨。如斯魁布（Bradley George Squibb）通过对加拿大规划专业的学者、从业人员和在校学生的访谈发现，专业教育应该是促进专业实践进行生态化变革的动力，而专业教育要达成这一目的，不能局限于生态规划理论的传授，还必须对学生进行生态价值观的引导。为此，他提出了规划专业生态教育的五个原则，包括：教育应强调生态的可持续观、强调多学科学习、强调批判性的自我反思（Self-reflection）、强调对问题的界定、强调职业的社会责任（Professional identity）[95]。

2. 课程设置研究

笔者曾对旅游规划专业的生态规划教学进行了研究，提出了从理论课到专业设计课系列课程设置的设想，建议教学内容应涵盖基础理论、规划原理、规划设计技术方法三方面，并在具体实施时应注意积累并建立教学用典型课题库、引进专题讲座的教学模式并强化汇总交流的教学环节。[96]

3. 教学内容和教学方法研究

这方面的研究通常从实践经验总结和实践体系建设等角度进行。如奥尔松（Patricia Louise Olson）通过对 330 个美国国内的和 40 个国际的、依托环境教育或设计教育进行生态设计教育的，以及独立开展生态设计教育的院校和组织的筛选性调查，对现实的生态设计教育进行了评价研究，总结得出一些成功的教学经验，包括采用边做边学（Hands-on learning）（图 4 - 3）、参观成功案例等教学方

**图 4 - 3　美国弗吉尼亚理工与州立大学景观规划设计系的学生通过
参加实际建设工作学习有关太阳能建筑的知识**

法，以及设置关于建成环境刘于自然环境的影响介绍、各种可供选择的方案评价、自然知识学习等方面的教学内容，并指出现有生态设计教育的主要缺陷在于生态知识和技术教学与设计过程教学缺少有机的结合。[1]

4.2.4　景观专业生态教育的实践研究成果

对景观专业生态教育的研究只是刚刚起步，其中大量研究是对景观规划设计的生态理论和方法的研究，属于教学内容的研究层面；还有少量研究涉及课程设置研究和教学方法研究的层面。

1. 课程设置研究

在课程体系的构建方面，王云才[65]以 NPT 体系①为基础，提出了以讲授"生态系统与群落生态学"、"自然过程及机理"和"区域生态网络及其演变"为主题内容的生态学原理的教学平台，构建以景观规划设计的生态学原理、景观生态学、乡村景观理论及实践、生态规划、生态设计、植物种植设计和生态群落设计为主的课程体系，从理论到技术形成与景观规划设计匹配的生态学教学体系。

2. 教学内容研究

这方面的研究主要是对景观生态规划设计的含义、方法论等的探讨和总结。

面对层出不穷、形形色色打着生态旗号的伪生态规划设计理念和作品，什么才是真正意义上的生态规划设计就成为学术界不得不澄清的问题。对此，米勒（Patrick A. Miller）非常精辟地对可持续设计（Sustainable Design）的真正含义进行了论证②，指出可持续设计应在满足人类各种需求的同时能够保护那些重要的自然和文化资源，从更为广泛的、全球性的视角来考察人与自然的关系，通过经济和社会系统的重构来获得生态化的发展（Eco-Development）[31]。

在麦克哈格、斯坦尼兹、利里、斯坦纳、弗曼等景观生态规划设计的先驱们各自所提出的具有代表性的理论或方法基础上，近年来，一些学者开始进行景观规

---

　　① 王云才认为 NPT 是针对人居环境存在的三大类型系统，从生态学角度和原理出发的三个景观规划设计理念。N 为设计结合自然（Design with nature），P 为结合地方性的设计（Design with place），T 为健康生活的设计（Design for healthy living）。

　　② 通过历史的考察，米勒分析得出了从人类使用的角度评价自然的"以人类为中心的狭义环境主义"（Anthropocentric Environmentalism）、强调通过使用者的广泛参与获得整体环境品质提升的"广义生态设计"（Holistic Ecological Design）和从人类自身管理出发的"可持续设计"（Sustainable Design）三种生态取向的设计范式，认为"可持续设计"是人类社会的生态化发展（Eco-development）之道。

划设计生态理论和方法的阶段总结性研究。如弗斯特(Forster Nduhisi)[97]在详细研究大量景观规划设计生态理论和方法的相关文献的基础上,对生态规划方法进行了分类和比较研究,并分析提出了各类方法的适用情况;俞孔坚等以麦克哈格作为景观生态规划发展史中里程碑式的人物,将整个景观生态规划发展过程分为三个时代:前麦克哈格时代、麦克哈格时代和后麦克哈格时代,其中前麦克哈格时代以没有生态学的生态规划为特征,麦克哈格时代则注重对垂直生态系统与人类生态系统的规划,后麦克哈格时代开始在规划思维方式和方法论、规划的生态学基础和规划技术上都有了突飞猛进的发展,如决策导向和多解规划、注重水平生态过程的景观生态学,以及地理信息系统和空间分析技术的介入等[98]。但显然后者的研究具有较多的主观臆断成分,不如弗斯特客观科学。

　　弗斯特将已有的景观生态规划方法分为五大类,分别是景观适宜度分析Ⅰ(1969年前)(Landscape Suitability Analysis(Pre 1969))、景观适宜度分析Ⅱ(1969年后)(Landscape Suitability Analysis(Post 1969))、应用人类生态学的规划方法(Applied Human Ecology)、应用生态系统生态学的规划方法(Applied Ecosystem Ecology)和应用景观生态学的规划方法(Applied Landscape Ecology),其发展过程如图4-4所示。对于图4-4中的景观评价和感知方法(Landscape Values and Perception),弗斯特认为虽然现实存在较为系统的研究,但由于它不能形成一个完整的规划操作过程,并且在上述五类方法中或多或少地有所应用,因此严格意义上并不能构成一个方法类型。

　　3. 教学方法研究

　　在对景观生态规划设计的理论和方法进行实践研究的基础上,一些经验方法已经被引介到专业教学中,通过规划设计过程与教学过程的有机结合来展开教学活动。如斯坦尼兹根据生态规划设计的研究过程设计了一个著名的过程框架(图4-5),并与专业教育阶段和课程设置进行了结合考虑(图4-6、图4-7),这一框架成功应用到哈佛大学研究生课程"景观规划的理论和方法"的教学中,帮助学生建立将生态和艺术结合起来的规划设计思维[99]。

　　此外,由于设计课是景观专业教育的主要课程类型,因此针对设计课教学进行的教学方法研究也比较多。如P. A. 米勒指出,可持续设计在景观专业教育中的实行关键在于专业设计课教学的变革,而这种变革必须基于对认知理论、学习理论和教学理论的综合借鉴之上,并提出应通过多种方法在景观专业设计课中教授可持续设计,包括帮助学生理解和研究设计问题以训练其评判思辨能力

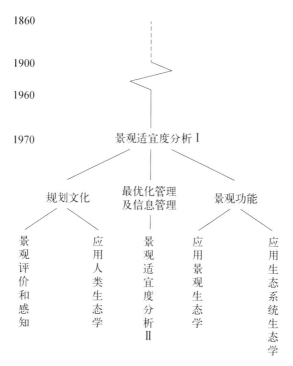

图 4 - 4　景观生态规划方法的发展过程图解

（资料来源：Forster Nduhisi，2002）

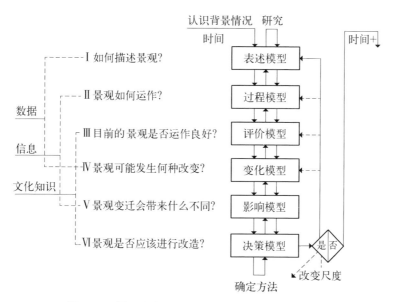

图 4 - 5　景观生态规划设计研究和教育的过程框架

（资料来源：Carl Steinitz，1998）

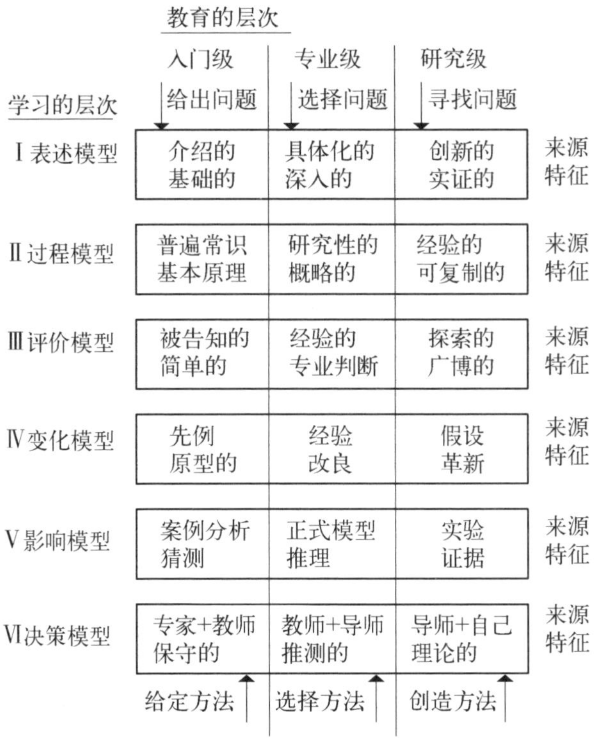

教育的层次

	入门级	专业级	研究级	
学习的层次	给出问题	选择问题	寻找问题	
Ⅰ 表述模型	介绍的 基础的	具体化的 深入的	创新的 实证的	来源 特征
Ⅱ 过程模型	普遍常识 基本原理	研究性的 概略的	经验的 可复制的	来源 特征
Ⅲ 评价模型	被告知的 简单的	经验的 专业判断	探索的 广博的	来源 特征
Ⅳ 变化模型	先例 原型的	经验 改良	假设 革新	来源 特征
Ⅴ 影响模型	案例分析 猜测	正式模型 推理	实验 证据	来源 特征
Ⅵ 决策模型	专家+教师 保守的	教师+导师 推测的	导师+自己 理论的	来源 特征
	给定方法	选择方法	创造方法	

图 4-6　结合过程框架的专业教育框架

(资料来源：Carl Steinitz,1998)

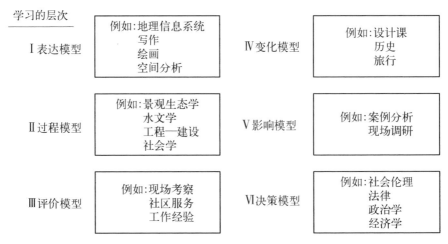

学习的层次

Ⅰ表达模型	例如:地理信息系统 写作 绘画 空间分析	Ⅳ变化模型	例如:设计课 历史 旅行
Ⅱ过程模型	例如:景观生态学 水文学 工程—建设 社会学	Ⅴ影响模型	例如:案例分析 现场调研
Ⅲ评价模型	例如:现场考察 社区服务 工作经验	Ⅵ决策模型	例如:社会伦理 法律 政治学 经济学

图 4-7　结合过程框架的景观规划课程设置

(资料来源：Carl Steinitz,1998)

(Critical thinking ability)、通过与学生的多方对话而形成因材施教的灵活教学方式、通过有效的引导组织使得设计小组成为一个学习型团体(Learning community)①,等等[31]。

4.3　景观专业生态教育的实践发展启示

通过以上对于景观专业教育、生态教育、规划设计类专业生态教育和景观专业生态教育实践研究的文献综述,可以认识了解这些领域中的教育实践研究成果,从而总结归纳出在这些领域进行教育实践时所需要注意的一些问题及研究得到的解决途径(表 4-1)。

表 4-1　景观专业生态教育借鉴领域的研究成果汇总分析

借鉴领域	研究层面	注意问题		解决途径
景观专业教育	教育指导	教育应适应专业发展要求		观点:开展阶段性教育
		教育应与具体国家的社会背景相适应	各国应创建自身的景观教育特色和体系	观点: 1. "可变的景观教育"(注重专业思辨能力和实践操作技能的培养) 2. 应加强专业进修、学术研究的分工与配套课程训练,并加强相关科系跨领域的专业整合 3. 应根据学科发展和社会服务的需要进行分层次的人才培养 4. 专业技能培养应包含专业理论、设计原理、相关学科的理论和工程技术知识三块,并应进行从业范围介绍
			应借鉴西方的先进经验	成功经验: 1. 专业教育应进行先期规范,但在必要的统一前提下应允许多样性的存在 2. 研究生教育应与本科教学规模相匹配

---

①　米勒认为学习型团体是一种指导教师和所有学生间能互帮互助的、共同受益的、彼此平等的、互相形成约束力的学习环境,有助于其成员更快更好地学习。

借鉴领域	研究层面	注 意 问 题	解 决 途 径
景观专业教育	教学方法	专业教育的关键在于建立专业评判性思维，进行专业实践和研究创新能力训练	成功经验：1. 多学科参与 　　　　　2. 结合实际项目和社会调查教学 观点：进行针对性的创造力训练
		教育受众的个体差异	成功经验：1. 以学生为中心 　　　　　2. 因材施教
生态教育生态教育	教育指导	地域性生态差异	成功经验：1. 针对异地生态知识教育的远程教学 　　　　　2. 注重地方生态教育的本土教学
	教学方法	"在环境中进行教育"	成功经验：户外体验教学
		学科分支和交叉众多、研究范围广泛	成功经验：多学科参与式教学
		教育受众的知识背景差异	成功经验：1. 采用共同学习法 　　　　　2. 案例法 　　　　　3. 个人行为引导法
规划设计类专业的生态教育	教育指导	生态规划理论传授与生态价值观引导并重	观点：规划专业生态教育的 5 个原则 　　1. 强调生态的可持续观 　　2. 强调多学科学习 　　3. 强调批判性的自我反思 　　4. 强调对问题的界定 　　5. 强调职业的社会责任
	课程设置	—	观点：1. 设置涵盖基础理论、规划原理、规划设计技术方法三方面的系列课程 　　　2. 注意积累并建立教学用典型课题库 　　　3. 引进专题讲座的教学模式并强化汇总交流的教学环节
	教学内容	应加强生态知识和技术教学与设计过程教学的有机结合	成功经验： 1. 设置介绍建成环境对于自然环境的影响 2. 评介各种可供选择的方案 3. 自然知识学习
	教学方法	—	成功经验： 1. 边做边学（Hands-on learning） 2. 参观成功案例

续　表

借鉴领域	研究层面	注　意　问　题	解　决　途　径
景观专业生态教育	课程设置	从理论到技术形成与景观规划设计匹配的生态学教学体系	观点：构建以景观规划设计的生态学原理、景观生态学、乡村景观理论及实践、生态规划、生态设计、植物种植设计和生态群落设计为主的课程体系
	教学内容	生态规划设计的概念澄清	观点："可持续设计"是人类社会的生态化发展（Eco-development）之道
		景观规划设计生态理论和方法的总结和筛选	观点： 1. 景观生态规划方法可分为五大类： 　景观适宜度分析Ⅰ（1969 年前） 　景观适宜度分析Ⅱ（1969 年后） 　应用人类生态学的规划方法 　应用生态系统生态学的规划方法 　应用景观生态学的规划方法 2. 景观生态规划发展过程可分为三个时代： 　前麦克哈格时代——没有生态学的生态规划 　麦克哈格时代——注重对垂直生态系统与人类生态系统的规划 　后麦克哈格时代——在规划思维方式和方法论、规划的生态学基础和规划技术上的全面发展
	教学方法	生态规划设计方法的课堂教学	成功经验：课程教学过程遵循生态规划设计的研究过程而设计，以帮助学生建立将生态和艺术结合起来的规划设计思维
		专业设计课教学对于景观专业生态教育的重要作用	观点：1. 可持续设计在专业设计课中的教学开展必须基于对认知理论、学习理论和教学理论的借鉴综合之上 　　　2. 帮助学生对设计问题的理解和研究来训练其评判思辨能力 　　　3. 通过与学生的多方对话而形成因材施教的灵活教学方式 　　　4. 通过有效的引导组织使得设计小组成为一个学习型团体

受这些研究的启发，景观专业生态教育的实践模式应遵循以下原则构建：

（1）生态教育的开发应紧密依托专业教育的发展、结合专业教育的阶段性特征而开展，应适合当前景观专业教育的实际水平，以及专业教育所依托的整个社会背景,还应有助于推动当前景观专业教育的完善和发展。为此,需要进行准确的定位,明确发展阶段、指导思想和目标。

（2）中国景观专业应创立自身的特色,生态教育也不例外。

（3）生态教育的具体实践操作应广泛借鉴专业教育和生态教育的各种成功经验,在此基础上进行课程建设以及教学形式与方法的融合和创新,以避免在实践中重复这些相关领域教育中已经出现过的、类似的问题。

第5章

中国景观专业生态教育的实践框架

本章研究是出于提高中国景观专业教育水平、促进生态教育在中国景观专业中的深化发展的目的,在研究国际景观专业生态教育的发展状况和中国景观专业生态教育的实践基础,并借鉴相关教育领域的各种实践研究成果的基础上,就阶段性教育目标、课程设置、教学内容和教学方法等方面对当前景观专业生态教育实践框架的构建提出一系列建议设想。

5.1 中国景观专业教育及生态教育发展的基本认识

在讨论当前景观专业生态教育实践框架的构建之前,在全面总结前几章研究结果的基础上,对中国景观专业教育的发展格局和改进战略进行思考,归纳景观专业生态教育发展的实践程式,明确中国景观专业生态教育当前所处的发展阶段,进行恰当的发展目标定位并提出进一步发展的战略性建议,对于及时统一基本认识、准确把握发展方向、实现有效发展,无疑具有重要的指导作用。

5.1.1 中国景观专业教育:多元化发展格局的创立

景观专业一直处于不断的发展之中。而在中国,业界对于景观专业当前的发展状况认识不一,从而表现出对专业名称的诸多争执,并在各个院校所竞相开设各种称谓的景观专业中得到集中的反映。长期以来,这种争执愈演愈烈,不但牵扯了诸多专业人员的大量精力,而且在一定程度上为工科类院校开办景观专业制造了种种障碍。由此,一些专家学者开始呼吁停止这种无谓的争执,转而谋求专业的实质性发展①。因此，这种专业教育的分化局面究竟是求同有利还是存异有利，就成为中国景观专业谋求发展所必须要面对的前提问题。

从根本上看，景观专业的发展是由社会发展的客观需要所推动的，并非是专业人员的主观意志所能决定的。由于社会生产的技术手段和组成在不断地改变，新的社会需求不断地出现，驱动景观专业的知识体系、技能构成、评判价值和实践领域不断地发生变化。并且，这种变化的特征是拓展而不是摈弃：城市公园和城市绿地系统等景观专业创立伊始的主要实践对象至今仍然在专业实践领域中占重要地位，艺术美学价值也仍然是一个重要的景观评判价值；而与此同时，景观专业实践对象向更多尺度、更多类型的不断渗透，以及评判价值的不断多元化，使得专业知识和技能日益全面而深入。

专业教育是景观专业发展机制的重要组成部分之一，因此景观专业的发展与专业教育的发展具有紧密的联系。从美国的景观专业教育发展中，可以大致判别出分化—趋同—分化的三段式发展趋向：最初，美国的景观专业教育大多分散在乡村地区拥有政府划拨土地的农业或建筑院校中自主进行[71]；近50年来，美国的景观专业教育开始向城市地区的工科设计类院校集中，并开始有基于统一的专业基本认识的教育规范控制②；但随着现代社会工作、生活方式及需求的个体化、多样化发展，专业实践领域的分化与对立将加强，统一的专业基本认识将逐渐淡化，教育院校将出现越来越明显的等级分化和差异[103]。其中，第一个分化阶段是以专业出现之初各院校自主办学为特征，而后一个分化阶段则以专业市场细分局势下各院校分化互补、有机整合成一个专业范围更为广阔的学科为特征。本书第2章所研究的北美六所样本院校的景观专业教育尽管办学背景不同，但在专业认证制度的规范制约下，在办学目标、阶段教学分工、专业实践技能构成等方面仍然具有相当的共性认同。然而，在这种趋同表象的背后，应该敏锐地看到应景观专业进一步发展的需要，景观专业教育分化是潜在的发展

---

① 李嘉乐[100]建议，中国从事风景园林工作的同行们应在科学技术方面努力进取，在专业领域方面不断拓展。在学术上有不同观点积极交流，互相补充，展开讨论甚至争论，以探求更多真理；但在学科名称的争论上不必纠缠不休，誓不两立；更不要因此产生门户之见，鄙薄对方，伤了彼此的感情与合作机缘，影响中国风景园林事业的进程。欧百钢等[101]认为，学科内部缺乏协调、共识，争论长期不断；延续多年的学术争论虽有一些益处，却把同行专家的注意力引到了名称等表象方面；这些业内的争论不仅扰乱了社会对学科的认知，也必然影响到风景园林学科的建设和健康发展。吴承照[102]认为，与发达国家相比，同LA对应的中国风景园林学在理论、方法和技术等方面都存在较大的差距，经济发展与社会需求迫切需要我们用科学的精神开展风景园林学科基础理论研究，以加强风景园林学科的整合力，提高风景园林学科解决现实问题的能力。

② 美国目前共有近90个景观专业教学计划，其中已有65所大学的75个教学计划得到专业教育认证委员会（Landscape Architectural Accrediting Board）的认证。[71]

趋向。

中国尽管是一个发展中国家,社会的异质化发展倾向同样存在[104],并且随着改革开放以来基础建设的迅速增长发展,针对景观专业的社会需求分化是客观存在的。因此,在专业认识与市场需求均呈多元化的现实状况下,面对专业教育分化的潜在发展趋向,中国的景观专业教育似乎不必强求纳入趋同发展的传统模式,而可以跨越这一阶段,直接创立一种由多个行业协会协调统领、多重教育认证制度协同规范、通过良性竞争形成院校间的有机互补,从而实现专业教育与市场需求相匹配的多元发展格局。

在这种多元发展的格局中,具体院校能否准确地进行自身定位无疑极为关键。合理的定位应该是在正确认识自身的传统特色和既有基础、统一全体教职员工专业认识的基础上,全面考虑专业培养的目标市场、人才规格、必备技能等方面来进行的。只有这样,才能获得合理而体系化的课程设置和积极有效的课程教学,才能实现专业教育实践的切实发展。

5.1.2　中国景观专业教育的改进战略

在多元化发展的竞争机制下,各个院校在根据自身特色和基础条件进行准确定位的同时,还必须通过专业教育水平的改进来切实地提高竞争力。

办学规模的合理化调整和学生专业竞争力的提升是当前中国景观专业教育存在的主要问题。针对当前中国景观专业教育与国际先进水平的客观差距,这两个问题应重点通过发展专业生态教育、进一步调整完善阶段性教育、改进专业技能培训,以及提升学科教育的后续发展潜力来加以解决。

1. 办学规模的合理化调整

就业市场的客观需求决定了景观专业教育整体上还具有规模发展的空间,其中工科院校景观专业教育较农林院校景观专业教育的规模扩大要求尤其迫切。然而,借鉴美国景观专业教育研究生教育必须与本科教学规模相匹配的经验,应该看到在规模扩大要求的背后,隐含的是阶段教育规模是否合理的问题。尽管在景观规划设计单位的整个调查人群中,本科、硕士、博士毕业生的人数比例大致是 220∶46∶1,表明当前景观规划设计行业从业人员的学位构成仍然呈正态分布,但是从同济大学旅游管理专业本科毕业生高达 50%的读研比例、近年来同济大学景观专业历届硕士研究生招生数量的逐年急剧增长,以及北京大学和清华大学等知名院校纷纷开办工科景观专业研究生教育等情况中可以看到,由于工学景观专业本科文凭的取消,工科院校景观专业的本科毕业生具有通过更高的阶段教育取得工科文凭的强烈意愿,从而可能导致未来景观行业从业人员的学位构成比例的不合理改变,并由此带来一系列的专业发展影响①。

与此同时,在工科院校景观专业硕士研究生迅速扩招的态势下,博士研究生的报考比例并不高,且博士毕业生的就业去向还相当分散。这一方面,反映出当前博士阶段教育的目标不够明确、质量不能得到保证等问题;另一方面则警示了景观专业的师资培养可能无法跟上教育规模扩大的速度,从而会因师资匮乏导致专业教育整体质量的下降。为了应对专业教育规模扩大的要求,博士阶段教育迫切需要进一步的提高发展。

因此,在中国景观专业教育的进一步发展过程中,必须注意在专业教育规模扩大的同时,协调专业门类和专业阶段教育的建设发展和规模变化,具体策略包括:

(1)明确阶段目标的定位

本科和硕士阶段教育应主要面向职业实践的市场需求,分别致力于基本层次和领导层次的职业实践人才培养;博士阶段教育则主要基于学科后续发展的考虑,致力于专业研究和教育人才的培养。

(2)明确阶段教育规模发展与控制的不同要求

本科阶段教育应实现工科院校的专业合法性,从而有效扩大工科类景观专业的办学规模;硕士阶段教育应在就业市场需求调查研究的基础上,配合本科阶段教育进行合理的规模控制;而博士阶段教育则应在积累经验、广泛合作、不断提高的同时鼓励规模扩大,以便为景观专业教育的规模发展提供必要的人才保证。

2. 学生专业竞争力的提升

毕业生的专业竞争力实际上是其个人素质、专业技能及对职业适应能力的综合反映。其中,个人入行后的短期竞争力主要取决于通过专业教育所获得的专业技能及对职业的适应能力;而长远的竞争则更有赖于由个人素质所决定的专业技能和职业适应能力的提升潜力。对于专业教育而言,学生短期竞争力的提升可以通过专业知识、专业技能和实践技能的培养来实现,而学生长期竞争力的提升则需要通过对其学习、研究、创新、团队合作精神等综合素质的培养来实现。景观(农林)专业相对于景观(工学)专业在专业知识和某些技能培养上更为

---

① 汉娜(Karen C. Hanna)认为,专业教育水平如超前于社会的实际需求,将会导致专业服务与客户群不匹配、高级专业人员就业满意度降低等一系列问题。[71]

强化(表 5 - 1),其毕业生相对于景观(工学)专业的毕业生也更具有短期竞争优势,正在一定程度上说明了学生短期竞争力与长期竞争力的培养差别。因此,当前国内景观(工学)专业毕业生相对于国内景观(农林)专业毕业生的毕业后短期竞争力、国内硕士相对于国内本科毕业生在进入景观设计行业后的短期竞争力、景观专业毕业生相对于建筑学等相近或相关专业毕业生的长期竞争力,以及国内本科毕业生的长期竞争力分别有待加强的问题,可以通过针对性的技能强化训练来加以改进。

表 5 - 1　北京林业大学与同济大学景观专业课程数量比较

学　　校	课程总数(门)	必修课数(门)	分类课程数(门)**		
			设计课	表　现	要　素
北京林业大学*	48	25.5	6.5	7.5	11.5
同济大学	23	14	3	4	3

注: * 北京林业大学景观专业的课程数量为城市规划专业和园林专业的平均值。
　　** 课程分类仅取与专业竞争力相关性较强的类型。

鉴于国内景观专业毕业生相对于国外景观专业毕业生的专业竞争力整体上有待加强,中国景观专业教育的改进应同时致力于学生短期竞争力与长期竞争力的提升,具体策略包括:

(1)加强对学生专业技能的全面训练

中国景观教育界对于相关专业的挑战一直存在应对意识,并通过针对性的强化课程训练试图缩小本专业学生相对于这些专业学生的种种差距。但这种努力客观上助长了专业教育中技能训练的不全面性[1],并且对提升景观专业毕业生相对于相关专业毕业生的长期竞争力并无必然的助益[2]。专业训练的技能覆盖不全正是中国景观专业教育与国际先进水平的主要差距之一,必须加以改进。

---

① 业内通常认为:景观专业学生的设计、表现能力不如建筑学的学生,规划、分析能力不如城市规划的学生,对植物、土壤等景观要素的了解运用不如农林专业的学生。因此各院校在专业课程设置时往往非常注意添加相关的知识和技能训练课程,以期提高本专业对于这些相关专业的竞争力。如同济大学景观专业将本科基础阶段的设计课教学计划就纳入到建筑学专业的平台中,而北京林业大学也充分发挥农林院校的优势开设了大量植物类课程。但是对这些分项训练的强调实际上过于突出某些专业知识和技能的训练,无形中削弱了全面的技能培养,影响了学生对于专业更为深入的洞察和理解。

② 景观专业毕业生的职业竞争优势主要来自专业教育所提供的专业知识和技能,一旦其他专业的毕业生通过实践学习掌握了同样的知识技能,则景观专业毕业生的既有优势就开始削减。因此,景观专业教育对学生长期职业竞争力的提升,应在提供专业知识技能的训练之外,加强对学生综合能力的培养。

（2）加强对学生职业实践能力的培养

毕业生进入职业工作后一般都会有一个适应过程，主要是通过实际操作获得并积累如何将通过学校教育获得的专业知识和技能运用于职业实践的经验。与国际先进的景观专业教育相比，中国景观专业教育在学生实践技能训练上的差距是客观存在的，必须予以加强。其中，硕士阶段教育中对学生实践技能训练的加强则尤为迫切①。

（3）加强对学生综合素质的培养

景观规划设计行业的高端人才需要的是把握项目整体的综合素质，除了要全面了解专业知识之外，还要能够敏锐地把握专业的发展动向、提升方案的竞争力和创造性、有效地管理设计队伍，因此具备专业洞察和鉴赏能力、团队协作和沟通管理能力，以及追求创新的精神极为重要。这种综合素质的培养在本科阶段教育中尤其需要加强。此外，在现代知识型社会的背景下，终生学习已成为保持职业竞争力的重要条件。一旦学生能够通过专业教育获得自身学习能力的提升，就可以通过有意识或潜意识地自学和研究，从职业实践中更多地总结有益的经验，并及时更新既有知识，以弥补自身教育层次的差距。但中国景观专业教育对于学生学习能力的培养还相当欠缺②。

---

① 国内景观专业硕士相较于本科毕业生在短期竞争优势上的不明显，实际上提示了学校中硕士阶段的专业教育相较于本科毕业生在这一职业适应过程中接受的实践教育并无明显的成效。但从硕士的长期竞争优势看，这一阶段的学校教育对于学生综合素质的提升还是大有益处的，一旦其通过职业适应期完成了实践经验的积累，就会有更好的竞争表现。因此，如果学校的专业教育能很好地与职业实践接轨，则可以有效缩短学生这一毕业后的适应过程，及扩大硕士的竞争优势。

② 在比较中西教育特征时，通常的观点是中国式教育一直以知识灌输见长，忽略对学生自主学习、研究、合作的方法和技能的训练。因此，学生往往习惯于接受既有知识而不擅长通过自身努力去发现并获取新的知识。在景观专业教育中，这种重教授轻研究的特征也同样存在，从国内外样本院校专业课程教学形式中讲座这一被动学习方式与讨论/研究、设计课和实验/实习等主动学习方式的课时比重差异可以明显看到（图5-1）。

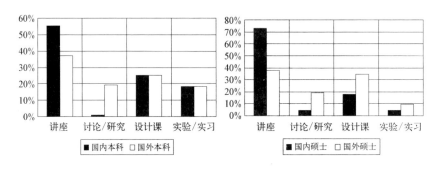

图5-1 国内外样本院校专业课程教学形式构成比较

表 5-2 对上述种种改进策略进行了综合概括,并针对中国景观专业教育多元发展格局的建议,指出了各种改进策略的个性或共性属性。其中阶段教育目标和规模的定位属于个性化的策略,具体院校可结合自身的专业办学基础和背景分别制定,根据自身的教育背景和擅长、对于某些方面的知识和技能予以突出加强以发扬光大,形成与众不同的特色;而专业技能、职业实践能力和综合素质的强化训练则属于共性化的策略,即无论具体院校的实际情况如何,都必须注意在这些方面进行改进。

表 5-2   中国景观专业教育的改进战略

针 对 问 题	改 进 策 略	策略属性
办学规模的合理化调整	明确阶段目标的定位	个性策略
	明确阶段教育规模发展与控制的不同要求	
学生专业竞争力的提升	加强对学生专业技能的全面训练	共性策略
	加强对学生职业实践能力的培养	
	加强对学生综合素质的培养	

景观专业生态教育的发展建设是进行这一系列专业教育改进的良好契机,在发展专业生态教育所伴随的阶段性教学调整、专业课程设置调整、课程教学改革等过程中,可以有意识地同时实现这一系列专业教育的战略性改进。

5.1.3   景观专业生态教育的实践程式

比较景观专业生态教育的理论构架及国内外各样本院校景观专业生态教育实践的基本特征,不难发现景观专业生态教育的理论发展阶段和序列在当前的实践中是可以现实区分的:北京林业大学、同济大学,以及国外 6 所代表性院校的景观专业生态教育实践分别具有或初步具有理论发展阶段序列中不同发展阶段的一些典型特征,并且三者之间存在客观的梯级差距,分别处于生态理论教育阶段、生态规划设计实践教育的初级阶段,以及景观专业教育生态化的初级阶段。

并且,通过具体考察北京林业大学、同济大学,以及国外 6 所代表性院校景观专业生态教育的开展情况,可以归纳发现当前处于不同发展阶段的景观专业生态教育实践有一定的特征可循:

(1)生态理论教育阶段

专业课程中的生态教育相关课程占到 20% 以上,主要局限于生态基础知识层次的教育;生态教育相关课程的内容类型主要为要素类、理论方法类和科学分析类,选修课多于必修课,教学形式以讲座为主。

(2)生态规划设计实践教育的初级阶段

专业课程中的生态教育相关课程已占到近35%或以上,其中专设的生态教育课程占相当部分,课程性质以必修课为主,技术方法和价值导向类型层次的生态教育有所加强,但生态技术方法的训练并不占优,并且三种生态教育类型层次的分布在本科、硕士和博士教育阶段之间还有相当的差异;这种阶段性差异还反映在生态教育相关课程的内容类型、教学形式、及不同生态教育类型层次所依托的课程内容类型和教学形式等方面,主要原因在于除了要素类、理论方法类和科学分析类课程外,开始有设计课类型的课程介入生态教育中。

(3)景观专业教育生态化的初级阶段

专业课程中的生态教育相关课程已占到35%~45%,与各类专业课程密切结合,不再以专设的生态教育课程集合为依托;课程性质以必修课为主;基础知识、技术方法和价值导向三种类型层次的课程已初步呈现均衡分布的态势,并且生态技术方法是本科和硕士阶段教育的关注重点;生态教育相关课程的内容类型主要为要素类、理论方法类和科学分析类课程及设计课,其中生态基础知识的教学主要集中在要素类、理论方法类和科学分析类课程中,生态技术方法的教学主要集中在要素类、科学分析类课程及设计课中,而生态价值导向的教学则主要发生在理论方法等类课程中;生态教育相关课程的教学形式与其他专业课教学形式基本类似,生态技术方法型课程的教学尤其要求讲座、设计课及实践/实习的有机结合;设计课作为景观专业教育的核心课程,在生态技术方法的教学中具有重要作用。

5.1.4 中国景观专业生态教育:发展阶段、目标及模式建议

从本书所考察的国内2所代表性院校景观专业生态教育的基本情况推断,当前中国景观专业生态教育的整体发展阶段仍处于生态理论教育阶段,并已开始向生态规划设计实践教育阶段发展过渡。

因此,按照景观专业生态教育发展的阶段序列,中国景观专业生态教育的整体发展目标应是尽快完成向生态规划设计实践教育阶段的顺利发展,并及早开始向景观专业教育生态化阶段的发展过渡。

针对这一发展目标,上述的景观专业生态教育实践程式已经提供了充分的发展参照。但是,由于中国是发展中国家,有自身具体的国情差异,景观专业及

其教育的发展还不完善,并且应鼓励各相关院校进行多元化的发展,因此这种种的特殊性决定了中国景观专业生态教育虽然可以借鉴国际的先进经验,但必须结合自身的特殊性进行鉴别、改良和创新,不能简单地照搬西方模式。

总体上看,中国景观专业生态教育的发展模式应遵循以下两个基本原则。

1. 将生态教育的发展作为景观专业教育发展的重要突破口

中国改革开放以来的各种发展成就是在牺牲环境品质的巨大代价下取得的,快速的经济发展是以资源的预支使用和浪费为前提的。目前这种生态环境的破坏恶果日益凸显,寻求可持续发展的呼声越来越高。在这一现实的社会发展背景之下,具体的景观专业院校不论自身的发展定位如何,都必须进行生态化教育的变革,并以此作为自身专业教育发展的重要突破口。只有这样,才能确保专业建设与社会的发展需求相适应,在专业教育竞争中赢得自身的位置。

2. 寻求整体发展目标框架下的个性化发展

代表当前国际先进水平的各样本院校的景观专业生态教育在具有基本的共性特征的同时,院校间也在具体的课程组织上表现出相当的个性差别。对于中国景观专业院校来说,面对专业教育多元发展的格局态势,在专业生态教育整体发展目标框架之下,结合自身的既有特色和水平,扬长避短,寻求个性化的发展,对于取得专业生态教育建设的成功则更为重要。

5.2　中国景观专业生态教育
实践发展的基本策略

在专业教育多元化发展的格局下,要实现中国景观专业生态教育尽快完成从生态理论教育阶段向生态规划设计实践教育阶段的顺利发展,并及早开始向景观专业教育生态化阶段的发展过渡的整体发展目标,就必须对如何提高专业生态教育的建设成效以缩短其发展进程,以及如何在鼓励院校个性化发展的同时进行必要的规范控制以保证整体目标的顺利实现等方面进行必要的策略思考和研究。

5.2.1　生态教育发展的加速策略

中国景观专业生态教育发展的加速策略是在充分考虑中国景观专业生态教育的现实发展阶段和基础,并借鉴国际先进经验和既有的相关研究的基础上思

考得出的,主要可归纳为以下五项:

1. 进行系列核心课程建设

当前景观专业生态教育在中国的开展表现出向高层次教育阶段倾斜的特征,从 2 所代表性院校的景观专业生态教育相关课程构成情况看,博士、硕士、本科阶段的生态教育相关课程比重逐渐下降。这种情况固然有一定的形成原因,如引导专业教育发展的专业水平较高的教师可能更多地承担较高阶段的教育任务。但不论具体原因何在,这一特征如果继续发展,客观上会造成中国景观专业生态教育的反哺发展模式,即依靠高学历专业人才在接受了生态教育之后、步入专业教育工作岗位并成为生态教育的主力军,在专业教育的各阶段逐渐建立起生态教育的完整体系。由于人才培养需要一定的年限,这种发展模式将导致景观专业生态教育的整体发展出现一个 5~10 年的滞后期。因此,为了加速景观专业生态教育的发展,在继续注重博士阶段生态教育的同时,必须注意加强对本科和硕士阶段的生态教育建设。

然而,由于中国景观专业生态教育整体还处于初级发展阶段,缺乏进行全面生态化建设的基础,因此可以采用部分课程先行的办法,通过系列核心课程的重点建设来积累经验并取得快速的发展。这种发展模式实际上是一个由点到面的发展过程,即生态教育的开展是从依托于个别先导课程逐渐发展到与专业课程全面结合。在前期发展阶段,必须有目的地进行先导课程的筛选和尝试,在个别突破的基础上逐渐形成系列配套的核心课程体系,带动其他专业课程的全面生态化变革。显然,这种模式比较符合事物发展的一般规律,由于起步门槛较低,对于低层次的专业教育阶段尤其适宜。

2. 统一各教育阶段的目标

中国景观专业教育的进一步发展需要明确各阶段教育的目标定位,通过目标分化显化本科、硕士和博士人才培养的合理差距。但与此同时,在生态教育方面,针对中国目前的发展情况,三个阶段必须具有一致的认识,均以加强生态技术方法教育为各自的首要目标。这一认识在不同的教育阶段是基于不同的需要得出的。

在本科和硕士阶段,由于人才培养是针对职业实践的市场需求,注重对学生实践能力的培养非常关键。在生态教育方面,学生生态规划设计实践能力的提升主要是通过技术方法层次的教育实现的,因此其教育目标中必须突出生态技术方法教育的地位。

在博士阶段加强生态技术方法教育,则是出于通过生态教育的反哺发展模式来间接提升本科和硕士阶段生态技术方法教育水平的考虑。既然反哺发展是景观专业及其教育发展的一种有效方式,并且已经在中国当前的专业生态教育实践中反映出来,则应该继续依靠这一模式获得专业生态教育的长期发展保证。因此,加强博士阶段的生态技术方法教育,实质上是对未来专业生态教育持续发展的有效保障。

3. 突出本科阶段教育的基础作用

本科阶段是全面引介专业基础知识、训练专业基本技能的重要教育阶段,对于奠定学生的专业知识基础、构建学生的基本专业认识有着至关重要的影响,因此在所有专业教育阶段中具有举足轻重的基础作用。

对于专业生态教育而言,本科阶段教育的基础作用主要是使学生初步树立起景观规划设计的"生态思维"。包括帮助学生对已掌握的自然科学知识进行回顾、总结和补充,以有效筛选出与景观生态规划设计相关的生态学知识并了解如何在景观规划设计中灵活运用这些生态学知识;使学生大致了解景观生态规划设计并掌握其基本实践方法;帮助学生充分认识科学地构建生态化景观的重要性并开始对人与自然关系进行必要的哲学思考。因此,本科阶段的生态教育不仅是专业生态教育的起始点,还是未来景观生态规划设计实践的发源地。对于学生个体而言,这一阶段是其职业价值观的形成时期,决定了他今后是否会自觉地运用"生态思维"来进行专业实践。

4. 强调基础研究与实践先行

如果用图 1-1 所示的景观专业发展的内在机制对景观专业在生态方面的发展加以考察,可以发现专业生态教育的加速发展有赖于景观生态规划设计本体的迅速发展,而景观生态规划设计本体的迅速发展则有赖于相关的理论方法研究与实践之间形成更为直接的关联。因此,可以通过缩短实践对新的理论方法的应用、检验和反馈过程来加快景观生态规划设计本体的发展创新,进而加速专业生态教育的发展(图 5-2)。

事实上,景观生态规划设计的理论和方法作为景观专业生态教育的内容主体,仍处于不断地研究、发展、创新进程中。当前中国在这方面的研究才刚刚起步,大量可供借鉴的研究成果都是建立在西方的研究和实践基础上,为此,必须根据中国自身的特殊国情和自然、社会条件对这些研究成果进行分析和甄别,通过基础研究和实践来加以必要的改进、创新,尽快建立中国自身的景观生态规划设计的理论和方法基础。因此,为了加快中国景观专业生态教育的发展进程,必须强调基础研究与实践先行。鉴于目前中国的景观专业研究仍主要依靠高等院

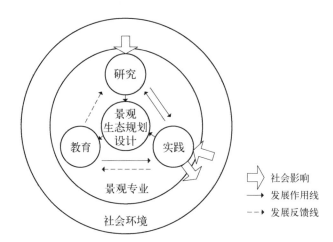

图 5-2　景观专业生态化发展的加速机制

校的专业研究力量,而专业实践逐渐从高校分流的客观情况,对于景观生态规划设计仍应突出强调产、学、研一体的必要性,在政策上应明确相关科研、实践项目向高校的倾斜。

5. 加强院校间的相互学习和交流合作

应该看到,对于提升中国景观专业生态教育的整体水平而言,鼓励相关院校个性化发展的模式既有促进的一面,也有制约的一面。其促进作用得益于各个院校可以根据自身条件充分发挥既有的优势迅速地发展,而其制约作用则表现在各个院校专业生态教育良莠不齐的现象可能长期存在并进一步影响到专业实践水平的提高。

事实上,专业生态教育的差异对于专业实践的影响作用是客观存在的。从本书选取的两所中国景观专业教育的代表院校共同参与竞争的"杭州西湖西进可行性研究"项目(图 5-3 和图 5-4)中,可以清楚地看到两者不同的专业生态教育特征对于规划设计理念的影响差别①。因此,为了尽可能地减少因各院校固步自封而产生的对专业生态教育乃至专业生态化发展的制约,必须加强院校间的相互学习和交流合作,以便有效地取长补短,加快整体的发展速度。

---

　　① "杭州西湖西进可行性研究"是北京林业大学和同济大学在 2001 年均参与投标的咨询类项目。两校的方案在生态层面均立足于营建人工湿地公园以净化西湖水体并提升其生态系统的健全性。但北京林业大学的方案着重于研究规划区域内的植物景观构成和向流域外水体的引水可能;而同济大学的方案则将研究区域拓展到整个西湖流域,着重于研究湿地系统的构成结构和就地引水的可能性,并进行了一些人工湿地营建技术的探讨。这一差别正与两校不同的专业生态教育特征相吻合:北京林业大学以植物生态见长,而同济大学则以规划的系统思维和对技术的关注见长。

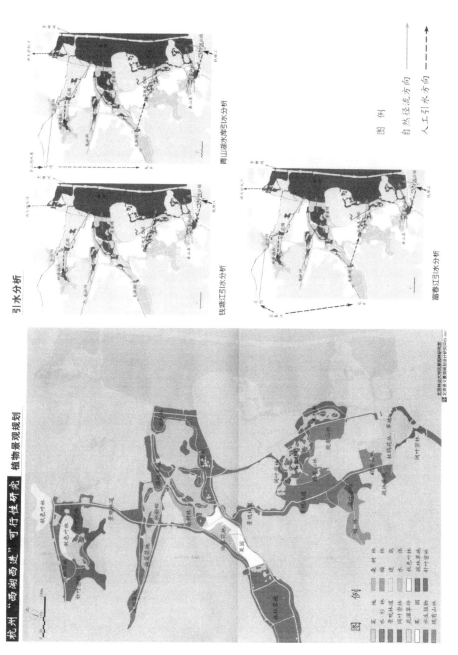

图 5-3　北京林业大学方案

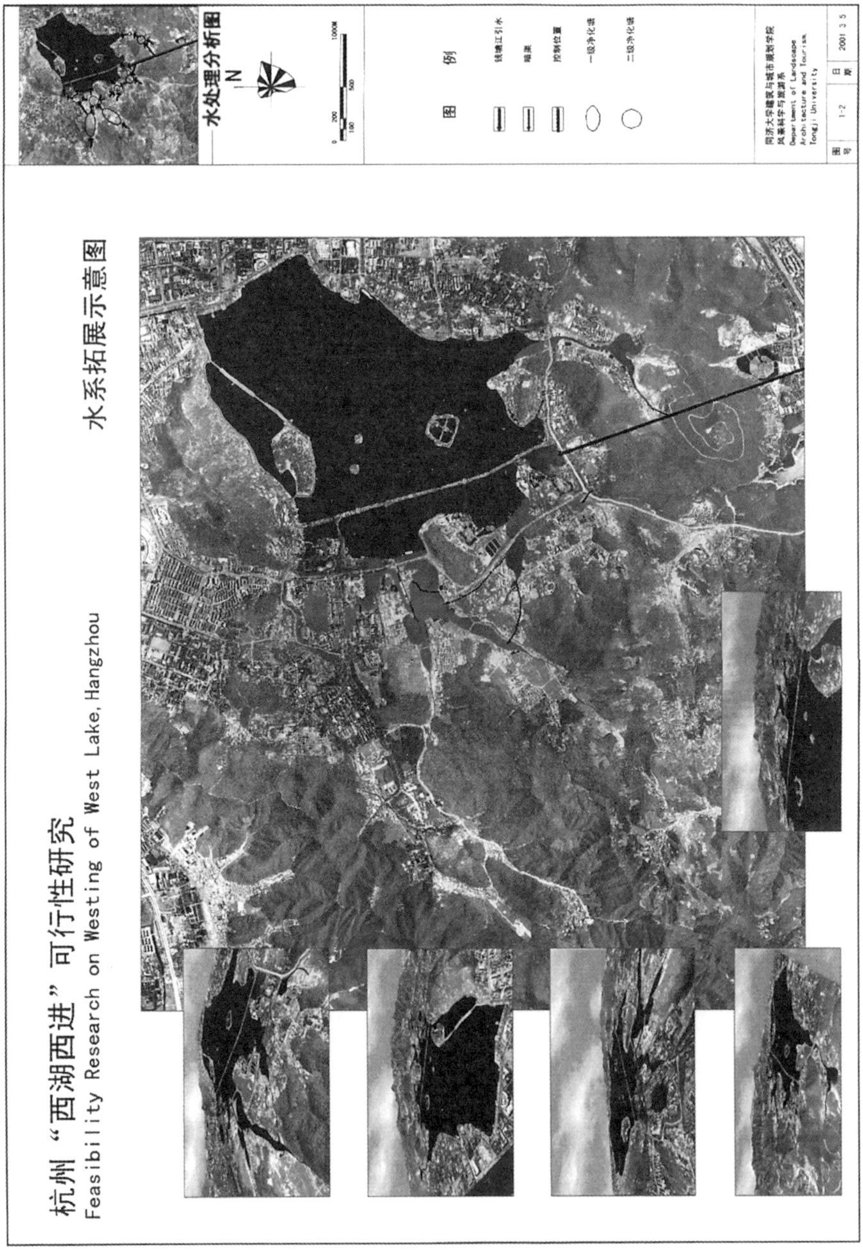
杭州"西湖西进"可行性研究
Feasibility Research on Westing of West Lake, Hangzhou
水系拓展示意图
水处理分析图
图例

图 5-4 同济大学方案

5.2.2　生态教育发展的规范性策略

对中国景观专业生态教育个性化发展的规范应在综合专业生态教育发展阶段的理论模式特征和实践模式特征的基础上、分析其基本的本质特征,并以专业生态教育的质量保障为目标来进行。主要的策略建议可归纳为以下四项:

1. 三个类型层次的教育应具有基本的比例要求

对于具体院校而言,结合自身基础和特色进行景观专业生态教育的个性化发展,必定会造成各个院校在生态教育核心课程的设置上各具特色,水平参差不齐,甚至在课程与生态教育三个类型层次相结合的方面产生明显的不均衡偏向。因此,有必要对生态教育三个类型层次的基本构成比例进行规范要求。

鉴于生态技术方法类型层次的教育在中国相对薄弱,因此规范设计时可重点针对这一类型层次设置比例下限值。参照国外样本院校景观专业生态教育实践中三个类型层次生态教育相关课程的构成比例,对照国内两所代表性景观院校的情况,建议生态技术方法教育的相关课程比例下限可定为 10%①。在具体实施时还可在更为广泛的院校调查的基础上根据实际发展的可行性制定逐步提升的分期下限。

2. 硕士阶段的生态教育应以全面的专业技能训练为基础

由于硕士阶段教育是以培养职业实践的领导型人才为目标,因此这一阶段教育是景观专业教育中最为重要的阶段,其培养出来的专业人才对于景观行业的实践水平具有相当程度的制约和引导作用,因此其教育水平将直接影响到职业实践的实际水平。鉴于职业实践的领导型人才必须具备全面的专业知识和技能,以及突出的团队协调管理和创新精神等综合素质,在景观专业教育的多元发展格局下,硕士阶段教育应具有相对统一的规范标准,实行相对严格的准入制。

对于生态教育而言,为了实现通过教育推动生态规划设计的实践应用和水平的目的,硕士阶段的教育同样非常重要。应对该阶段专业教育统一规范、严格准入的要求,生态教育应结合全面的技能训练进行,在进行课堂教育的基础上,可更多地通过项目的演练来培养学生灵活运用已掌握的生态基础知识和技术方法、针对具体的生态问题寻求或创造新的解决方法、能够形成自己所倾向的生态

---

① 国外样本院校景观专业中生态技术方法教育的相关课程比例平均已达 20.5%,而国内 2 所代表性景观院校中同济大学本科、硕士、博士阶段生态技术方法教育的相关课程比例均已超出 10% 的水平,意味着中国景观专业生态教育完全可以在近期内通过个别院校的率先突破,以及院校间的积极交流来达到这一目标值。

发展观并能成功地通过说服工作使之成为团队理念等一系列综合能力。

3. 个性化生态教育应以本土教育为特色

中国景观专业教育在多元发展格局下，各相关院校要获得有效的发展，必须充分结合自身的既有基础与办学背景开展专业教育实践。然而，对于专业生态教育而言，尽管同样面临个性化的发展要求，但由于发展的历史基础薄弱、地域性生态差异现象的客观存在，这种通过沿袭自身传统或基于自身专业认识形成定位分化的做法缺少可行性。

在中国景观专业生态教育整体处于初级发展阶段的情况下，已经具有一定发展基础、可进行传承光大的院校几乎不存在，各个院校都必须通过借鉴他人的经验及发展自身在景观生态规划设计方面的基础研究与实践来促进专业生态教育的发展。而地域性的生态差异现象决定了各个院校更有可能在本土化的景观生态规划设计研究上取得快速的突破，形成自身的优势。因此，中国景观专业生态教育的个性化发展必须强调各个院校以本土生态教育为特色的发展原则，以促进专业生态教育的整体发展。

4. 强调实践能力和综合素质的强化训练

实践能力和综合素质的强化是中国景观专业教育的共性改进战略，各相关院校都必须予以关注。景观专业生态教育既然要通过自身的发展推动中国景观专业教育的改进发展，必须加强对学生实践能力和综合素质的训练。

对于景观专业生态教育本身而言，如果要通过教育的发展推动景观生态规划设计的实践发展，进而促成景观专业的生态化发展进程，则同样需要对学生在景观生态规划设计方面的实践能力进行强化训练，并通过对学生综合素质的强化训练使得树立了牢固的生态价值观的学生在进入职业竞争后更有可能占据到各种领导位置，从而凭借与决策者沟通的机会优势和对整个项目的掌控来更强有力地推动景观生态规划设计的实践发展。

5.3　当前中国景观专业生态教育
实践框架的基本构建

总结以上对于中国的景观专业发展、专业教育发展，以及专业生态教育发展的种种认识和设想，可以发现其中既有与景观专业发展的外部机制相关联的部分，也有与景观专业的实践框架相关联的部分。本节将在上述所有与景观专业的实践框架相关联的各种认识和设想的基础上,对于当前中国景观专业生态教育实践框架的基本构建原则进行详细的探讨,以期对各相关院校专业生态教育的进一步实践开展形成一定的指导。

5.3.1　阶段性教育目标构建

中国景观专业教育的进一步改进必须通过本科、硕士和博士阶段教育目标的明确来显化并拉开专业教育的层次,因此专业生态教育也必须构建相应的阶段性目标,主要应考虑三个类型层次的生态教育如何应专业阶段教育对人才培养的不同要求而进行配套。

尽管针对中国目前的发展情况,景观专业在本科、硕士、博士三个阶段中的生态教育均应以加强生态技术方法教育为统一的首要目标,但应对专业教育层次显化的发展要求,具体院校在构建具体教育阶段的生态教育目标时,还是需要注意区分阶段目标的差异性。

其中,本科阶段是专业教育的基础阶段,应注重生态基础知识和初步的生态价值观教学,前者是为了帮助学生了解景观生态规划设计的科学基础,而后者则是为了帮助学生初步树立景观生态规划设计具有重要性的意识。

硕士阶段应对学生的专业知识和技能,以及实践能力和综合素质进行全面的提升,因此必须注重对生态知识、技术方法的综合应用性教学,以及对景观生态规划设计的准确评判训练。

博士阶段以定向研究为特色,则需要就学生的具体研究方向进行专项生态知识、技术方法和生态价值评判的强化教育。

在三个专业教育阶段中,生态技术方法的教育虽然需要始终予以强调,但在不同的阶段应注意有不同的侧重点:本科阶段生态设计方法和技术的训练具有片段性和基础性的特征,应重点针对具体的景观要素进行,并可让学生初步接触了解景观生态规划设计的基本过程,以便学生进入职业实践领域后能够尽快担负自己所承担部分的生态设计工作;硕士阶段除了要训练学生全面熟悉和掌握景观生态规划设计的基本方法和过程,以具备准确辨识在整个项目过程中何时应切入何种方法的能力之外,还要训练学生针对具体问题选择、改进或创造具体方法的研究、判别能力,因此更具有综合性和实践性;而博士阶段则应强调研究性和深入性,应结合学生的具体研究方向就某一方面的技术进行深入了解和研究创新。

根据以上讨论,中国景观专业本科、硕士和博士阶段的生态教育应分别以基

础教学、综合应用训练和景观生态规划设计理论方法的研究拓展为目标,表5-3
是对各阶段生态教育目标制订原则的基本概括。

表5-3 中国景观专业生态教育阶段性目标的构建原则

生态教育 类型层次 专业教育阶段	生态知识教育	技术方法教育	价值导向教育
本科阶段	基础教育	片段教育/基础教育	初步了解
硕士阶段	综合应用训练	全面教育/综合应用训练	评判训练
博士阶段	定向强化研究	定向强化研究	定向强化研究

5.3.2 核心系列课程配套

讨论核心系列课程配套,主要是为了通过对专业课程这一专业教育实践主要活动载体的基本规范,来指导和保证中国景观专业生态教育实现快速、正确的发展。由于专业教育的基本规范主要依靠必修课程的统一设置来达到,选修课程则更多地是院校间专业教育特色的达成渠道,因此对于专业生态教育核心系列课程配套的讨论是针对专业必修课进行的。

要获得配套合理的系列核心课程,必须考虑课程的构成能够有利于生态教育阶段目标的有效实现,能够具有切实的可行性和一定的先进性。为此,课程的构成建议必须在切实反映阶段教育目标、充分认识既有的实践基础、甄别借鉴先进的实践经验的基础上通过综合的分析来得到。

在专业必修课设置的层面考察生态教育核心系列课程的构成,主要涉及生态教育相关课程的数量和类型组成情况。对课程数量进行分析研究主要是为了对生态教育的发展进行总量控制,而对课程类型组成进行分析研究则是为了对生态教育先导课程的正确筛选起指导作用。并且,考虑到景观专业生态教育的构成情况,这些数量和类型组成的情况还应该深入与生态教育的三个类型层次的对应关系层面进行分析。

因此,对当前中国景观专业生态教育核心系列课程配套的分析如下:

1. 课程数量的配套

生态教育核心系列课程数量的配套是对不同专业教育阶段中生态教育核心课程总量在所有专业课程中所占的比重,以及生态教育三个类型层次的相关课程数量之间的比例关系所进行的参照性控制建议。

参照国外样本院校景观专业生态教育实践中生态教育相关课程的数量和生

态教育类型层次的构成情况,对照国内 2 所代表性景观院校的情况(参见图 3 - 75 和图 3 - 77),建议当前中国景观专业本科、硕士、博士阶段生态教育的核心系列课程数量可控制如下:

(1) 本科阶段

生态教育核心课程总量在所有专业课程中所占的参照比重为 30%①,其中生态知识、技术方法、价值导向类型层次相关课程数量的参照比例为 2∶1∶1②。

(2) 硕士阶段

生态教育核心课程总量在所有专业课程中所占的参照比重为 35%③,其中生态知识、技术方法、价值导向类型层次相关课程数量的参照比例为 2.5∶1.5∶1④。

(3) 博士阶段

生态教育核心课程总量在所有专业课程中所占的参照比重为 40%⑤,其中生态知识、技术方法、价值导向类型层次相关课程数量的参照比例为 2∶1∶1⑥。

2. 课程类型的配套

生态教育核心系列课程类型的配套是对不同专业教育阶段中生态教育三个类型层次的相关课程的内容类型取向,以及生态教育的先导课程类型所进行的参照性控制建议。

参照国外样本院校景观专业生态教育实践中不同生态教育类型层次的相关课程的内容分类构成情况,对照国内 2 所代表性景观院校的情况(图 5 - 5 和图 5 - 6),建议当前中国景观专业本科、硕士、博士阶段生态教育的核心系列课程类型控制可参照如下:

---

① 鉴于国外样本院校景观专业中本科阶段生态教育的相关课程比例平均已达 33%,而国内 2 所代表性景观院校之间的差距较大,其中同济大学已达到 35%,超过了国际水平,而北京林业大学只有 25% 左右,因此取国内院校的平均值较为合理。

② 鉴于国内外景观专业院校在这方面的差距主要表现在生态技术方法教育层面,因此参考 5.2.2 节中建议的 10% 的生态技术方法教育课程比例下限,即可得到这一大致的参照比例。

③ 这一比例的确定考虑同本页注①,只是比较国内两所代表性景观院校,硕士阶段生态教育的课程数量较本科阶段有所增加,因此比本科阶段的参照比重增加了 5%。

④ 鉴于国内外景观专业院校在这方面的差距主要表现在生态技术方法教育层面,因此在现有的比例水平上重点加强这一层次的课程比例,得到了这一大致的参考比例。

⑤ 这一比例的确定主要考虑国内两所代表性景观院校博士阶段生态教育课程数量进一步增加的现实情况,因此比硕士阶段的参照比重又增加了 5%。

⑥ 鉴于生态技术方法教育仍然是博士阶段所需要加强的重点,因此在现有的比例水平上重点加强这一层次的课程比例,得到了这一大致的参考比例。

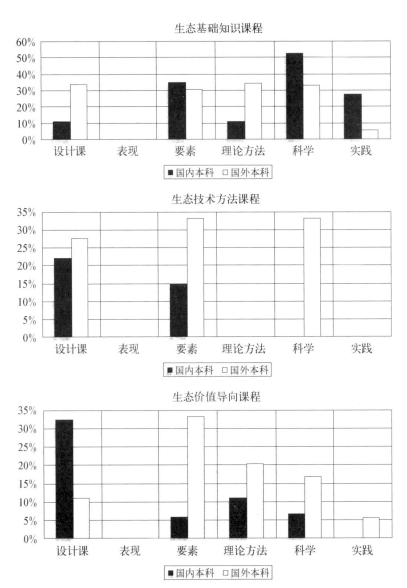

图 5 - 5　国内外景观专业院校本科阶段各生态教育
类型层次课程的内容类型分布情况对照

（1）本科阶段

参照国外景观院校的实践情况，生态基础知识的教学可较为平均地分布在设计课及要素类、理论方法类、科学分析类课程中进行，生态技术方法的教学应主要依托要素类、科学分析类课程和设计课进行，而生态价值导向的教学应主要依托要素类和理论方法类课程进行。因此，国内景观院校重点加强理论方法类

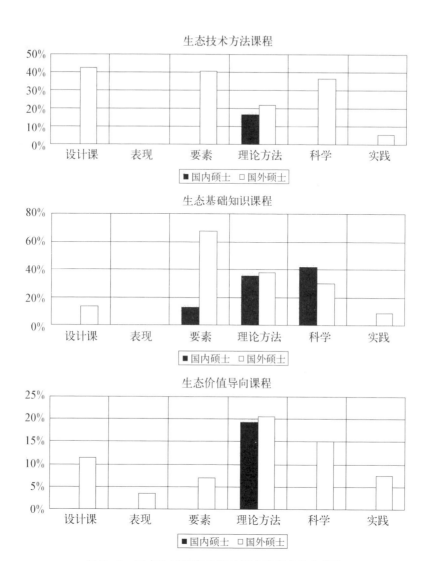

图 5-6　国内外景观专业院校硕士阶段各生态教育
类型层次课程的内容类型分布情况对照

课程和设计课的建设,并注重要素类和科学分析类课程中生态技术方法教学的
强化。建议先导课程可由 3—4 门要素类课程①,以及设计课、理论方法类和科
学分析类课程各 1 门组成。

———————————

① 由于景观要素主要包括水、植物/种植、地形/场地、工程/构造等 4 大类,其中工程/构造可能结
合到前 3 类要素中进行教学,而动物作为一个有机的景观生态要素也应添加相应的课程,因此将要素类
课程数量定为 3—4 门。

（2）硕士阶段

参照国外景观院校的实践情况,生态知识教育应主要依托要素类、理论方法类和科学分析类课程进行,生态技术方法教育应主要依托设计课和要素类、科学分析类课程进行,生态价值导向教育应主要依托理论方法类和科学分析类课程进行。因此,国内景观院校重点加强要素类和设计课的建设,建议先导课程可由1门结合实际项目的设计课(每个教学年度可根据实际情况更换选题)或1组结合实际项目的备选设计课①、1组备选的要素类课程②,以及综述性的理论方法类和科学分析类课程各1门组成。此外,为了提升学生的实践能力以增加其短期竞争力,在可能的情况下还建议设置专门的职业实践课程。

（3）博士阶段

目前国内景观院校这一阶段的生态知识、生态技术方法和生态价值导向教育均主要依托理论方法类课程进行,但考虑到博士阶段生态教育应以研究创新为主要目标,需要对相关领域的最新研究成果和研究方法进行深入了解,因此,需要对科学分析类课程进行重点加强。建议先导课程可由1门对于生态规划设计理论方法研究的综述性必修课、1门按研究方向分组的理论方法类研究/讨论课,以及1组针对各种定向研究的科学分析类选修课程1⁷组成。

5.3.3 教学内容构成

景观专业生态教育实际上是随着景观专业和生态专业在各自的发展进程中由于不断地拓展和相互作用,形成了景观生态规划设计这一交集而产生的,因此景观专业生态教育的内容就是景观专业教育和生态专业教育的相关内容交集,主要是景观生态规划设计的理论和方法。从生态教育的三个类型层次考察,可以概括发现以下的基本内容构成(图5-7)。

1. 生态知识层面

这一层面的内容包括与景观生态规划设计相关的生态学理论知识,以及景观生态规划设计的既有实践经验。其中前者是景观生态规划设计的科学基础,来自生态专业,是所有生态学理论知识中能作用于景观规划设计的部分;后者是景观生态规划设计的经验基础,来自景观专业,是所有景观规划设计案例中具有

---

① 由于各个院校一般对研究生阶段的专业学位课数量有限制,因此如开设一组课程则建议将其归入选修课类型。

② 为避免该类课程与本科阶段同类课程的雷同重复,建议该类课程可针对具体的要素类型、结合专项生态化处理技术形成主题系列型课程供学生选择。

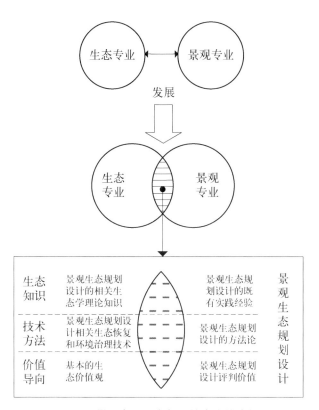

图 5 - 7　景观专业生态教育的内容构成解析

生态合理性的部分。

2. 生态技术方法层面

这一层面的内容包括与景观生态规划设计相关的生态恢复和环境治理技术,以及景观生态规划设计的方法论。其中前者是景观生态规划设计的技术基础,来自生态专业,是对景观进行生态合理化建设时所必须依赖的各种科学技术;后者是景观生态规划设计的方法基础,来自景观专业,是进行景观生态规划设计的过程和方法指导。

3. 生态价值导向层面

这一层面的内容包括基本的生态价值观和景观规划设计的生态合理性评判价值取向。其中前者是景观生态规划设计的哲学基础,来自生态专业,是对人与自然关系的根本考量;后者是景观生态规划设计的准确评判基础,来自景观专业,是对景观生态规划设计进行必要的真伪甄别和生态价值定位。

由于景观生态规划设计的理论方法还处于不断发展、争论、创新、完善的过

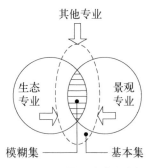

图 5-8 景观生态规划设计理论方法的的发展机制

程中,上述所有内容还尚未形成确定的基本交集以提供规范的教学内容①。实际上,如果从景观生态规划设计理论方法的发展机制来考察其与生态专业和景观专业的关系,更为确切的描述是一个以基本集为核心的模糊集(图 5-8):景观生态规划设计理论方法的发展过程,就是一个从生态专业、景观专业,以及其他相关领域不断汲取养分,将所有可能与景观生态规划设计相关联的知识进行消化、加工、合成,纳入基本集从而使之不断完善的过程。因此,发展创新是景观专业生态教育内容构成的重要特征。从各项内容相互之间及其与专业背景环境之间的相互关系考察,可以发现以生态专业的自身发展和景观生态规划设计实践为根本推动力的景观生态规划设计理论方法及其教育内容的发展创新作用链(图 5-9)。这种教育内容的发展创新过程实际上也正是基本教学内容不断得到补充、形成的一个有效过程。

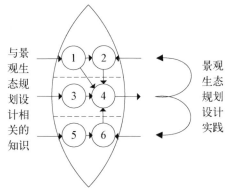

1-景观生态规划设计的相关生态学理论知识
2-景观生态规划设计的既有实践经验
3-景观生态规划设计的相关生态恢复和环境治理技术
4-景观生态规划设计的方法论
5-基本的生态价值观
6-景观生态规划设计评判价值

图 5-9 景观专业生态教育内容的发展创新驱动作用链

---

① 一般说来,专业教育的教学内容应是专业领域内的"真知识",是受到专家公认的、经过实践检验的那部分专业知识。这里所指的基本交集就是指既有的景观生态规划设计理论方法中可用于景观专业生态教育的那部分内容。

通过比较国内外样本院校专业课程说明中所反映的生态教育相关内容的差异,并借鉴景观生态规划设计的理论和方法研究成果,可以分析得到当前中国景观专业生态教育的基本教学内容和主要的内容创新方向如下。

(1) 生态知识层面

这一层面的基本教学内容主要包括生态学的各分支科学的基本知识、景观生态规划设计的发展史等,主要的内容创新方向为生态学各分支科学与景观生态规划设计的直接相关研究(如群落生态学中对乡土植物群落的构成与类型的研究、生态系统生态学中对系统基本物种构成的评估研究等)、由景观生态规划设计催生的新的生态学分支科学的相关研究(如景观生态学等新分支的界定及理论与应用研究)、景观生态规划设计的最新研究和实践动向等。需要注意的是,目前中国景观专业的生态学教育过于侧重植物学教学,其实动物对于景观生境构成的作用同样重要,并且其生存空间较植物更多地受到人类活动的挤压,因此有关动物学的教学内容应予以添加。

(2) 生态技术方法层面

这一层面的基本教学内容主要包括自然生态系统的恢复技术、污染防治技术、景观分析和评价方法、绿色建筑技术、景观生态规划设计程序等,主要的内容创新方向为如何因地制宜地对既有的技术方法进行应用创新[①]、专项技术方法的创新以及景观生态规划设计的程序创新等。

(3) 生态价值导向层面

这一层面的基本教学内容包括人与自然关系的哲学界定、人类社会发展的问题评述及前景预测、非生态景观的问题评述、景观生态规划设计的既有评判原则等,主要的内容创新方向为可持续发展的模式研究、景观生态规划设计评判原则的哲学检验和修正等。

鉴于中国景观专业生态教育的目标和核心系列课程应具有阶段性差异,对于本科、硕士和博士三个阶段专业生态教育的教学内容构成建议如下:

(1) 本科阶段

本科阶段的教学内容应主要涵盖专业生态教育各类型层面的基本教学内容中的基础部分。其中生态知识层面主要应在学生既有的自然科学知识基础之上,对与景观生态规划设计相关的生态学理论知识进行有目的的筛选,以有效巩

---

　① 　在本书的研究过程中,作者重点关注了这一方向的创新研究,对在中国的特殊国情下,游憩影响管理和规划环境影响评价这两个生态规划设计的重要环节应如何进行具体实践进行了一定的探讨,并发表了 4 篇相关的论文。

固学生的生态学知识基础,并通过景观生态规划设计发展史的学习使之对景观生态规划设计有一个大致的了解;生态技术方法层面应立足于对景观分析和评价方法、绿色建筑技术和景观生态规划设计程序的初步了解,使学生掌握景观生态规划设计的基本实践方法;生态价值导向层面则应通过人类社会发展的问题评述及前景预测、非生态景观的问题评述等浅显直观的内容来启发学生对人与自然关系进行一定的哲学思考。

(2)硕士阶段

硕士阶段的教学内容应重点涵盖专业生态教育各类型层面的教学内容中的应用部分,包括对基本教学内容的综合应用和初步的创新应用。其中生态知识层面应重点通过一些特色案例的介绍来反映生态学知识如何综合作用于景观生态规划设计,以启发学生对生态学知识的综合应用意识;生态技术方法层面一方面应以自然生态系统的恢复技术、污染防治技术等生态/环境技术为重点,以使学生掌握更多的科学技术方法以丰富景观生态规划设计的实践手段,另一方面还应加强对景观分析和评价方法、绿色建筑技术和景观生态规划设计程序等景观生态规划设计基本实践方法的评价,并进行既有技术方法的应用创新训练,以便使学生掌握针对实际问题选择、创新工作方法的技能;生态价值导向层面则应以景观生态规划设计的评判原则教育为主,包括对既有评判原则的介绍和分析反思等,以利于学生在今后的实践中正确把握景观规划设计的生态化尺度。

(3)博士阶段

博士阶段的教学内容应主要针对专业生态教育各类型层面的内容创新部分设计。由于生态知识、技术方法和价值导向这三个层面的内容创新都可大致辨析出宏观(针对景观生态规划设计的总体发展)和微观(针对其中一些局部或专项)这两大研究方向,因此宏观研究的内容可综合归入必修课中,而微观研究的内容则主要应归入选修课中,以便于学生根据自己的研究方向进行有效的学习。

5.3.4　教学形式与方法改革

学生实践能力和综合素质的强化是中国景观专业教育和专业生态教育在进一步改进发展中必须加以关注的问题,而这些能力和素质的培养,主要是在教学活动过程中,由老师有意识地加以引导和训练来达成的。因此,在中国景观专业生态教育实践中,课程教学形式与方法的改革应以提升学生的实践能力和综合素质为根本目标。

1. 教学形式改革

讲座、讨论及研究、设计课、实验或实习是景观专业课程四种主要的教学形式,而在课程教学形式的构成方面,中国景观专业教育和专业生态教育与国际先进水平的差距主要表现在对讲座这一灌输式教学形式过于倚重,从而造成了学生习惯于被动学习,而实践能力和综合素质的培养则必须通过主动学习的过程来得到训练。因此,专业生态教育中课程教学形式的改革就是要通过这四种教学形式的重构来增加学生主动学习的概率。

参照国外样本院校景观专业生态教育实践中生态教育相关课程的教学形式构成情况,对照国内 2 所代表性景观院校的情况(参见图 3 - 80),建议当前中国景观专业本科、硕士、博士阶段生态教育的课程教学形式构成可调整如下:

(1) 本科阶段

讲座、讨论及研究、设计课、实验或实习这四种教学形式之间总课时的参照比例为 5∶1∶2∶2[①],主要增加的是讨论及研究、实验或实习这两种教学形式所占的课时数,并要注意缩小院校之间设计课教学形式所占课时比例的差距[②]。其中,设计课教学形式主要通过设计课和要素类课程中的课程作业指导来加强,讨论及研究、实验或实习这两种教学形式主要可通过要素类、理论方法类和科学分析类课程中的专题讨论、野外实习、调查研究等课时来加强。

(2) 硕士阶段

讲座、讨论及研究、设计课、实验或实习这四种教学形式之间总课时的参照比例为 4.5∶1.5∶3∶1[③],主要增加的是设计课、讨论及研究这两种教学形式所占的课时数。其中,设计课教学形式主要通过结合实际项目的设计课来加强,讨论及研究的教学形式主要可通过理论方法类和科学分析类课程中的专题讨

---

① 目前国外景观院校的这一比例基本为 4.1∶1.5∶2.4∶2。鉴于国内景观院校在这方面的差距主要表现在讨论及研究、实验或实习这两种教学形式较为薄弱,而讲座教学形式过多,因此考虑对这三种教学形式适当平衡,在分别增减 10%—20%左右的课时水平后得到了这一建议比例。

② 虽然从平均水平看国内外景观院校的设计课教学形式所占的比重较为接近,但在国内 2 所代表性的景观院校中,同济大学与北京林业大学之间形成了 40%的巨大反差,因此必须强调教学形式的均衡协调。

③ 目前国外景观院校的这一比例基本为 4.3∶1.5∶3.3∶1。鉴于国内景观院校在这方面的差距主要表现在讨论及研究、设计课这两种教学形式较为薄弱,而讲座、实验或实习这两种教学形式均偏多,因此在充分认识设计课教学和研究能力的培养对于硕士阶段教育的重要性的基础上,出于讲座与讨论及研究这两种教学形式之间的转换较为便捷,以及 5.3.2 节的生态教育核心系列课程配套中对硕士阶段设计课程予以加强的考虑,对讨论及研究、设计课这两种教学形式参照国外水平进行了修正,从而得到了这一参照比例。

论、调查研究等课时来加强。此外,实验或实习的教学形式应强调通过职业实习环节的课程来进行,以切实达到提升学生的实践能力以增加其短期竞争力的目的。

（3）博士阶段

讲座、讨论及研究、设计课、实验或实习这四种教学形式之间总课时的参照比例为 4：3：1：2①,主要增加的是讨论及研究教学形式所占的课时数,可通过理论方法类和科学分析类课程中的专题讨论、调查研究、科学实验等课时来加强。

2. 教学方法改革

教学方法是具体课程教学中为实现既定的教学任务,师生共同活动的方式、手段、办法的总称,其完整的内涵应包括施教、受教双方活动的方法即"教"与"学"的方法。教学过程既要依赖师生双方积极参与,对教学方法的研究就必须研究双方活动的方法,如果只偏重探讨"教"的方法或"学"的方法,或者把二者分割开来,都是片面的。

良好的教学方法可以提高教学效率,但所谓良好只是一个相对的概念：每一种方法都有自己的特点、功能,没有万能的方法;任何方法的选择、运用都必须根据各方面条件和实际情况;没有一种所谓绝对好的方法,也没有所谓绝对坏的方法。[105]因此,"教学有法,但无定法",教学方法改革不仅要努力尝试、创造新的教学方法,更重要的是要针对改革目标,依据各方面条件和实际情况,选择运用合适的教学方法,并对各种方法进行合理的组合以优化教学效果。

对于景观专业而言,学生的实践能力是运用专业评判性思维、根据学到的专业知识进行实际项目操作的能力,而综合素质则主要包括研究创新、团队工作、自主学习等能力。在景观专业生态教育中,要提升学生的实践能力和综合素质,必须首先对常规使用的和可供借鉴的教学方法进行必要的汇总。表 5-4 是在总结同济大学景观专业现有的教学方法,以及第 4 章借鉴研究的基础上所作的一个基本的汇总。在具体课程的教学中,可以根据各方面条件和实际情况,对这些教学方法进行选择运用、合理组合,并针对其中的空缺或不足进行方法的创新。

从表 5-4 中可以明显看到,当前对于教学方法的研究主要关注的是如何对

---

① 目前国内景观院校的这一比例基本为 7：1：0：2。鉴于博士阶段的生态教育应以研究创新为主要目标,因此出于讨论及研究教学形式的重要性,以及对景观专业而言专业设计可作为实验或实习的有效补充手段的考虑,对讨论及研究、设计课这两种教学形式进行了不同程度的加强,从而得到了这一参照比例。

"教"的方法进行创新改进,这无疑有失片面。事实上,高等教育的教学方法中"学"的方法占有相当重要的地位,而这种"学"是一种需要激发引导、从了解人类已知领域逐渐转向研究未知领域的认识发展过程[106]。因此,必须清楚地看到,教学唯一的正确目的是促进学习[107]。景观专业生态教育相关课程的教学方法研究必须注重对学生有效的学习方法的发现、总结和传授引导,从"授人以鱼"转向"授人以渔"。

表 5‑4　基于景观专业学生实践能力和综合素质提升考虑的教学方法汇总表

教学目标＼教学方法	教		学	
	方　　法	评价	方　　法	评价
学生实践能力提升	现有方法： 　真题设计 借鉴方法： 　1. 多学科参与(教师或学生) 　2. 结合实际项目和社会调查教学 　3. 个人行为引导法 　4. 边做边学(Hands-on learning) 　5. 案例法 　6. 帮助学生对设计问题的理解和研究来训练其评判思辨能力	— 有效 有效 — 有效 有效 有效	现有方法： 　范式学习 借鉴方法： 　—	— —
学生创新能力提升	现有方法： 　— 借鉴方法： 　进行针对性的创造力训练	— —	现有方法： 　— 借鉴方法： 　—	— —
学生合作能力提升	现有方法： 　小组任务＋个人任务 借鉴方法： 　多学科参与(学生)	— 有效	现有方法： 　小组分工协作 借鉴方法： 　—	—
学生学习能力提升	现有方法： 　1. 布置参考书目 　2. 布置调查研究任务 借鉴方法： 　1. 因材施教 　2. 以学生为中心 　3. 户外体验教学 　4. 共同学习法/学习型团体	— — 有效 有效	现有方法： 　1. 课外阅读 　2. 调查研究 借鉴方法： 　1. 直觉/感觉型(NF)和直觉/思考型(NT)学习 　2. 按兴趣学习	— — 有效 有效

5.3.5 实践框架图解说明及课程改革要点分析

综上所述,可以归纳出图5-10所示的当前中国景观专业生态教育实践框架的建议性框图。

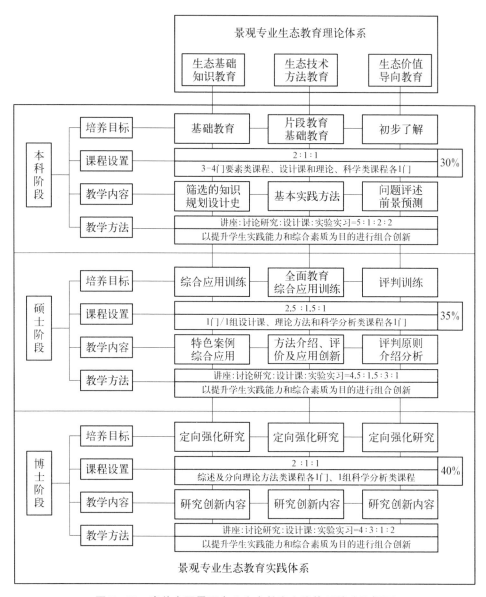

图5-10 当前中国景观专业生态教育实践体系的建议框图

对于景观专业生态教育开展所面临的从知识教育转向研究技能教育、从实践类型教育转向实践方法教育、从基础知识教育转向价值观教育等种种挑战。这一实践框架主要是通过课程设置和教学方面的改革来应对的。

对于课程设置而言，在增加生态教育相关课程数量比例的同时，可通过选择类型合理的先导课程，协调生态知识、技术方法和价值导向这三个类型层次教育课程之间的比例，增加技术方法和价值导向这两个类型层次教育的课程数量比重，来促成这一系列的教学变革。

对于具体专业生态教育课程的教学而言，教学改革主要指教学内容和教学方法的改革。在专业生态教育中，教学内容的改革应立足于对创新知识点的及时引介、对未规范教学内容的公开讨论，以及根据课程教学要求对不同层次教学内容的合理选择和有机组合；而教学方法的改革则应立足于在多方借鉴和不断尝试、总结、创新的基础上，优化形成一套真正行之有效的、与教育阶段和课程教学要求相符的、特色鲜明的方法组合。由于课程涉及的专业教育阶段、生态教育类型层次不同，面临的教学改革要求也会不同，必须进行针对性的研究。

第**6**章

景观生态规划设计课程的教学改革实践

　　鉴于景观专业生态教育中具体课程的教学改革主要是教学内容和教学方法的改革,本章通过一门以景观生态规划设计方法训练为目的的专业设计课的教学改革实践,对专业设计课的生态化教学进行了探讨和评价,并借此检验第 5 章提出的中国景观专业生态教育实践框架中关于教学内容和教学方法部分的正确性和可操作性。

　　基于教学受众对于教学效果的评价是客观可信的、既有教学措施在不同的教学轮次中所具有的教学效果可视为稳定不变,以及单一课程的教学改革研究成果可以推广应用到其同类课程中的假设,本章以学生为调查对象,对课程前期教学效果进行了深入的调查评价,提出了课程教学组织和实施的具体改革方案,并通过改革方案实践前后的教学效果调查比较来评价改革措施的有效性,最终讨论提出了专业设计课程的生态教育教学模式。

6.1　课程情况简介

　　该课程是同济大学景观专业本科三年级的生态专项规划设计课[①],从 2000 年开始作为生态教育的试点课程开设,其间视学生对教学效果的反馈进行了多次教学改动和调整(表 6 - 1)。

　　主要的改动及理由包括:

　　(1) 教学课题:从自然生态敏感区域转向城市化区域

　　景观生态规划设计是以削减人工系统对于自然系统的破坏和影响为根本目

---

　　① 　该课程原为同济大学旅游管理专业本科四年级的专业设计课。

表 6-1　"生态专项规划设计"课的历年教学改革过程一览表

教学轮次	教学时间	教学课题		教学目的	教学内容	组织形式		教学方法
		课题类型	课题对象			教师指导	成果完成	
1—2	2000 2001	自然系统	上海奉贤海滨世纪森林	植物群落生态化配置	人工森林系统营造及旅游开发	全班混合指导	学生个人独立完成	讲座＋个别指导
3	2002	自然系统	安徽庐江汤池湿地	植物群落生态化配置	湿地系统营造及旅游开发	分组专人指导	学生个人独立完成	讲座＋个别指导
4	2003	人工系统/自然系统	安徽池州齐山—白沙湖城市景观区	生态规划设计程序方法	土地利用适宜度分析、环境容量研究、多方案比较决策	分组专人指导	小组合作＋个人独立完成	讲座＋小组讲解＋组内交流＋个别指导
5	2004	人工系统/自然系统	浙江杭州西湖 西进/浙江淳安千岛湖旅游码头区	生态规划设计程序方法	土地利用适宜度分析、环境容量研究、多方案比较决策、设计结合自然	分组专人指导	小组合作＋个人独立完成	讲座＋小组讲解＋组内交流＋小组间交流＋个别指导
6	2005	人工系统	同济大学本部校园	生态规划设计程序方法	生态认知、环境容量研究、多方案比较决策、局部地块改造设计	分组专人指导	小组合作＋个人独立完成	讲座＋小组讲解＋组内交流＋小组间交流＋个别指导＋现场考察

的的,由于城市化区域中人工系统的破坏更加集中,因此更具有实践意义。但专注于自然生态敏感区域的教学客观上造成学生片面地认为这一方法只适用于对自然系统的规划设计,从而无法全面认识理解景观生态规划设计方法并获得人工系统控制方面的训练。

（2）教学目的：从植物群落生态化配置到生态规划设计程序方法的训练

植物群落生态化配置的训练过于片面,与专业特长和生态规划设计实践的全面性不符,且由于担任教学工作的均是景观规划设计专业背景的教师,对于植物群落生态化配置的教学无法到位,因此调整为进行生态规划设计程序方法的训练。

（3）教学指导：从全班混合指导到分组专人指导

全班混合指导对学生的主观能动性要求较高，不利于教学进度控制，而且在混合指导的过程中由于各位老师对生态规划设计的理解不同，传递给学生的信息也比较混乱。综合而言传统的分组专人指导更为合理，老师间的观点差异也可通过教学小组间的交流得到切磋，并引发全班的参与讨论。

（4）教学组织：从学生个人独立完成成果到小组合作与个人独立完成相结合

由于在 9 周的教学过程中个人独立完成从总体规划到局部地块设计的整个旅游区规划设计过程，教学双方都感到时间过于紧张，对知识进行传授、理解、消化、吸收和创造性利用的过程无形中简化成为机械地追赶进度，因此采用小组合作与个人独立完成相结合的教学形式。并且小组合作也有利于培养学生的团队合作能力。

6.2　前期教学评价

本节研究通过对 2004 年接受该课程第五轮教学的 2000 级学生的问卷调查来评价该课程前期教学中的成功之处，并明确需要进一步改进的地方。

6.2.1　评价方法

1. 调查问卷设计

调查问卷（详见附录 C 中的"1. 调查问卷"）分为五部分，前四部分分别对整体教学质量、课程设置和衔接、教学内容、教学方法及课时安排设问，最后一部分作为补遗，征求前四部分调查问题未及的其他意见和建议。为了清晰地了解学生真实的看法，前四部分中，每一部分的问题设计都贯穿了评价、理由和建议三个层面，并且对选择型问题和论述型问题进行了有机的组合，其中选择型问题占26.7％，论述型问题占 20％，选择＋论述问题占 53.3％。

2. 调查方式

为减少学生的顾虑，鼓励他们提出自己真实的看法，保证调查的客观性，本次调查以匿名的方式进行，并且不要求当场填写。问卷统一发放后进行了现场解答，对有疑问的地方作了解释，一周后再由班长统一收回。

3. 调查结果统计

本次调查共收回有效问卷 24 份，有效回收率 100％。利用 SPSS.10.0 软件对问卷进行了统计分析,分析结果详见附录 C 中的"2.2004 年教学调查统计报告"。

对统计分析处理过程的一些说明如下:

(1) 关于数据输入前预处理的说明

由于本问卷论述型问题所占的比例较高,在查阅回收的问卷时,发现答案的随机性很大,主要表现为答案分散和答非所问。

考虑到本次调查属于小样本研究,为便于得出有用的分析结果,针对回答内容五花八门的问题,在输入数据前,先人工进行了答案的归纳、提炼和归类工作。如对于第二部分第五个问题"我认为在学习本课程前还应掌握下列知识点,或我对本课程及其前期系列课程的安排有一些个人建议(例如教学内容、次序编排等,如没有可不填)"的回答,学生 A 认为园林史应调整到大三上、景观规划设计原理应调整到大三上、景观生态学应调整到与生态规划同时上,学生 B 认为生态规划应先于前一教学课题进行教学并延长教学时间,则二者均归入课程重排的一类。

针对大量回答答非所问的现象,在输入数据前,也先进行了人工判别调整。大多数情况下,答非所问是由于学生在回答时的思路跳跃造成的。如学生 A 在回答第一部分第三个问题"我认为影响本课程教学质量的主要问题在于＿＿＿＿"时,并未提出有教学课题选择不合理的问题,而在答到第三部分对于教学内容的改进建议时,提出了对教学课题的修改建议,这实际上已经偏离了教学内容的范围,但考虑到这项建议反映了他真实的想法,因此认为该回答有效,为保证统计结果的真实性,作为第一部分第三个问题的答案进行人工调整输入。然而,也有一部分答非所问是由于学生回答不认真造成的。如同一个建议在不同部分的回答中反复出现,则该建议只在相关问题的答案统计中输入一次,在其他问题的答案统计中都忽略不计了。

(2) 关于统计分析过程的说明

数据输入后,在用 SPSS.10.0 软件对问卷进行统计分析时,本次调查分两步进行了研究:先对各部分作单独的统计分析,再进行各部分间的比对分析。

由于本次分析对象以定类数据为主,旨在发现问题并考察可能的解决办法,因此未做描述分析和均值比较。统计分析时一般按下述顺序进行:

① 通过频次分析检验数据输入的正确性并了解数据的分布情况;

② 适当地绘制一些图形对频次分析结果进行直观描述;

③ 对问题、原因和建议等进行交叉分析,发现其中的对应和关联关系。

6.2.2 评价结果分析

调查发现,该课程的开设很有必要,且该课程与本专业的其他设计类课程相比,整体教学质量还是不错的。但该课程的教学也存在着一些问题,教学计划有待进一步研究改进。

1. 问题、原因及改进建议

该课程存在的问题主要是背景知识欠缺、小组合作的教学形式不合理,以及任课老师之间沟通不够,其中背景知识欠缺的问题最为突出。这些问题产生的主要原因及改进建议如表6-2所示。

表6-2 "生态专项规划设计"课程前期教学中的问题、原因及改进建议一览表

问题	指认比例	相 关 原 因	主 要 改 进 建 议
背景知识欠缺	79.2%	(1) 缺乏相关理论知识 (2) 相关课程配套不合理 (3) 缺少生态规划设计的最新发展动向介绍 (4) 缺少其他专业老师的辅导 (5) 缺少具可操作性的规划设计方法	(1) 加强相关课程设置与教学内容的衔接 (2) 教学过程中增加讲座的次数以增强理论知识的讲授 (3) 讲课中增加介绍生态规划设计最新发展动向的内容 (4) 建议老师学习提高自身的知识水平 (5) 引进其他专业的老师开设专题讲座 (6) 教学应重在传授方法 (7) 提供相应的生态规划设计教材 (8) 增加生态规划设计图纸的个人抄绘环节 (9) 选择较小的教学课题以便于深入体会 (10) 课程教学中增加实地考察研究的教学环节
小组合作的教学形式不合理	29.2%	(1) 小组成员间的协作不好 (2) 小组成员间竞争多于合作 (3) 小组内部缺少交流 (4) 由于组内分工的限制导致对分工以外的内容了解不多	(1) 分组时应完全采用自愿的方式 (2) 课程教学中应加强对团队协作的训练 (3) 课程教学中应有意识地鼓励组间竞争而非组内竞争
老师沟通不够	20.8%	各小组执教老师之间的要求不统一	—

2. 教学计划评价

对教学计划构成的主要评价意见如表 6 - 3 所示。

表 6 - 3　"生态专项规划设计"课程前期教学计划构成及评价

组成	具 体 项 目	肯定项	应去除项	应强调项	需改进项	需 增 加 项
教学内容	(1) 对景观生态规划设计的理论和方法框架的简要介绍 (2) 土地利用适宜性分析 (3) 环境容量研究 (4) 多方案比较决策 (5) 局部地块的详细设计	(1) (2) (4)	—	(1) (3) (4)	(3)	● 生态工程技术 ● 普通生态学基础 ● 国外生态规划方法案例 ● 具体实施案例 ● 现场调研 ● 基础资料汇编
教学方法	(1) 集中讲课 (2) 集中讲座 (3) 分组讲解 (4) 设计指导 (5) 小组讨论 (6) 组间交流 (7) 成果点评			—	—	● 现场考察调研
课时安排	(1) 景观生态规划设计理论和方法框架介绍(4 学时) (2) 重点技术环节训练(共 48 学时,平均每环节 12 学时) (3) 成果修改和制作(16 学时) (4) 成果点评(4 学时)	(2)		(2) (1)	(2)	● 现场考察调研

总体来看,从调查统计结果中可以反映出对前期教学计划安排的评价具有以下特征:

(1) 教学内容与教学目的的相关性还是比较强的,并且教学内容的组成基本合理,教学效果总体较好,重点需要研究的是环境容量部分的教学提高;

(2) 教学方法组成框架较为合理,并不存在必须要改进的项目;

(3) 课时安排比较合理,但仍存在进一步调整改进的余地,主要是重点技术环节训练的教学时数调整,即在这一环节中不同教学内容和教学方法的教学课时之间进行更好地协调,并将一部分景观生态规划设计理论和方法框架介绍的教学也分解融入这一教学环节中;

(4) 教学计划中迫切需要增加现场考察调研的内容和方法。

6.3 改革方案研究

针对前期教学评价研究中所反映出来的主要问题,综合参照学生提出的各种改进建议,本节研究提出了该课程教学的具体改革方案。

6.3.1 改革目标

该课程改革的主要目标可表述为:

(1) 改善前期教学中存在的问题;

(2) 进一步完善教学计划,提升教学效果。

6.3.2 关键问题分析与核心措施研究

任何改革要切实取得成效,必须能够准确地抓住本质矛盾,采取直接、简便而有效的措施。因此,该课程的改革必须对关键问题和核心措施进行分析研究。

1. 关键问题

对于前期教学评价所反映出来的背景知识欠缺、小组合作的教学形式不合理和任课老师之间沟通不够这三大问题,必须辩证地加以分析。应该看到,背景知识欠缺是调查中集中反映且切实存在的问题,它不仅直接影响了教学效果,而且导致学习过程加长,进而造成对课时安排紧张的集中反映,是首要应解决的问题。小组合作的教学模式不合理虽然也是调查中较为集中反映且切实存在的问题,但其产生原因和改进建议实际上反映出学生合作能力的低下以及对于小组合作的工作方式的不适应。鉴于这种合作能力是一个景观规划设计工作者必须具备的基本素质,因此对这一教学模式不能简单地否定,而应该考虑今后如何在教学中更好地进行合作能力的训练、培养和引导。至于任课老师之间沟通不够这一问题,虽然也是调查中较为集中反映且切实存在的问题,并会导致不同小组的学生在学习积极性和对本课程认同上产生显著差异,但应该看到造成各小组执教老师之间要求不统一的根本原因在于景观生态规划与设计是一个相对新的研究领域,不同老师对它的了解、认识都有很大的差别,这种差别不是短期能够消除的,必须通过长期的学习提高和交流磨合来逐渐形成共识。

因此,"生态专项规划设计"课程改革的当务之急是要加强对背景知识了解和应用的教育,以及对小组合作能力的培养。

2．核心措施

任何课程的教学改革最终都必须通过教学计划的改进将改革设想付诸实践操作。因此，改革措施必须能够纳入教学计划并加以实施操作。

在前期教学调查中，综合学生所提出的种种改进建议中可以与教学计划相结合的部分，以及学生对于教学计划的评价中有助于改进背景知识欠缺和小组合作的教学形式不合理这两个问题的部分，可以归纳出四条初步的改革措施：

（1）课程教学中增加相关基础知识的讲解；

（2）课程教学中增加实地考察研究的教学环节；

（3）选择小而精的课题；

（4）课程教学中增加团队协作方法的训练。

然而，由于学生对于实际的课程教学在认识理解上存在差异，并且对于具体调查项的认识理解也难免存在偏差，因此调查结果中存在着种种谬误，必须加以分析识别，不能简单机械地完全按上述措施进行进一步的教学改革。

详加分析，这类谬误主要包括：

（1）对教授型教学的偏好

调查中发现，学生对于该课程的主要教学目的的认识还是相当一致的，认为该课程应该立足于培养学生基于景观生态考虑的发现问题、提出问题、解决问题的综合能力。这实际上反映出该课程应该以理论应用和实践能力的培养为主，而这一能力必须通过合理指导和个人的实践探索积累来获得，其中个人的实践探索是否积极在很大程度上影响到最终的教学效果。

但通过一些具体项目的调查却反映出，学生对于该课程进一步改进的建议主要集中于教学指导提高的层面，而没有涉及师生如何更好地互动的层面。如在对教学方法改进的建议中反映出对小组讨论效率低下的抱怨并要求减少相应的课时安排，而小组讨论正是发表个人自主学习成果，同学之间、师生之间启迪思想的一个重要平台。又如在对教学课时调整的建议中反映出对要求增加理论教学、集中讲座和分组讲解等教授型课时的意愿，这就势必会减少个人自主思考学习的时间。这些实际上都反映出学生希望通过老师直接教授来方便地获取知识的学习依赖性，但教授型教学的主要弊端就是所学的知识没有经过实践消化，到实际应用时仍然不会用、不懂如何用。

（2）对理论教学的偏好

调查表明，背景知识欠缺是影响该课程教学效果的一个关键原因，主要是景观生态学的基本理论知识、景观规划方法和场地设计方法的缺乏。因此加强理论教学的呼声很高。

但在教学和调查过程中，通过对学生的提问发现，基本的生态理论概念他们大多能正确解释回答，这说明前期课程对于基本生态理论的介绍还是有成效的；同时，调查反映，景观生态规划设计理论和方法框架介绍教学效果很好，且有学生认为应减少分组讲解的教学时数，而这两部分正是景观规划方法和场地设计方法教学的主要环节。因此，具体的背景知识教学应该还是基本到位的。

深入分析这一对矛盾，不难发现，这实际上反映出学生理论学习与知识应用的严重脱节，学不能致用。造成这一现象的原因有两个：一是死读书，对所学的知识并未真正理解消化，只是机械地宣讲照搬；二是实践方法和经验的缺乏，表现为实践能力的低下。

因此，本课程的教学改进不能一味增加教授型教学的比重，必须注意教授型课时和实践型课时的合理搭配，并在教学过程中随时注意激发学生的学习主动性和学习兴趣，提高实践教学的效果。此外，针对背景知识欠缺的改进不能只是理所当然地一味加强理论教学，而是应该将理论教学与技术训练环节更好地结合，强调即时应用以强化认知效果，提高理论教学的认知效率。

为了做到这一点，必须在教和学两个方面都进行方法研究和改进，以便教师能够随时掌控教学效果，切实提高学生对所学知识的理解和掌握，从而激发他们对所学知识的灵活运用和创造性运用。在教的方面，户外体验教学、多学科参与式教学等教学方式对于生态知识教学是普遍有效的，但由于多学科参与式教学要求多个院系之间的协调，因此户外体验教学更具可操作性。在学的方面，则有必要以学生学习认知建构的心理学研究成果为理论依据来详细研究具体的教学策略。

在认知心理学家看来，学生的学习是一个建构过程，学生在这个建构过程中储存有组织的信息，并将课文或教师传授的知识转变为有用的技能（如解决问题）。参与影响这一建构过程的诸多因素中，元认知①调控起着重要的作用[108]。研究表明，提高学生元认知水平的有效途径包括帮助学生确立正确的元认知指向、提高学习的自我监控能力和进行模式识别训练[109]。具体地说，就是帮助学

---

① 元认知是近二十年来西方心理学和教育学领域提出的一个新概念，是一种高级思维活动，也称"关于思维的思维"。它包括认知主体对自己心理状态、能力、任务、目标、认知策略等方面的知识，以及认知主体对自身各种认知活动的计划、监控和调节，对学习认知过程可以起到积极的调控作用。研究表明，重视提高学生的元认知水平，注重对学生进行元认知的训练，对于提高教学效果、发展学生的思维能力、开发人的智能具有重要意义。

生克服接到教学课题后的畏难情绪,将其注意力引向对解决问题的关注;帮助学生重视学习的计划性、方法性与总结性,充分发挥其学习的主观能动性;通过指导性提问教给学生思辨能力,帮助学生学会判断决定什么时候一个行动序列最为有效,从而有效提高学生解决问题的能力。所有这些从根本上讲,就是帮助学生获得自主学习的意识和能力。

鉴于此,如果从提高知识教学的效率并加强对知识实践运用的引导这两方面来对学生所建议的课程改革措施进行修正,可得到本课程改革的核心措施如下:

(1) 课程教学中增加实地考察研究的教学环节,对自然进行体验认知;

(2) 课程教学中增加学习和研究方法的训练以培养学生自主学习的能力,并注意激发学生的学习主动性和学习兴趣;

(3) 选择小而精的课题;

(4) 课程教学中增加团队协作方法的训练。

6.3.3　改革方案说明

基于以上分析研究,改革方案对教学命题、教学过程、教学方法、教学计划和教学成果评价进行了全面的改进,具体说明如下。

1. 体验型教学命题的确立

把同济大学校园作为了命题对象,并在教学的最初阶段专设了校园生态认知的现场考察环节,其后的各个教学阶段也都在自学环节中加入了相应现场调研内容,学生自始至终对自己分片负责的校园地块(图6-1)进行全程研究考察,对地块上反映出来的生态问题、解决方法、现状和图纸的对比都有一个鲜明的感性体验。

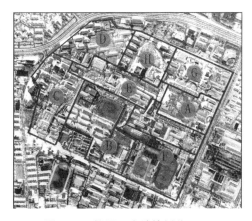

图 6-1　校园研究地块划分

之所以选择校园作为体验型命题的具体对象,主要出于两方面考虑。一则校园是学生日常学习生活的场所,可以随时随地有意无意地观察体验;二则校园生态系统作为城市生态系统的有机组成部分,既具有人工建成环境的基本特征和各种功能使用要求,与其他城市环境面临同样的生态问题,又具有绿地率较高、道路场地尺度较小、自成系统且系统的长期延续性较好等特点,便于运用生态规划设计原则进行处理,本身就是一个非常有意义的研究课题。

2. 纵向和横向兼顾的教学计划编排

为了使教学双方能够更好地配合互动,更好地把握学生的学习计划安排、各教学指导小组之间的协调和小组内的教学进度,在细化和改进传统的按照教学时间表进行纵向教学计划编排办法的基础上,在教学指导小组内部对每一阶段的教学任务进行了横向分解设计,将阶段性教学研究任务分解成学生个人可操作的部分,对各阶段的具体教学内容、教学组织、阶段性成果完成情况都作出详细的规定,形成了纵向和横向兼顾的教学计划,使得小组合作具有很强的可操作性。

3. 研究导向的教学过程和注重思维启发的教学方法设计

为避免固有范式对学生创新思维的局限性,生态专项规划设计以问题为导向的研究过程来设计整体教学过程和阶段性教学步骤,并尝试了多种教学方法以提高学生对所学知识的理解和掌握,及启发学生的思维。

在教学过程设计中,首先通过集中的原理讲课和分散的现场认知促使学生对生态问题进行全方位的思考;再在每一阶段的教学中针对分解出来的具体问题,通过现场调查、资料查考、研究方法设计、研究方法操作等具体步骤加以研究解决;最后总结整理出最终成果,并通过启发式的反思对一开始介绍的设计方法原则和提出的各种生态问题进行深化理解认识(图 6-2)。在整个教学过程中,学生自始至终必须不断地进行"问题何在"、"如何解决"、"怎样更好地解决"等一系列的思考研究,从而摆脱了范式的束缚,更具有学习的自主性和创造的可能性;而老师则从教授既有知识、评判学生对错的角色转变为研究的组织和引导者,能否有效地激发学生的研究热情、启发其研究思路、推进其研究进程,是教学成功与否的关键。

此外,教学过程的设计还考虑对学生认知规律的遵循,采取了教学计划公开、任务分解等方法来提高教学效果。首先将整个教学计划、阶段性教学任务、每一阶段具体的研究操作办法和教学要求都提前知会学生,使之了解整个教学过程和研究操作的方法步骤,以帮助学生提前安排学习计划;其次,通过阶段性教学任务分解,对每个教学要点都配置了合理的教学时间,使得一个较大的课题可以分解成若干个小问题逐一解决,降低了学习难度。对于每一阶段的教学,均遵循"指导→自学→交流→修改→总结(评价)→再修改"的教学步骤,使学生有一个反复认识提高的学习过程。在讲课、指导和交流点评的过程中,教师始终注意讲解和评价的客观性与启发性,针对具体的问题,告诉学生可能有效的一些解决方法、每种方法可能造成的结果和利弊,而不是直接地告诉其答案,如最佳的

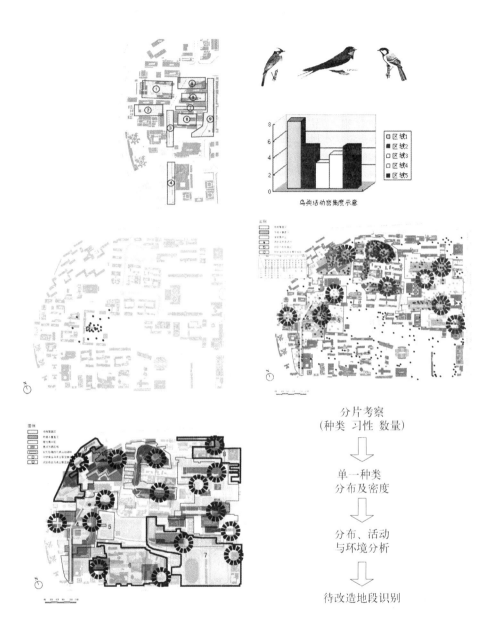

图 6-2　鸟类专题研究过程

解决方法、这么做好或不好，以引导学生进行自主的思辨。

　　为了有效启发学生的研究思维，课程教学中设计组合了集中讲课、分组讲解、设计指导、小组讨论、组间交流、成果点评、现场考察、课外阅读等多种教学方法，按教学内容和阶段的需要有机地分配到具体的课时中。其中，讨论交流成为一种主要的教学方法,通过师生之间、教学小组之间、学生相互之间各种有组织的沟通,多方开拓学生的思路。

4. 全程综合的教学成果评价办法

激发学生学习主动性和学习兴趣的最为直接的手段是对其学习成果的肯定和赞赏。由于单一评价最终图纸成果无法客观反映学生学习研究的全过程,以及学生研究能力和创造力的提高情况,为体现阶段教学的实际成效,教学中事先按教学的阶段性要求设计了详细的分项成果评价计分表,明确了从阶段性成果到最终成果乃至出勤情况分别所占的计分比例,通过教学计划在一开始就传达给学生,使他们明确了解每个教学环节的学习对于最终成绩的影响,因此学生自始至终都比较积极主动。

表6-4是对改革前后该课程教学计划的基本情况比较,其中各方面的调整都是围绕着自然体验、自主学习,以及团队协作训练的加强来进行的。改革的具体效果将在下一节中进行评价研究。

表6-4 改革前后的课程教学计划比较

比 较 对 象	教 学 内 容	教学形式构成	教学方法
改革前教学计划	① 景观生态规划设计的理论和方法框架介绍 ② 土地利用适宜度分析 ③ 环境容量研究 ④ 多方案比较决策 ⑤ 局部地块详细设计	讲座：研讨：设计＝1：1：4	① 集中讲课 ② 分组讲解 ③ 设计指导 ④ 小组讨论 ⑤ 组间交流 ⑥ 成果点评
改革后教学计划	① 景观生态规划设计的理论和方法框架介绍 ② 生态认知 ③ 环境容量研究 ④ 多方案比较决策 ⑤ 局部地块的详细设计	讲座：研讨：设计：现场实习＝1：1.5：5.5：1	① 集中讲课 ② 分组讲解 ③ 设计指导 ④ 小组讨论 ⑤ 组间交流 ⑥ 成果点评 ⑦ 现场考察

6.4 改革效果评价

上述改革方案在该课程2005年的第6轮教学中进行了实践操作。为了评

估改革方案的实际成效,对接受该轮教学的 2001 级学生进行了问卷调查,并将
调查分析结果与前期评价结果进行了比较。

6.4.1　评价方法

为便于与前期教学评价进行比较研究,本次评价复制了前期教学评价的操
作办法,采用了类似的调查问卷①,以及同样的调查方式和调查结果统计方法。

本次调查共收回有效问卷 22 份,有效回收率 100%。统计分析结果详见附
录 C 中的"3. 2005 年教学调查统计报告"。

6.4.2　评价结果比较分析

对比 2 次调查的统计结果,可以发现三个主要的变化特征。

1. 对质量指标的评价出现一定的争议

对于课程整体质量、课程内容教学效果及教学内容与教学目的相关性等主观感
受型指标的评价略有下降(图 6-3—图 6-5),但对于教学内容组成、现有教学方法
组成、课时安排等涉及具体教学设计的客观性指标的评价却显示出争议(图 6-6—
图 6-8):评价意见在两极的分布增加,反映出学生个体之间的认识差距增大。

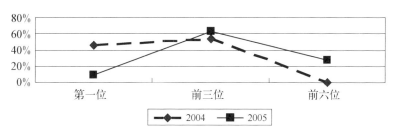

图 6-3　该课程在所有 9 门专业设计课中的综合质量排序

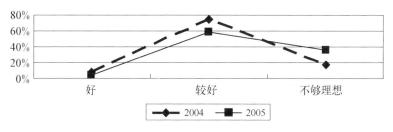

图 6-4　现有教学内容的教学效果

---

① 本次调查问卷中仅对教学内容、方法和课时安排的介绍进行了更新。

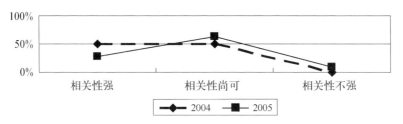

图 6‑5　教学内容与教学目的相关性

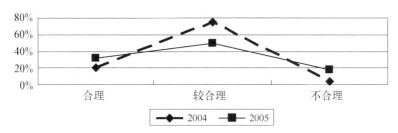

图 6‑6　教学内容组成的合理性

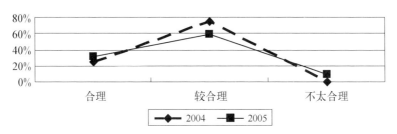

图 6‑7　现有教学方法组成框架的合理性

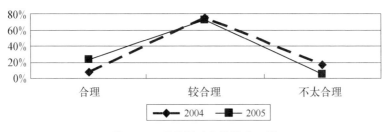

图 6‑8　现状课时安排的合理性

2. 对各种指认性发问的反应增减不一,且意见大多趋于分散

对于调查问卷中课程教学的差距表现、课程教学存在的问题、课程的首要教学目的、课程教学中比较薄弱或欠缺的背景知识点、教学效果较好的现有教学内容、教学效果不佳的现有教学内容等关于学生对于课程教学的认识方面的指认

性发问,指认人数大多增加或不变,但观察具体指认项的数量及意见最集中项的指认人数占全班总人数的百分比(集中度),可以发现指认项大多增加而集中度大多下降,只有教学效果较好的现有教学内容和教学效果不佳的现有教学内容这两个调查项例外(图 6 - 9)。

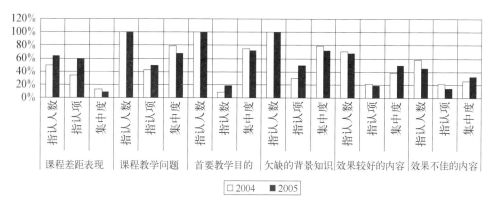

图 6 - 9　各种认识指认性发问的反应统计

对于调查问卷中课程教学的改进途径、课程教学中薄弱背景知识点的改进途径、可去除的现有教学内容、应重点强调的教学内容、可去除的现有教学方法、应改进的现有教学方法、需增加的教学方法、应减少的教学时数、应增加的教学时数等关于学生对于课程教学的改进建议方面的指认性发问,指认人数大多减少,且观察具体指认项的数量及意见最集中项的指认人数占全班总人数的百分比(集中度),可以发现指认项虽增减不一而集中度大多下降,只有课程教学的改进途径和可去除的现有教学内容这两个调查项例外(图 6 - 10)。

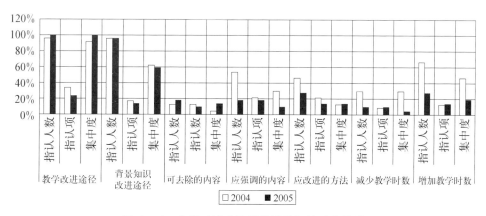

图 6 - 10　各种改进建议指认性发问的反应统计

3. 对各种建议征询性发问的反应减少,且意见趋于分散

对于调查问卷中课程教学的其他改进建议、课程设置和衔接的其他建议、需增加的教学内容、现有教学内容的教学改进建议、需增加的教学方法、课程教学的意见和建议补充等征求学生对于课程教学的改进建议的发问,提出建议的人数大多显著减少,且观察具体建议项的数量及意见最集中项的建议人数占全班总人数的百分比(集中度),可以发现建议数虽增减不一但集中度大多下降,只有需增加的教学内容这一调查项例外(图 6-11)。

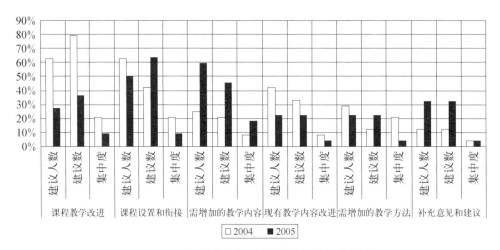

图 6-11 各种改进建议征询性发问的反应统计

对上述三个变化特征详加分析,应该看到,评价意见趋于分散是一个根本的变化特征,尽管这种分散趋向在不同调查项中反映的是不同的内涵①,但这种分散趋向从根本上揭示了学生对于课程的认识和理解模糊,这一点从对课程开设必要性评价的下滑(图 6-12),以及对现状课时安排合理性的评价改善(图 6-8)与高达 50% 的学生指认课时安排太紧张等矛盾性结果中都可以得到证实。

进一步考察意见集中度有所增加的几个例外调查项(表 6-5),可以发现:学生对于教学内容的相关调查项具有相对统一的意见和认识,其中集中度可采信的是对新增的生态认知的肯定,以及对环境容量研究的教学效果的批评②。

---

① 如对于具体教学设计的质量评价分散,说明有更多的同学对改革方案本身予以肯定,但也有更多的同学持怀疑态度;对于课程教学的认识分散,说明同学中对于这门课的认识和理解不统一;对于课程教学改进办法的指认和提议分散,说明同学对于该课程应如何改进并没有非常统一的建设性意见。

② 环境容量研究的教学效果不佳在前期教学评价中已有反映,但囿于这一内容的教学改进涉及生态规划设计方法研究和创新的层面,因此在此轮教改实践中未予改革。

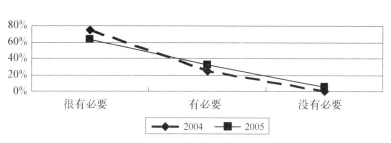

图 6‑12　课程开设的必要性

此外,全班一致认为课程教学的改进途径是加强前期课程与本课程的衔接,这实际上反映了该课程教学的进一步改进应该更多地从外部课程体系化的角度进行,从而揭示了调查结果中对于如何对课程教学进行改进的意见分散的内在原因。

表 6‑5　集中度增加的调查项及其调查情况

调　查　项	集中指认/建议项	集中度
教学效果较好的现有教学内容	生态认知	50%
教学效果不佳的现有教学内容	环境容量研究	31.8%
课程教学的改进途径	加强前期课程与本课程的衔接	100%
可去除的现有教学内容	局部地块的详细设计	13.6%
需增加的教学内容	生态规划设计技术方法	18.2%

　　再对前期教育评价反映出来的背景知识欠缺和小组合作的教学形式不合理这两个主要问题的改善情况进行重点考察,可以发现:对于背景知识欠缺的指认下降了 11%,而对于小组合作教学形式不合理的指认下降了 24.7%,甚至有一位同学将团队合作能力的训练列为课程的首要教学目的。

　　总的来看,学生在对课程产生怀疑的同时对改革方案本身予以了较多的肯定,在课程教学改进意见趋于分散的同时也对新增的生态认知给予了基本的肯定,并且对通过课程外部体系的完善来进一步改进该课程达成了更多的共识。同时,前期教育评价中反映出来的主要问题都有了明显的改进,因此可以得出改革方案整体合理的肯定结论。

　　但是,值得关注的是课程整体质量评价的下降,以及学生对于课程的认识和理解模糊这两个现象。应该看到,尽管由于学生对于课程的认识和理解模糊客观上造成了学生在主观意识上对于课程评价的不统一,从而导致对课程整体质量评价下降,但也不能排除改革方案在首轮实施中操作不尽完善,需要进一步改进的可能。此外,改革方案与前期课程教学的衔接不够,与学生的经验知识存在差距,从而引发了相当一部分学生的质疑,这从有更多的学生主要因为校园环境属于人工环境不适于进行生态规划设计而指认课题选择不合理是课程教学的主要问题①这一现象可以得到证实。因此,该课程教学进一步的改进必须在完善自身的同时,转向对生态教育课程体系建设的关注。

与此同时,应该看到指认集中度达 68.2% 的背景知识欠缺仍然是课程教学中客观存在的主要问题,而这一问题的根本解决也必须通过生态教育课程体系的完善来实现。

6.5 专业设计课程的生态教育教学模式建议

从课程改革实施的效果来看,这一引进自然体验认知和自主学习机制、加强团队协作训练,并据此设计教学课题的改革方案是值得肯定的,但是景观专业生态教育的进一步发展不能仅仅依靠单一课程的改进,必须仰仗系列课程的配套完善。该课程的改革实践实际上验证了第 5 章中提出的当前中国景观专业生态教育应通过系列核心课程的建设取得快速突破的基本设想,以及专业生态教育实践框架中关于课程教学内容和教学方法的一些建议。

在此基础上,本节进一步反思总结了一直以来中国景观专业设计课教学的固有模式,提出了在专业设计课中开展生态教育的建议模式。

6.5.1 专业设计课教学的传统模式

教学模式是指在一定的教育思想、教学理论和学习理论指导下的、在某种环境中展开的教学活动进程的稳定结构形式。教学模式一般包括教学理论、教学目标、教学内容、师生组合和操作程序等五个要素。其具体实践是针对某一具体的课程,在教学理论的框架指导下,借助课程教学计划对教学内容、方法(师生组合)和进度(操作程序)进行详细设计后,通过具体的操作实施去实现教学目标。而教学目标达到的程度实际上就是教学效果的反映(图 6-13)。

---

① 共有 27.3% 的学生作了这一指认,较前期调查增加了 23.1%,这主要是由于该课程的前期课程中所进行的生态教育主要针对的是自然系统,学生缺少对人工系统中的自然因素的了解与把握。

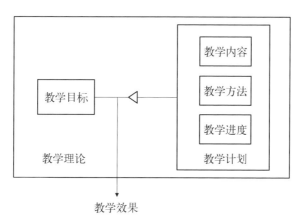

图 6‑13　教学模式的要素组成关系

　　一直以来,中国景观专业在专业设计课教学中,习惯采用以循序渐进的景观类型为对象的类别型教学模式,即根据规划设计对象的类型按照规模尺度或技巧难易的序列确定一系列专业设计课命题,总结归纳对该类对象进行规划设计的基本要求及方法规律,要求学生学习掌握并进行实际的创作演练,由此形成了专业设计系列课程,一般从低年级到高年级安排有街头绿地(或广场)、城市公园、旅游度假区详细设计、风景名胜区规划等一系列专业设计课程。

　　与一般理论性课程的教学模式相比,专业设计课的这种类别型教学模式在教学方法和进度设计等方面有其特殊性(表 6‑6)。其教学实践的过程通常按照图 6‑14 所示的两阶段过程来进行。

表 6‑6　专业设计课与一般理论性课程的教学模式比较

模式要素	专业设计课	一般理论性课程
教学理论	范例式教学①[110]	接受式教学②
教学目标	专类景观的规划设计	知识传授
教学内容	优秀案例及工作范式	既有知识
师生组合	个人指导为主	讲课为主
操作程序	工作进程分解	内容分解

　　①② 　当今世界许多著名的教育家根据他们的教学思想,提出了许多教学策略,其中最具影响的有接受式教学、范例式教学、发现式教学等。

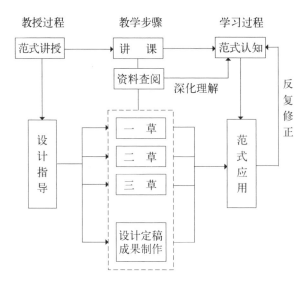

图 6‑14　类别型教学模式的两阶段教学过程

6.5.2　教学实践中的模式转化

　　类别型教学模式的范式化教学方式,使得教学双方很自然地将训练重点集中在对既有范式的学习和掌握,即试图总结命题类型的共性问题和优秀案例,并借助于规范寻求程式化的解决方法,极大地限制了探索和创造的可能性。对于基于生态教育目的的专业设计课教学而言,由于需要研究发现具体规划设计对象的生态问题并创造性地加以解决,这种类别型教学模式并不适用。

　　因此,"生态专项规划设计"课程的教学改革实际上是对类别型教学模式的变革尝试。改革方案中对教学计划所作的一系列改进,根本上反映的是教学理论框架从范例式教学策略向发现式策略教学的转变。

　　比较接受式、范例式和发现式这三种教学策略的教学过程[①](图 6‑15)。可以看到,接受式和范例式教学都强调对事物既有规律的学习和掌握,而发现式教学则强调解决问题而未设定必须遵循的规律,这为学生的创造发挥提供了充分的空间。

---

　　① 接受式教学过程是以美国教育心理学家奥苏贝尔的接受型学习理论为依据,根据接受型学习的一般过程归纳得到的;范例式教学过程是根据德国教育家瓦·根舍因提出的范例式教学的一般步骤得到的;而发现式教学过程是以美国著名教育家布鲁纳的发现式学习理论为依据归纳得到的。

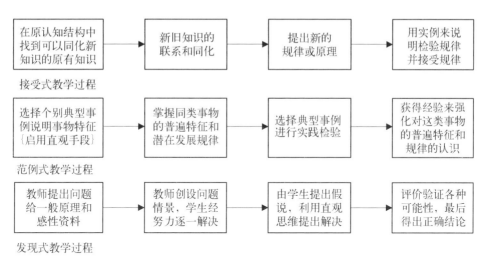

图 6 - 15　三种教学策略的教学过程比较

6.5.3　专业设计课生态教育建议模式

通过对"生态专项规划设计"课程的教学改革研究的全面总结,得出在景观专业设计课中进行生态教育的建议模式如表 6 - 7 所示。

表 6 - 7　专业设计课进行生态教育的建议模式

模式要素	基于生态教育目的专业设计课
教学理论	发现式教学
教学目标	生态知识在景观规划设计中的创造性应用
教学内容	生态规划设计的方法和技巧
师生组合	团队辅导为主
操作程序	研究过程分解

这种教学模式是以景观生态规划设计的基本方法为内容的、针对学生思维研究方法进行训练的一种方法型教学模式。与类别型教学模式相比,方法型教学模式不再关注某类景观规划设计的范式提炼,而是把规划设计方法作为教学内容,将重点训练环节从对给定问题的解决拓展到了发现问题、研究解决方法及解决问题的整个设计研究过程,在课程教学的各方面都进行了变革:课程理论部分的教学针对学生实际研究的需要而进行;教学课题的选择从注重类别的典型性转向注重课题的研究特征;教学过程与研究过程有机结合以有效训练学生

的思维方式;教学方法的组合设计重在开拓学生的思路、启迪学生的思想;教学计划不仅仅是教师掌控教学进程的依据,还成为有效促进师生教学互动的操作工具;教学成果评价能够综合反映学生的全程表现而不只针对静态的最终作品。图 6 - 16 是对方法型教学过程的分析。

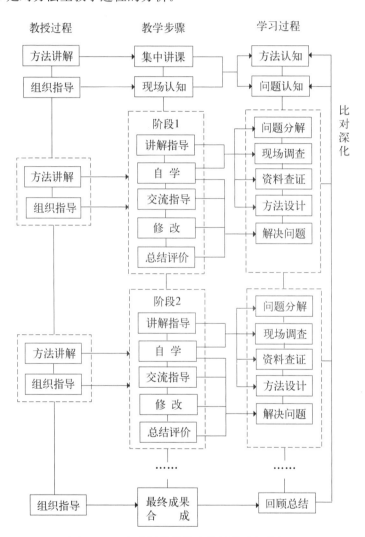

图 6 - 16 方法型教学模式的教学过程分析图

第7章
结论与展望

　　本书对景观专业生态教育的理论构架、研究现状、实践现状进行了一系列调查研究，在此基础上通过借鉴多方经验，提出了当前中国景观专业生态教育的建议性实践框架，并结合具体课程教学的改革实践和效果评价对专业设计课生态教育模式进行了探讨。本章是对整个课题研究的结论和创新点所作的总结，以及对课题后续研究方向的思考和建议。

7.1　结　　论

　　图7-1是对研究和论述过程的一个简要概括。主要的研究结论可归纳为以下7点：

　　（1）景观专业生态教育就是根据培养景观专业人才生态素质的实际需要，结合景观专业教育的特征在景观专业中进行必要的生态教育，以提升景观专业实践的生态合理性，帮助人类社会实现可持续发展的目标。它必须被置于景观专业及其教育发展的整体背景之下进行考察，其建设发展应成为景观专业及其教育进一步发展的有利契机。

　　（2）景观专业生态教育包含生态基础知识、技术方法和价值导向三个类型层次，其发展一般遵循生态理论教育、生态规划设计实践教育和景观专业教育生态化三个渐进的发展阶段序列。景观专业教育生态化是景观专业生态教育发展的最终目标，这一目标的实现面临着从知识教育转向研究技能教育、从实践类型教育转向实践方法教育、从理论教育转向实践技能和价值观教育等种种挑战。

　　（3）当前国际上先进的景观专业教育的实践特征主要是生态教育在专业教育中占有重要地位、专业教育目的具有鲜明的阶段性特征、阶段教学计划的灵

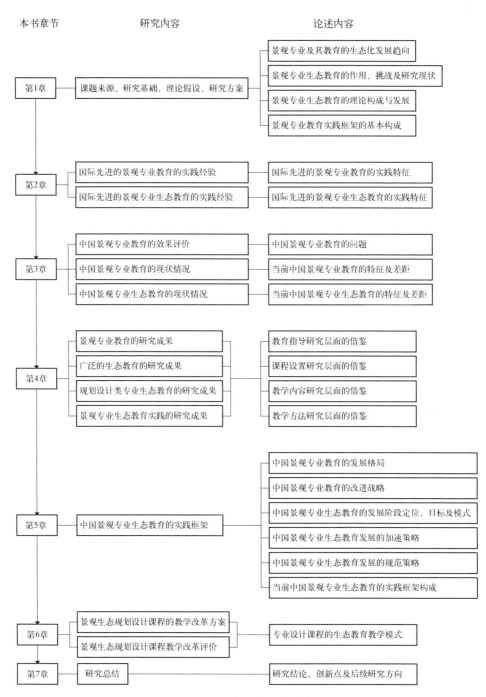

图 7 - 1　研究和论述过程简图

活性随教育阶段的提升而增加、强调跨学科教育、专业实践技能培训存在基本构成，以及设计课具有教学核心作用；而专业生态教育的实践特征主要是景观专业生态教育已成为教育的重要组成部分、景观专业生态教育的三个类型层次发展较为均衡、景观专业生态教育存在与专业教育相应的阶段教育差异、景观专业生态教育与各类专业课程有机结合，以及设计课在生态技术方法的教学中具有重要作用。

（4）当前中国景观业界对于景观专业的发展状况认识不一，从而表现出对专业名称的诸多争执，并在各个院校竞相开设各种称谓的景观专业的现象中得到集中的反映。其教育实践的基本特征是生态教育在专业教育中开始受到重视、阶段教育目标区分模糊、阶段教学计划缺少灵活性、跨学科教育欠缺、专业实践技能培训覆盖不全，以及设计课的教学核心作用未获确立。与国际先进水平相比，当前中国景观专业教育主要在对生态教育的重视程度、阶段教育的合理完善、专业技能培训的全面性和有效性、教育对于学科后续发展的促进作用等方面存在差距，并具有办学规模的合理化调整和学生专业竞争力的进一步提升这两个主要问题。因此，鉴于专业市场需求与认识存在多元化且专业教育具有分化发展的潜在趋向，中国景观专业教育应创立多元化的发展格局，其改进应重点通过发展专业生态教育、进一步调整完善阶段性教育、改进专业技能培训，以及提升学科教育的后续发展潜力来实现。

（5）当前中国景观专业生态教育在总体水平落后的同时，还表现出院校之间、甚至同一院校不同教育阶段之间存在显著差别的特征。其与国际先进水平的主要差距在于生态教育的相关课程在专业课程中所占的比重较小、生态技术层次的教育明显落后、设计课和要素类等课程的生态教育有待加强、生态教育相关课程的教学形式以讲座这一被动学习方式为主、生态教育的开展方式以专门开设的局部先导课程为主、并且生态教育作为专业教育的先进内容向专业教育阶段的高端汇集。总体上讲，当前中国景观专业生态教育的整体发展阶段仍处于生态理论教育阶段，因此其发展目标应是尽快完成向生态规划设计实践教育阶段的顺利发展，并及早开始向景观专业教育生态化阶段的发展过渡。在这个发展过程中，虽然可以借鉴国际的先进经验，但必须结合中国自身的特殊性进行鉴别、改良和创新，不能简单地照搬西方模式。

（6）基于以上结论，当前中国景观专业生态教育实践框架的构建建议包括：在专业教育多元化发展的格局下，专业生态教育应寻求整体发展目标框架下的个性化发展；为加快其发展进程，可采用建设系列核心课程、统一各教育阶段的目标、突出本科阶段教育的基础作用、强调基础研究与实践先行、及加强院校间相互学习和交流合作的策略;为对这种个性化的发展进行必要的规范,可通过设置生态教育三个类型层次的构成比例、强调硕士阶段专业技能训练的全面性、明确个性化生态教育应以本土教育为特色,以及强调实践能力和综合素质的强化训练来进行;面对从知识教育转向研究技能教育、从实践类型教育转向实践方法教育、从基础知识教育转向价值观教育等种种挑战,景观专业生态教育的实践体系必须通过课程设置、教学内容和教学方法的全面改革来应对,包括增加生态教育相关课程数量并选择类型合理的先导课程、合理筛选教学内容并加以创新研究,以及对教学方法进行优化研究。

(7) 景观专业设计课的生态教育应采用以景观生态规划设计的基本方法为内容的、针对学生思维研究方法进行训练的方法型教学模式,把规划设计方法作为教学内容,将重点训练环节从对给定问题的解决拓展到了发现问题、研究解决方法及解决问题的整个设计研究过程,通过对课程教学的全方位变革来使学生掌握如何研究发现具体规划设计对象的生态问题并创造性地加以解决的有效方法。

7.2　创 新 点 说 明

本书研究的主要创新点可归纳为以下5点。

1. 对景观专业生态教育的理论认识进行了具体深化

尽管在景观专业中开展生态教育已多有倡导,但对于景观专业生态教育究竟是什么尚无详细讨论。本书在对景观专业及其教育、生态教育的历史发展进行概略研究的基础上,明确提出了景观专业生态教育的理论构架,对景观专业生态教育的概念、层次、发展阶段和特征进行了界定,并通过对国内外相关院校教学实践的调查研究对这一理论构架进行了初步的验证。

2. 初步构建起景观专业生态教育实践的研究基础

针对目前景观专业生态教育研究中实践层面研究的相对欠缺,通过各种基础性的调查、分析、比较工作来较为客观地评价当前中国景观专业教育和专业生态教育的实际问题、及其与国际先进水平之间的差距,并勾勒出当前景观专业教育和专业生态教育实践的实际状况,为今后进一步的研究工作提供了较为客观的基础。

3. 研究提出了当前中国景观专业生态教育实践的建议性框架

鉴于景观专业生态教育的实践研究相对欠缺而开展需求迫切的现实情况，本书在深入分析了西方实践经验和中国实践基础之后，提出了当前中国景观专业生态教育的建议性实践框架，结合对中国景观专业及其教育的发展认识，对当前中国景观专业生态教育发展的目标、模式和具体策略进行了探讨，就配套课程、教学内容和教学方法等实践框架的构成要素提出了具体的建议，为促进景观专业生态教育在中国的实践和推广，进而促进现代景观生态规划设计在中国的实际应用创造条件。

4. 研究提出了景观专业设计课的生态教育教学模式

在深入思考景观专业生态教育所须面对的种种挑战，以及当前中国景观专业生态教育课程设置和教学改革方向的基础上归纳总结了既有设计课教学的模式和弊端，提出了教改方案并结合具体课程的教学进行了实践评价，最终形成了建议性的、针对专业设计课的生态教育教学模式。

5. 对景观生态规划设计的基础理论和方法进行了研究创新

在对当前中国景观专业生态教育课程教学内容的研究中，通过对课程教学内容的基本构成和发展机制的研究，分析指出了当前中国景观专业生态教育的基本教学内容和主要的内容创新方向，并针对一些具体的景观生态规划设计方法如何结合中国社会的实际情况进行变革、使之具有在中国实际应用的可行性展开了研究，取得了初步的研究成果。

7.3　后续研究方向

本书的后续研究可以从研究对象的外延拓展和局部深入这两个方向进行尝试，主要的研究切入点包括。

1. 专业教育外部制约机制的促进性改革研究

任何一种专业教育的实践框架都要受到国家高等教育政策、所属院校教学管理规定等外部条件的制约，因此外部制约机制应如何有效构建以便对专业教育的良性发展形成积极的促进而非消极的约束，就成为一个值得研究的问题。本论文的研究主要局限在景观专业生态教育实践框架内，但这一实践框架的顺利建设和发展，与其外部制约机制的合理化改革是密切相关的。今后的研究有必要在这方面加以深入。

2. 具体院校的个性化教育实践框架研究

在具有整体规范意义的基本实践框架确立之后,面对专业教育多元化的发展格局,以及专业生态教育个性化发展的要求,各相关院校必须结合自身的既有特色和水平构建合理的阶段性教育目标,并对专业生态教育的先导课程系列,以及具体课程的教学内容和教学方法进行详细的研究,以指导专业生态教育的实际开展。本书的研究还未能深入到针对具体院校提出实践框架的程度,进一步的研究有待今后进行。

3. 应中国国情的景观生态规划设计理论和方法研究

作为景观专业生态教育的内容主体,景观生态规划设计的理论和方法一直是专业研究的重要方向之一。而在中国的特殊国情下,如何因地制宜地对既有的技术方法进行合理化改进和应用创新,则是推动景观专业生态教育和生态规划设计实践发展的根本所在。本书研究过程中虽然已在这方面针对个别方法环节进行了一定的深入探讨,但只能算是抛砖引玉。这方面研究的全面开展还有待更多的同仁加入。

4. 具体先导性课程的教学改革研究

在景观专业生态教育的建设发展过程中,先导性的系列核心课程必须进行数量和类型的配套,因此会有多类型的专业课程加入专业生态教育的行列中来。本书的课程教学改革只是针对一门试点性质的专业设计课程进行的,今后应进一步开展拓宽教学改革的研究范围:一方面探讨如何将生态教学实践由一门试点的专业设计课程向贯穿整个专业教学过程的系列设计课程全面推行,结合不同阶段的教学要求设计合理的教学内容和计划安排,形成由浅入深、由普遍原理到专门的技术方法、由掌握个别方法到全面了解后灵活运用的递进教学过程;另一方面还应探讨其他类型课程的生态教育模式,如将景观生态规划与设计的教学实践由专业设计课程教学提升到专业原理课程教学,在设计课教学的基础上对较为成熟的理论和方法加以提炼,开设景观生态规划设计原理课。

参考文献

［1］ Olson P L. Ecological design education survey，typology and program recommendations［D］. 美国亚利桑那州立大学，2002.

［2］ Laurie M. An introduction to landscape architecture（2nd edition）［M］. New York：Elsevier Science Publishing Co. ，Inc. ，1986.

［3］ 俞孔坚. 哈佛大学景观规划设计专业教学［M］//俞孔坚，李迪华. 景观设计. 专业学科与教育. 北京：中国建筑工业出版社，2003.

［4］ Taylor J R. International education in landscape architecture［C］//景观教育的发展与创新（2005 国际景观教育大会会议论文集），2005.10：514－525.

［5］ Fajardo M C. IFLA leading the way［C］//景观教育的发展与创新（2005 国际景观教育大会会议论文集），2005.10：1－6.

［6］ 唐军，杜顺宝. 拓展与流变——美国现代景观建筑学发展的回顾与思索［J］. 新建筑，2001(5)：8－11.

［7］ Howett C. Ecological values in twentieth-century landscape design：a history and hermeneutics［J］. Landscape Journal. 1998. special issue：80－98.

［8］ Tress B，Tress G，Fry G，Opdam P. From landscape research to landscape planning — aspects of integration，education and application［M］. Kluwer Academic Publishers，2005.

［9］ Gazvoda D. Characteristics of modern landscape architecture and its education［J］. Landscape and Urban Planning，2002(60)：117－133.

［10］ 吴良镛. 人居环境学导论［M］. 北京：中国建筑工业出版社，2001.

［11］ 林广思. 回顾与展望——中国 LA 学科教育研讨(1)［J］. 中国园林，2005(9)：1－11.

［12］ 林广思. 回顾与展望——中国 LA 学科教育研讨(2)［J］. 中国园林，2005(10)：73－78.

［13］ 王秉洛. "完整的意义"也有悲哀［J］. 中国园林，2004(7)：43.

［14］ 全国高校景观学(暂定名)本科(工学)专业申请报告［R］. 2004.

［15］ 吴伟. 明日的 LA 教育［C］//景观教育的发展与创新（2005 国际景观教育大会会议论

文集),2005.10:93-100.

[16] 王绍增. 论风景园林的学科体系[J]. 中国园林,2006(5):9-11.

[17] 俞孔坚. 还土地和景观以完整的意义:再论"景观设计学"之于"风景园林"[J]. 中国园林,2004(7):37-41.

[18] 刘滨谊. 景观学学科的三大领域与方向——同济大学景观学教育体系回顾与展望[C]//景观教育的发展与创新(2005 国际景观教育大会会议论文集),2005.10:27-38.

[19] 段昌群,等. 生态学专业发展战略研究[R]. 教育部高等学校理工科类本科专业发展战略研究报告,2004.

[20] des Jardins J R. Environmental ethics:An introduction to environmental philosophy (Second edition)[M]. Belmont,CA:Wadsworth,1997.

[21] Swith C A,Williams D R. (Eds.). Ecological education in action:On weaving education,culture and the environment[M]. NY:State University of New York Press,1999.

[22] Orr D W. Ecological literacy:Education and the transition to a postmodern World [M]. Albany,New York:State University of New York Press,1992.

[23] 骆天庆. 近现代西方景园生态设计思想的发展[J]. 中国园林,2000(3):81-83.

[24] 刘滨谊. 景观规划设计三元论——寻求中国景观规划设计发展创新的基点[J]. 新建筑,2001(5):1-3.

[25] Tompson I H. Ecology,community and delight:A trivalent approach to landscape education[J]. Landscape and urban Planning,2002(60):81-93.

[26] 郭红雨,蔡云楠. 以生态价值为取向的现代景观设计学[C]//景观教育的发展与创新(2005 国际景观教育大会会议论文集),2005.10:117-122.

[27] Ray P H,Anderson S R. The cultural creatives:How 50 million people are changing the world[M]. New York:Harmony Books,2000.

[28] Sarkissian W. With a Whole Heart:Nurturing an Ethic of Caring for Nature in the Education of Australian Planners[D]. 澳大利亚默多克大学,1996.

[29] Zube E H. The evolution of a profession[J]. Landscape and Urban Planning,1998(42):75-80.

[30] Sandercock L. Towards cosmopolis:planning for multicultural cities[M]. New York:John Wiley & Sons,1998.

[31] Miller P A. Landscape architecture education global future[C]//景观教育的发展与创新(2005 国际景观教育大会会议论文集),2005.10:7-26.

[32] 侯锦雄,李素馨,林文毅. [环境主义]景观建筑设计教育新典范[C]//景观教育的发展与创新(2005 国际景观教育大会会议论文集),2005.10:394-401.

［33］ Nasaka I. New challenge for environmental education and learning［C］//2005 国际景观教育大会全体会议发言，2005.10.

［34］ 刘福智，刘加平.生态伦理学与城市景观保护及教育问题的研究［C］//景观教育的发展与创新（2005 国际景观教育大会会议论文集），2005.10：213－216.

［35］ 韩锋.环境伦理：中国景观教学在认识论上的缺失［C］//景观教育的发展与创新（2005 国际景观教育大会会议论文集），2005.10.：292－297.

［36］ McHarg I. Design with nature［M］. Garden City，NY：Natural History Press，1969.

［37］ McHarg I. Human ecological planning at Pennsylvania［J］. Landscape Planning，1981（8）：109－120.

［38］ McHarg I. A quest for life［M］. New York：John Wiley，1996.

［39］ Steinitz C. A system analysis model of urbanization and change［M］. Cambridge，MA：Harvard University，Department of Landscape Architecture，1968.

［40］ Steinitz C，Murray T，Sinten D，Way D. A comparative study of analysis methods［M］. Cambridge，MA：Harvard University，Department of Landscape Architecture，1969.

［41］ Steinitz C，Brown J，Goodale P. Hand-drawn overlays：their history and prospective uses［J］. Landscape Architecture，1976(66)：444－455.

［42］ Lyle J T. Design for human ecosystems［M］. New York：Van Nostrand Reinhold Company，1985.

［43］ Steiner F. The Living Landscape（An Ecological Approach to Landscape Planning）［M］. McGraw-Hill Inc. 1991.

［44］ Forman R T T. Land Mosaics the Ecology of Landscapes and Regions［M］. Cambridge and New York：Cambridge University Press，1995.

［45］ Dramstad W E，Olson J D，Forman R T T. Landscape ecology principles in landscape architecture and land-use planning［M］. Harvard University Graduate School of Design，Island Press& American Society of Landscape Architecture，1996.

［46］ Nduhisi F. Managing change in the landscape：A synthesis of approaches for ecological planning［M］. The Johns Hopkins University Press，2002.

［47］ 俞孔坚，李迪华.景观生态规划发展历程——纪念麦克哈格先生逝世两周年［M］//俞孔坚，李迪华.景观设计：专业学科与教育.北京：中国建筑工业出版社，2003.

［48］ Bauer A M. Shaping landscape for tomorrow：Reclamation guidebook for the aggregate industry［M］. Arlington，Virginia：National Stone，Sand and Gravel Association，2000.

［49］ Steinfeld C，Porto D D. Growing away wastewater［J］. Landscape Architecture，2004（1）：44－53.

[50] Kinkade-Levatio H. Integrated water conservation strategies for LEED points [J]. Landscape Architecture，2004（4）：52-66.

[51] Taute M. Pristine swimming[J]. Landscape Architecture，2003（3）：34-38.

[52] Sorvig K. Of salmon，soil，and stormwater[J]. Landscape Architecture，2003（2）：34-45.

[53] Freeman C，Buck O. Development of an ecological mapping methodology for urban area in New Zealand[J]. Landscape and Urban Planning，2003,63（3）：161-173.

[54] Eisenman T. Sedums over Baltimore[J]. Landscape Architecture，2004（8）：52-61.

[55] Eniow C. Narrating history with natives [J]. Landscape Architecture，2004（7）：46-59.

[56] Thompson W V. Remembered rain[J]. Landscape Architecture，2004（3）：60-66.

[57] Martin F E. Mining for open space[J]. Landscape Architecture，2004（2）：50-59.

[58] Viani L O. From the bottom up[J]. Landscape Architecture，2003（9）：42-48.

[59] Enlow C. Industrial habit[J]. Landscape Architecture，2003（7）：40-46.

[60] Benjamin T S，Amy Green，Ken Deshais. New light on the neponset[J]. Landscape Architecture，2003（4）：46-55.

[61] Thomas R. Instead of global warming[J]. Landscape Architecture，2004（6）：60-66.

[62] Gambarini P. The buzz on stormwater design— Mosquito control for bioswales and constructed wetland[J]. Landscape Architecture，2004（11）：52-59.

[63] Marusic I. Some observations regarding the education of landscape architects for the 21 st century[J]. Landscape and Urban Planning,2002（60）：95-103.

[64] 绿色建筑设计手册[M]. 王长庆，等,译. 北京：建筑工业出版社,1999.

[65] 王云才. 论景观规划设计的生态学原理及应用教学体系构建[C]//景观教育的发展与创新（2005 国际景观教育大会会议论文集）,2005：340-347.

[66] 卡尔. 论生态规划原理的教育[M]//俞孔坚,李迪华. 景观设计：专业学科与教育. 北京：中国建筑工业出版社,2003.

[67] Zuin A H L，Murray J S. Transformative landscape architectural education：One way forward[C]//景观教育的发展与创新（2005 国际景观教育大会会议论文集），2005.10：467-478.

[68] 陈文锦. 从专业教育的发展探讨台湾景观设计教育之特质与展望[M]//俞孔坚,李迪华. 景观设计：专业学科与教育. 北京：中国建筑工业出版社,2003.

[69] 刘滨谊. 中国风景园林规划设计学科专业的重大转变与对策[J]. 中国园林,2001（1）：7-10.

[70] 邱建. 建设具有中国特色的景观建筑教育[C]//北京大学第二届"景观设计专业与教育"国际研讨会论文,www. ela. cn.

[71] Hanna K C. Considerations as one embarks on a journey to strengthen landscape architecture in a nation[C]//景观教育的发展与创新(2005 国际景观教育大会会议论文集),2005,10：385 - 393.

[72] Sasaki H. Thoughts on education in landscape architecture[J]. Landscape Architecture, 1950(7)：158 - 160.

[73] Licka L，Road P，Schwab E. Landscape Architecture Education between complex design skills and explorative action[C]//景观教育的发展与创新(2005 国际景观教育大会会议论文集),2005,10：492 - 496.

[74] Klein M，Katrina Lewis. An Inter-Disciplinary Curriculum for Beginning Landscape Architecture Students[C]//景观教育的发展与创新(2005 国际景观教育大会会议论文集),2005：541 - 548.

[75] Raju P K，Sankar C S. Teaching real-world issues through case studies [J]. Engineering Education,1999,88(4)：501 - 508.

[76] Thwaites K. Chapel Allerton explored：an integrated approach to teaching and research in landscape architecture education [C]//Proceedings of "Building the Link" international conference on integrating teaching and research with practice in the built environment. Wadham College，Oxford，8 - 10 September 2003.

[77] Kvashny A. Enhancing creativity in landscape architectural education[J]. Landscape Journal，1982，1(2)：104 - 109.

[78] Brown R D，Hallett M E，Stoltz R R. Learning and teaching landscape architecture：student learning styles in landscape architecture education[J]. Landscape and Urban Planning，1994,30：151 - 157.

[79] Lawson G. Development and innovation in curriculm design in landscape planning：students as agents of change[C]//景观教育的发展与创新(2005 国际景观教育大会会议论文集),2005：447 - 452.

[80] Snively G，Corsiglia J. Discovering indigenous science：Implications for science education[J]. Science Education，2001, 85(1)：6 - 34.

[81] Lue T. Scientific and indigenous knowledge working together：Environmental sustainability and biodiversity conservation in southern Chile [D]. 加拿大约克大学,2003.

[82] Feinstein B C. Student and instructor response to the curriculum design and instructional methodologies of a non-traditional course on Hawaiian traditional ecological knowledge (TEK)[D]. Hawaii University,2002.

[83] Ward N F R. Beliefs and attitudes of Caribbean girls about whales：An approach to understanding cultural identity with implications for conservation education[D]. 美国安

提亚克大学,2002.

[84] Masaya Okada, Tetsuhiko Yoshimura , Hiroyuki Tarumi, et al. Digital EE：A support system for collaborative environmental education using distributed virtual space[J]. Systems and Computers in Japan,2002,33(8)：51－63.

[85] Williams B S. Towards a theory of expedition education[D]. 美国哈佛大学,2000.

[86] Timothy Lee Van Meter. Teaching and learning without walls：A strategy for ecological religious education[D]. Emory University,2003.

[87] Andrews T. The land is like a book[J]. Outdoor Education,2002,14(1)：18－20.

[88] Fawcett L K. Biological conservation of common and familiar animals：the roles of experience, age and gender in children's attitudes towards bats, frogs and raccoons [D]. York University,2002.

[89] Shannon J F. Effects of the teachers' conservation institute on knowledge and attitudes of participants[D]. Stephen Austin state University,2002.

[90] Pringle C M. Changing academic culture：interdisciplinary, science-based graduate programmes to meet environmental challenges in freshwater ecosystems[J]. Aquatic Conservation：Marine and Freshwater Ecosystems, 1999,9(6)：615－620.

[91] Bosch O J H, Ross A H, Beeton R J S. Integrating science and management through collaborative learning and better information management[J]. Systems Research and Behavioral Science, 2003,20(2)：107－118.

[92] Natadecha P. Nature and culture in Thailand：The implementation of cultural ecology in environmental education through the application of behavioral sociology[D]. Hawaii University,1991.

[93] Brandt C B. A thirst for justice in the arid southwest：the role of epistemology and place in higher education[J]. Educational Studies, 2004，36(1)：93－107.

[94] Wadsworth K G. A process and outcome evaluation of EarthFriends：A curriculum designed to teach elementary school-aged children to make environmentally sustainable food choices[D]. Columbia University,2002.

[95] Squibb B G. Increasing awareness through an ecological approach to planning education [D]. 加拿大玛尼托伯大学,2001.

[96] 骆天庆.旅游规划专业方向的生态规划系列课程教学研究[J].同济教育研究,2000 (3)：16－20.

[97] Nduhisi F. Managing Change in the Landscape：A Synthesis of Approaches for Ecological Planning[M]. The Johns Hopkins University Press,2002.

[98] 俞孔坚,李迪华.景观生态规划发展历程——纪念麦克哈格先生逝世两周年[M]//俞孔坚,李迪华.景观设计：专业学科与教育.北京：中国建筑工业出版社,2003.

［99］ 卡尔. 论生态规划原理的教育［M］//俞孔坚，李迪华. 景观设计：专业学科与教育. 北京：中国建筑工业出版社，2003.

［100］ 李嘉乐. 对于"景观设计"与"风景园林"名称之争的意见［J］. 中国园林，2004(7)：44.

［101］ 欧百钢，郑国生，贾黎明. 对我国风景园林学科建设与发展问题的思考［J］. 中国园林，2006(2)：3 - 8.

［102］ 吴承照. 加强风景园林学科基础理论研究［J］. 中国园林，2006(5)：12 - 15.

［103］ Swaffield S. Social change and the profession of landscape architecture in the twenty-first century［J］. Landscape Journal，21(1)：183 - 189.

［104］ 张兆曙. 中国社会分化的双维进程——阶层结构分化和系统结构分化［EB/OL］.［2005.10］社会学人类学中国网(http://www. sachina. edu. cn/Htmldata/article/2005/10/411. html).

［105］ 班华. 中学教育学［M］. 北京：人民教育出版社，1992.

［106］ 郑启明，薛天祥. 高等教育学［M］. 2 版. 上海：华东师范大学出版社，1988.

［107］ 邵瑞珍，皮连生. 教育心理学［M］. 上海：上海教育出版社，1988.

［108］ Jennifer A. Livingston. Metacognition：An Overview.［EB/OL］. http：//www. gse. buffalo. edu/fas/shuell/cep564/Metacog. htm.

［109］ 桑标，王小晔. 元认知与学生学习［J］. 全球教育展望，2001(12).

［110］ 皮连生. 教学设计——心理学的理论与技术［M］. 北京：高等教育出版社，2000.

附录 A 国内外景观专业样本院校课程
分类及生态教育类型判别

本附录是根据正文中 2.3.1 节中专业课程分类及生态教育相关性和类型判别的标准,对国内外各样本院校景观专业教学课程进行分类和判别研究的结果。

1. 加利福尼亚大学伯克利分校(UCB)

表 A-1 为其本科阶段专业课程的分类及生态教育相关性和类型判别结果,表 A-2 为其硕士阶段专业课程的分类及生态教育相关性和类型判别结果。

表 A-1 UCB 本科阶段专业课程分类及判别结果一览表

课程类型		课程编号	课程名称	生态教育相关性及类型层次*			教学形式与每周教学课时分配**				学分***
				基础知识	技术方法	价值导向	讲座	讨论/研究	设计课	实验/实践	
设计课	必修	101	景观设计基础(Fundamentals of Landscape Design)	1	0	0	2	0	6	0	5
		102	景观设计案例研究(Case Studies in Landscape Design)	0	0	0	2	0	6	0	5
		103	能源、想象和形式(Energy, Fantasy, and Form)	1	1	1	3	0	6	0	5
表现	必修	132	环境设计中的计算机应用(Computer Applications in Environmental Design)	0	0	0	3	0	0	1.5	4
		135	景观制图艺术(The Art of Landscape Drawing)	0	0	0	2	0	4	0	3

课程类型		课程编号	课程名称	生态教育相关性及类型层次*			教学形式与每周教学课时分配**				学分***
				基础知识	技术方法	价值导向	讲座	讨论/研究	设计课	实验/实践	
表现	选修	134A	绘图工作室Ⅰ（Drawing Workshop 1）	0	0	0	2	0	3	0	3
		136	景观描绘提高（Advanced Landscape Delineation）	0	0	0	2	0	4	0	3
		132B	环境设计的计算机应用（Computer Applications for Environmental Design）	0	0	0	2	0	0	2	2
		134B	绘图工作室Ⅱ（Drawing Workshop Ⅱ）	0	0	0	2	0	0	2	2
要素	必修	111	种植设计(Plants in Design)	1	0	1	3	0	0	0	3
		112	景观植物：认识与利用（Landscape Plants: Identification and Use）	0	0	0	2	0	0	6	4
		120	地形与设计技术（Topographic Form and Design Technology）	0	1	0	1	0	0	1	2
		121	详细设计：景观材料与构造介绍（Design in Detail: Introduction to Landscape Materials and Construction）	0	1	1	3	0	0	1	4
理论方法	必修	170	LA专业的历史与文化（History and Literature of Landscape Architecture）	0	0	1	3	0	0	0	3
	选修	130	景观规划设计介绍（Introduction to Landscape Architecture）	1	0	0	3	0	0	0	3
		140	开放空间中的社会和心理因素（Social and Psychological Factors in Open Space Design）	0	0	0	3	1	0	0	3

续　表

课程类型		课程编号	课程名称	生态教育相关性及类型层次*			教学形式与每周教学课时分配**				学分***
				基础知识	技术方法	价值导向	讲座	讨论/研究	设计课	实验/实践	
理论方法	选修	141AC	美国景观：多元文化的差异与文化多样性（The American Landscape：Multicultural Difference and Diversity）	0	0	0	3	1	0	0	3
		C171	1850 年以来的美国设计景观（The American Designed Landscape Since 1850）	0	0	1	3	0	0	0	3
科学	必修	110	生态分析（Ecological Analysis）	0	1	1	3	0	0	4	4
	选修	C188	地理信息系统（Geographic Information Systems）	0	0	0	3	0	0	2	4
实践	选修	160	专业实践讨论（Professional Practice Seminar）	0	0	0	0	3	0	0	3
		197	景观规划设计的野外研究（Field Study in Landscape Architecture）	—	—	—	—	—	—	—	2.5
		198	小组指导性研究（Directed Group Study）	—	—	—	—	—	—	—	2.5
		199	个人指导性研究（Supervised In-dependent Study and Research）	—	—	—	—	—	—	—	2.5

注：＊1 表示相关；0 表示不相关；—表示课程介绍中缺乏课程教学的描述性介绍。

＊＊—表示该课程的课时安排待定。

＊＊＊凡学分存在可选范围的取其平均值。

表 A - 2 UCB 硕士阶段专业课程分类及判别结果一览表

课程类型	课程编号	课程名称	生态教育相关性及类型层次*			教学形式与每周教学课时分配**				学分***
			基础知识	技术方法	价值导向	讲座	讨论/研究	设计课	实验/实践	
设计课	201	城市景观设计中的生态要素（Ecological Factors in Urban Landscape Design）	1	1	1	2	0	6	0	5
	202	景观场地设计（Design of Landscape Sites）	0	0	0	2	0	6	0	5
	203	公共领域的塑造（Shaping the Public Realm）	0	0	0	3	0	6	0	5
	204	高级工程设计（Advanced Project Design）	—	—	—	3	0	6	0	5
	205	环境规划（Environmental Planning Studio）	0	1	0	3	0	6	0	5
	206	项目成果预备：论文和报告（Final Project Preparation Studio: Thesis and Reports）	0	0	0	3	0	6	0	5
要素	C 229	地中海式气候下的景观（Mediterranean-Climate Landscapes）	1	1	0	$0.67^\$$	$0.67^\$$	$0.67^\$$	0	2
	222	规划水文地理学（Hydrology for Planners）	1	0	0	3	0	0	2###	4
理论方法	221	环境规划中的定量方法（Quantitative Methods in Environmental Planning）	0	1	0	1.5	0	0	3	3
	225	城市森林规划和管理（Urban Forest Planning and Management）	1	0	0	3	0	0	##	3
	228	河流规划、管理及恢复的环境研究（Research in Environmental River Planning, Management, and Restoration）	1	0	0	0	1	0	0	1

课程类型	课程编号	课程名称	生态教育相关性及类型层次*			教学形式与每周教学课时分配**				学分***
			基础知识	技术方法	价值导向	讲座	讨论/研究	设计课	实验/实践	
理论方法	251	景观规划设计及环境规划理论（Theories of Landscape Architecture and Environmental Planning）	—	—	—	0	2	0	0	2
	253	景观规划设计与环境规划讨论（Landscape Architecture and Environmental Planning Colloquium）	—	—	—	1.5	0	0	0	1
	254	景观规划设计与环境规划专题讨论（Topics in Landscape Architecture and Environmental Planning）	—	—	—	0	2	0	0	2
	256	景观规划设计的社会因素专题讨（Special Topics in Social Factors in Landscape Architecture）	0	0	0	0	2	0	0	2
	257	设计专题讨论（Special Topics in Design）	—	—	—	0	2	0	0	2
	C237	环境规划的过程（The Process of Environmental Planning）	0	1	1	3	0	0	0	3
	C241	环境设计的研究方法（Research Methods in Environmental Design）	1	1	1	1.5$	1.5$	0	2	4
科学	227	河流恢复（Restoration of Rivers and Streams）	0	1	1	0	3	0	0	3
	232	神圣的景观（The Landscape as A Sacred Place）	0	0	1	3	0	0	＃＃＃	3
	252A	论文选题和专业计划建议研讨（Thesis and Professional Project Proposal Seminar）	—	—	—	0	2	0	0	2
	252B	论文选题和专业计划建议研讨（Thesis and Professional Project Proposal Seminar）	—	—	—	0	2	0	0	2

续　表

课程类型	课程编号	课程名称	生态教育相关性及类型层次*			教学形式与每周教学课时分配**				学分***
			基础知识	技术方法	价值导向	讲座	讨论/研究	设计课	实验/实践	
实践	295	景观规划设计与环境规划指导研究（Supervised Research in Landscape Architecture and Environmental Planning）	—	—	—	—	—	—	—	2
	297	野外指导研究（Supervised Field Study）	—	—	—	—	—	—	—	2.5
	298	小组研究（Group Study）	—	—	—	—	—	—	—	2.5
	299	个人研究（Individual Research）	—	—	—	—	—	—	—	3.5
	C231	环境规划和法规（Environmental Planning and Regulation）	1	0	0	3	0	0	0	3
	C242	城市规划过程中的市民参与（Citizen Involvement in the City Planning Process）	0	0	0	1.5$	1.5$	0	0	3

注：×1 表示相关；0 表示不相关；　表示课程介绍中缺乏课程教学的描述性介绍。

　　** —表示该课程的课时安排待定，$表示该课程的课时因未说明各种教学形式之间的分配而进行了平均分配，♯表示全天的野外活动。

　　*** 凡学分存在可选范围的取其平均值。

2. 伊利诺伊大学厄巴纳—香槟分校（UIUC）

表 A-3 为其本科阶段专业课程的分类及生态教育相关性和类型判别结果，表 A-4 为其硕士阶段专业课程的分类及生态教育相关性和类型判别结果。

表 A-3　UIUC 本科阶段专业课程分类及判别结果一览表

课程类型		课程编号	课程名称	生态教育相关性及类型层次*			教学形式与每周教学课时分配**				学分***
				基础知识	技术方法	价值导向	讲座	讨论/研究	设计课	实验/实践	
设计课	必修	LA233	基础设计课（Foundation Design Studio）	—	—	—	0	4.5	4.5	0	5

续 表

课程类型		课程编号	课程名称	生态教育相关性及类型层次*			教学形式与每周教学课时分配**				学分***
				基础知识	技术方法	价值导向	讲座	讨论/研究	设计课	实验/实践	
设计课	必修	LA234	场地设计课（Site Design Studio）	1	1	0	0	4.25	4.25	—	5
		LA335	社区与开放空间设计课（Community & Open Space Studio）	0	0	0	0	4.25	4.25	—	5
		LA336	设计工作室1（Design Workshop Studio 1）	—	—	—	0	4.25	4.25	0	5
		LA437	区域设计课（Regional Design Studio）	0	1	0	0	4.25	4.25	0	5
		LA438	设计工作室2（Design Workshop Studio 2）	—	—	—	0	4.25	4.25	0	5
表现	必修	LA280	设计交流Ⅰ（Design Communications I）	0	0	0	0	2.75	0	2.75	3
		LA281	设计交流Ⅱ（Design Communications 2）	0	0	0	0	2.75	0	2.75	3
要素	必修	LA241	地形设计与建构（Landform Design & Construction）	—	—	0	0	1.42	0	1.42	3
		LA342	场地工程学（Site Engineering）	0	—	0	0	1.42	0	1.42	4
		LA343	景观构造（Landscape Construction）	0	0	0	0	1.42	0	1.42	4
		LA452	种植的自然范例（Natural Precedent in Planting）	1	1	0	0	1.42	0	1.42	3
		LA453	种植的文化范例（Cultural Precedent in Planting）	—	—	—	0	1.42	0	1.42	3
要素	选修	LA270	设计中的行为要素（Behavioral Factors in Design）	1	0	1	1.5	0	0	0	3

课程类型		课程编号	课 程 名 称	生态教育相关性及类型层次 *			教学形式与每周教学课时分配 **				学分 ***
				基础知识	技术方法	价值导向	讲座	讨论/研究	设计课	实验/实践	
理论方法	必修	LA101	景观规划设计导论（Landscape Architecture Intro）	—	—	—	1.83	0	0	0	2
	必修	LA314	世界景观史（History of World Landscapes）	1	0	0	1.33	0.83	0	0	3
理论方法	选修	LA199	本科生公开研讨会（Undergraduate Open Seminar）	—	—	—	0	—	0	0	3
		LA218	亚洲文化景观综述（S. Asian Cultural Landscapes）	1	0	0	1.33	1.33	0	0	3
		LA220	非洲建筑与城市化（African Arch & Urbanism）	0	0	0	0.67	0.67	0	0	3
		LA222	伊斯兰园林与建筑（Islamic Gardens & Architecture）	0	0	0	2.67	0	0	0	3
		LA242	自然与美国文化（Nature and American Culture）	1	0	1	1.25	1.25	0	0	3
		LA315	现代景观规划设计史（History of Modern Landscape Arch）	—	—	—	1.33	0	0	0	3
		LA470	社会/文化的设计议题（Social/Cultural Design Issues）	0	0	0	0.67	0.67	0	0	3
科学	必修	LA250	场地环境分析（Environmental Site Analysis）	1	1	0	0.83	0	0	3	3
	选修	LA212	水与社会（Water and Society）	1	0	0	1.33	1.33	0	0	3
		LA450	土地恢复生态学（Ecology for Land Restoration）	1	1	0	0	1.92	0	3.59	3.5
		LA454	景观考古学（Landscape Archaeology）	1	0	0	1.42	1.42	0	0	3

续　表

课程类型		课程编号	课程名称	生态教育相关性及类型层次*			教学形式与每周教学课时分配**				学分***
				基础知识	技术方法	价值导向	讲座	讨论/研究	设计课	实验/实践	
实践	必修	LA346	专业实践(Professional Practice)	—	—	—	1.67	0	0	0	2
	选修	LA460	遗产管理(Heritage Management)	1	0	1	1.25	1.25	0	0	3
		LA301	高年级优秀生专修课(Senior Honors)	—	—	—	0	—	0	0	3.5
		LA345	职业实习(Professional Internship)	—	—	—	0	—	0	0	2
		LA399	校外研究(Off-Campus Study)	—	—	—	0	—	0	0	7.5
		LA390	个别研究(Independent Study)	—	—	—	2.5	—	0	0	3.5

注：＊1表示相关；0表示不相关；—表示课程议题不确定且选题范围没有明确与生态有关的方向。

＊＊—表示该课程课时安排信息为待定；凡有混合教学形式的将课时平摊到相应的教学形式中；因教学形式中设计课形式缺失，故凡设计课中的实验/实践教学均归入设计课教学。

＊＊＊凡学分存在可选范围的取其平均值。

表 A‑4　UIUC 硕士阶段专业课程分类及判别结果一览表

课程类型	课程编号	课程名称	生态教育相关性及类型层次*			教学形式与每周教学课时分配**				学分***
			基础知识	技术方法	价值导向	讲座	讨论/研究	设计课	实验/实践	
设计课	LA437	区域设计课(Regional Design Studio)	0	1	0	0	4.25	4.25	—	6
	LA438	设计工作室2(Design Workshop Studio 2)	—	—	—	0	4.25	4.25	0	4.5
	LA537	景观规划设计课(Landscape Plan & Design Studio)	0	1	1	0	4.25	4.25	0	6
	LA565	行为设计课(Design/Behavior Studio)	0	0	0	0	4.25	4.25	0	4

续　表

课程类型	课程编号	课程名称	生态教育相关性及类型层次*			教学形式与每周教学课时分配**				学分***
			基础知识	技术方法	价值导向	讲座	讨论/研究	设计课	实验/实践	
理论方法	LA501	景观规划设计理论与实践（Landscape Arch Theory & Prac）	1	1	0	1	1	0	0	2
	LA513	世界景观史（History of World Landscapes）	—	0	0	1.33	0.83	0	0	4
	LA515	现代景观规划设计历史与理论（Hist & Thry of Modrn Land Arch）	—	—	—	2.67	0	0	0	4
	LA594	文化遗产景观（Cultural Heritage Landscapes）	0	0	0	0.75	0.75	0	0	3
科学	LA441	土地资源评价（Land Resource Evaluation）	—		0	0.67	0.67	0	0	4
	LA454	景观考古学（Landscape Archaeology）	1	0	0	1.42	1.42	0	0	4
	LA505	建筑及景观规划设计史研究方法（Methods in Arch & LA History）	0	0	0	2.83	0	0	0	3
	LA550	环境影响评价（Environ. Impact Assessment）	1	1	0	2	2	0	0	4
	LA563	设计环境中的社会/行为研究（Soc/Beh Research Designed Env）	0	—	0	0.67	0.67	0	0	4
	LA564	设计中的行为研究（Behavioral Research in Design）	0	0	0	3	0	0	0	4
实践	LA460	遗产管理（Heritage Management）	1	0	1	1.25	1.25	0	0	4
	LA587	研究生研讨会（Graduate Seminar）	—	—	—	0	2	0	0	3

续　表

课程类型	课程编号	课程名称	生态教育相关性及类型层次*			教学形式与每周教学课时分配**				学分***
			基础知识	技术方法	价值导向	讲座	讨论/研究	设计课	实验/实践	
实践	LA590	指导研究（Directed Research）	—	—	—	2.5	—	0	0	5
	LA598	硕士生计划（Master's Project）	—	—	—	0	—	0	0	4
	LA599	学位论文研究（Thesis Research）	—	—	—	0	8.5	0	0	8

注：*1表示相关；0表示不相关；—表示课程议题不确定且选题范围没有明确与生态有关的方向。

　　**—表示该课程课时安排信息为待定；凡有混合教学形式的将课时平摊到相应的教学形式中；因教学形式中设计课形式缺失，故凡设计课中的实验/实践教学均归入设计课教学。

　　***凡学分存在可选范围的取其平均值。

3. 康奈尔大学(CU)

表 A-5 为其本科阶段专业课程的分类及生态教育相关性和类型判别结果，表 A-6 为其硕士阶段专业课程的分类及生态教育相关性和类型判别结果。

表 A-5　CU本科阶段专业课程分类及判别结果一览表

课程类型	课程编号	课程名称	生态教育相关性及类型层次*			教学形式与每周教学课时分配**				学分***
			基础知识	技术方法	价值导向	讲座	讨论/研究	设计课	实验/实践	
设计课 必修	LA141	景观规划设计基础（Grounding in Landscape Architecture）	—	—	—	0.83	0	1.92	0	4
	LA142	景观规划设计基础（Grounding in Landscape Architecture）	—	—	—	3	0	0	0	4
	LA201	景观媒介（Medium of the Landscape）	—	—	—	—	0	9	—	5
	LA202	景观媒介（Medium of the Landscape）	0	0	0	2.5	0	5.75	—	5

续　表

课程类型		课程编号	课程名称	生态教育相关性及类型层次*			教学形式与每周教学课时分配**				学分***
				基础知识	技术方法	价值导向	讲座	讨论/研究	设计课	实验/实践	
设计课	必修	LA301	理论与实践结合 Ⅰ（Integrating Theory and Practice Ⅰ）	1	1	0	2.5	0	5.75	0	5
		LA402	理论与实践结合 Ⅱ（Integrating Theory and Practice Ⅱ）	—	—	—	0.83	0	0	1.92	5
表现	选修	LA410	景观规划设计中的计算机应用（Computer Applications in Landscape Architecture）	0	0	0	0	—	0	—	3
		LA494	景观规划设计专题（计算机辅助设计）（Special Topics in Landscape Architecture（AUTOCAD））	0	0	0	0	3	0	0	3
要素	必修	LA315	场地工程学Ⅰ（Site Engineering Ⅰ）	—	—	0	0.83	0	0	1.92	3
要素	必修	LA316	场地工程学 Ⅱ（Site Engineering Ⅱ）	—	—	0	0.83	1.92	0	*	2
		LA318	场地营造（Site Construction）	0	0	0	0.83	1.83			5
要素	必修	LA491	创造城市的伊甸园：木本植物的选择、设计与景观建设（Creating the Urban Eden：Woody Plant Selection, Design, and Landscape Establishment）	1	1	0	0.83	0	0	3	4
要素	必修	LA492	创造城市的伊甸园：木本植物的选择、设计与景观建设（Creating the Urban Eden：Woody Plant Selection, Design, and Landscape Establishment）	1	1	0	0.83	0	0	3	4

课程类型		课程编号	课程名称	生态教育相关性及类型层次 *			教学形式与每周教学课时分配 **				学分 ***
				基础知识	技术方法	价值导向	讲座	讨论/研究	设计课	实验/实践	
要素	选修	LA494	景观规划设计专题(场地放坡实习)(Special Topics in Landscape Architecture(SITE GRADING PRACTICE))	—	—	0	0	—	0	0	2
理论方法	选修	LA140	纽约州文化景观符号(The Symbols of New York State's Cultural Landscape)	0	0	0	3	0	0	0	3
		LA155	美国印地安文化景观:随着时间的变化(American Indian Cultural Landscapes:Changes in Time)	0	0	0	3	0	0	0	3
		LA215	大二研讨会:动人的场所(Sopho-more Seminar:Engaging Places)	0	0	0	2.5	0	0	0	4
		LA282	美国景观(The American Landscape)	1	0	0	0.83	0	0	0	3
		LA494	景观规划设计专题(历史研讨)(Special Topics in Landscape Architecture(HISTORY SEMINAR))	—	—	0	0	1.33	0	0	3
		LA495	绿色城市:未来城市生态学(Green Cities:The Future of Urban Ecology)	1	0	1	1.92	0	0	0	4
		LA524	欧洲景观规划设计史(History of European Landscape Architecture)	1	0	0	0.83	0	0	0	3
		LA525	美国景观规划设计史(History of American Landscape Architecture)	1	0	0	0	0.92	0	0	3

续　表

课程类型		课程编号	课 程 名 称	生态教育相关性及类型层次*			教学形式与每周教学课时分配**				学分***
				基础知识	技术方法	价值导向	讲座	讨论/研究	设计课	实验/实践	
理论方法	选修	LA580	景观保护：理论与实践 (Landscape Preservation：Theory and Practice)	1	0	0	1.58	0	0	0	3
		LA590	理论研讨会(Theory Seminar)	—	—	—	2.67	0	0	0	3
科学	选修	LA261	城市考古学野外考察 (Fieldwork in Urban Archaeology)	0	0	0	3	0	0	7.25	4
		LA262	城市考古学实验室研究 (Laboratory in Landscape Archaeology)	0	1	0	3	0	0		3
		LA418	纽约景观的口述史研究计划 (New York Landscapes Oral History Project)	0	0	0	1.92	0	0	0	3
实践	必修	LA403	专业研究专门化辅导课 (Directed Study：The Concentration)	0	0	0	—	0	0	0	1
		LA412	职业实践(Professional Practice)	—	—	—	0.92	0	0	0	1
	选修	LA497	景观规划设计独立研究 (Individual Study in Landscape Architecture)	—	—	—	0	—	0	0	5
		LA498	本科生教学（Undergraduate Teaching)	—	—	—	0		0	0	2.5
		LA499	本科生研究（Undergraduate Research)	—	—	—	0		0	0	5

注：＊1 表示相关；0 表示不相关；—表示课程议题不确定且选题范围没有明确与生态有关的方向。

　　＊＊—表示该课程课时安排信息为待定或该类教学形式的课时安排未注明；因教学形式中设计课形式缺失，故凡设计课中的实验/实践教学均归入设计课教学。

　　＊＊＊凡学分存在可选范围的取其平均值。

表 A.6 CU 硕士阶段专业课程分类及判别结果一览表

课程类型 *		课程编号	课程名称	生态教育相关性及类型层次 **			教学形式与每周教学课时分配 ***				学分 ****
				基础知识	技术方法	价值导向	讲座	讨论/研究	设计课	实验/实践	
设计课	必修	LA501	构成和原理(Composition and Theory)	1	0	0	9	0	—	—	5
		LA502	构成和原理(Composition and Theory)	0	1	0	2.5	0	5.75	—	5
	必修#	LA601	理论与实践结合Ⅰ(Integrating Theory and Practice Ⅰ)	1	1	0	2.5	0	5.75	0	5
		LA602	理论与实践结合Ⅱ(Integrating Theory and Practice Ⅱ)	0	—	0	2.5	0	5.75	—	5
		LA701	城市设计与规划:电子时代的城市设计(Urban Design and Planning: Designing Cities in the Electronic Age)	0	—	0	1.67	0	3.83	—	5
	选修	LA702	设计提高课(Advanced Design Studio)	—	—	—	9	—	—	0	5
表现	必修#	LA505	图形表达Ⅰ(Graphic Communication Ⅰ)	0	0	0	1.83	0	0	3.83	3
要素	必修	LA491	创造城市的伊甸园:木本植物的选择、设计与景观建设(Creating the Urban Eden: Woody Plant Selection, Design, and Landscape Establishment)	1	1	0	0.83	0	0	3	4
		LA615	场地工程学Ⅰ(Site Engineering Ⅰ)	—	—	0	0.83	0	0	1.92	3
		LA616	场地工程学Ⅱ(Site Engineering Ⅱ)	—	—	0	0.83	1.92	0	0	2
	必修#	LA492	创造城市的伊甸园:木本植物的选择、设计与景观建设(Creating the Urban Eden: Woody Plant Selection, Design, and Landscape Establishment)	1	1	0	0.83	0	0	3	4
		LA618	场地营造(Site Construction)	0	0	0	0.83	1.83	0	0	5

课程类型 *		课程编号	课 程 名 称	生态教育相关性及类型层次 **			教学形式与每周教学课时分配 ***				学分 ****
				基础知识	技术方法	价值导向	讲座	讨论/研究	设计课	实验/实践	
理论方法	必修	LA590	理论研讨会(Theory Seminar)	—	—	—	2.67	0	0	0	3
	选修	LA698	研究生景观规划设计研讨(Graduate Seminor in Landscape Architecture)	—	—	—	0	1	0	0	1
		LA524	欧洲景观规划设计史(History of European Landscape Architecture)	1	0	0	0.83	0	0	0	3
		LA525	美国景观规划设计史(History of American Landscape Architecture)	1	0	0	0	0.92	0	0	3
		LA580	景观保护：理论与实践(Landscape Preservation：Theory and Practice)	1	0	0	1.58	0	0	0	3
		LA582	美国景观(The American Landscape)	1	0	0	0.83	0	0	0	3
		LA694	景观规划设计专题(Special Topics in Landscape Architecture)	—	—	—	0	—	0	0	3
实践	必修	LA603	专业研究专门化辅导课(Directed Study：The Concentration)	—	—	—	0	—	0	0	1
	必修 #	LA800	景观规划设计硕士学位论文(Master's Thesis in Landscape Architecture)	—	—	—	0	—	0	0	9
	选修	LA686	教学指导(Supervised Teaching)	—	—	—	0	—	0	0	1

续　表

课程类型*		课程编号	课程名称	生态教育相关性及类型层次**			教学形式与每周教学课时分配***				学分****
				基础知识	技术方法	价值导向	讲座	讨论/研究	设计课	实验/实践	
实践	选修	LA412	职业实践(Professional Practice)	—	—	—	0.92	0	0	0	1
		LA598	研究生教学(Graduate Teaching)	—	—	—	0	—	0	0	3

注：* ♯表示该必修课只针对 MLA(3 年制)的学位；♯♯表示该必修课只针对 MLA(2 年制)的
　　　学位。
　　** 1 表示相关；0 表示不相关；—表示课程介绍中缺乏课程教学的描述性介绍或课程议题不确定
　　　且选题范围没有明确与生态有关的方向。
　　*** —表示该课程课时安排信息为待定或该类教学形式的课时安排未注明；因教学形式中设计
　　　课形式缺失,故凡设计课中的实验/实践教学均归入设计课教学。
　　**** 凡学分存在可选范围的取其平均值。

4. 哈佛大学(HU)

表 A-7 为其硕士阶段专业课程的分类及生态教育相关性和类型判别结果。

表 A-7　HU 硕士阶段专业课程分类及判别结果一览表

课程类型		课程编号	课程名称	生态教育相关性及类型层次*			教学形式与每周教学课时分配**				学分
				基础知识	技术方法	价值导向	讲座	研究/讨论	设计课	实验/实践	
设计课	必修	GSD 1111	第一学期核心课：景观设计标(First Semester Core：Landscape Architecture Design)	0	0	0	0	0	15	0	8
		GSD 1112	第二学期核心课：景观设计(Second Semester Core：Landscape Architecture Design)	0	1	0	0	0	15	0	8
		GSD 1211	第三学期核心课：景观规划与设计(Third Semester Core：Planning and Design of Landscapes)	0	0	1	0	0	12	0	8

课程类型		课程编号	课程名称	生态教育相关性及类型层次 *			教学形式与每周教学课时分配 **				学分
				基础知识	技术方法	价值导向	讲座	研究/讨论	设计课	实验/实践	
设计课	必修	GSD 1212	第四学期核心课：景观规划与设计（Fourth Semester Core：Planning and Design of Landscapes）	0	0	0	0	0	12	0	8
	任选	GSD 1401	旧工业区、绿色空间战略与城市公园开发（Zip, Padova, and the Parco del Roncaiette）	0	1	0	0	0	8	#######	8
		GSD 1402	绿色与金色：Derry（北爱尔兰）的景观与城市更新研究（Green and Gold：Studies in Landscape and Urban Regeneration in Derry, Northern Ireland）	0	0	0	0	0	8	#######	8
		GSD 1403	Buenos Aires 的非设计景观：贫民聚居区的公共空间战略（Non-formal Buenos Aires：Public Space Strategies for Emergency Settlements）	0	0	0	0	0	8	#######	8
		GSD 1404	西班牙 Saja-Besaya 河谷规划（Saja-Besaya River Basin, Spain）	0	1	0	0	0	8	0	8
		GSD 1405	从条带到网络：山顶上的牛排馆规划（From Strip to Web-The Hilltop Steakhouse Studio）	0	1	0	0	0	8	0	8
		GSD 1406	法国 Gulch 废弃矿区规划（The French Gulch Mine Superfund Studio）	0	1	0	0	0	8	0	8
		GSD 9202	硕士研究生独立设计（Independent Studio by Candidates for Master's Degrees）	—	—	—	0	0	—	0	8

课程类型		课程编号	课程名称	生态教育相关性及类型层次*			教学形式与每周教学课时分配**				学分
				基础知识	技术方法	价值导向	讲座	研究/讨论	设计课	实验/实践	
表现	必修	GSD 2109M3	场地系统描述Ⅱ（Site Systems RepresentationⅡ）	0	0	0	1.5	0	0	3	2
	必修***	GSD 2103	景观表现研究Ⅰ（Studies in Landscape RepresentationⅠ）	0	0	0	0	0	0	3	4
		GSD 2106	景观表现研究Ⅱ（Studies in Landscape RepresentationⅡ）	0	0	0	0	0	0	3	4
	任选	GSD 6321	虚拟园林（Virtual Gardens）	0	0	0	3	0	0	—	4
	限选	GSD 2303	绘画提高（Advanced Drawing）	0	0	0	0	0	0	3	4
		GSD 2440	绘画（Intermediate Drawing）	0	0	0	1.5	0	0	1.5	4
		GSD 2440	景观空间的蒙太奇运用（M［ont］agic Operations in Landscape Spatiality）	0	1	0	0	3	0	0	4
要素	必修	GSD 6214M3	种植设计Ⅰ（Plants in DesignⅠ）	1	0	0	3	0	0	3	2
		GSD 6215M4	种植设计Ⅱ（Plants in DesignⅡ）	1	0	0	3	0	0	1.5	2
	必修***	GSD 6105M4	景观工程基础（Fundamentals of Landscape Technology）	0	1	0	3	0	0	3	2
		GSD 6206	景观工程学（Landscape Technology）	0	1	1	1.5	0	0	1.5	4
		GSD 6213M1	植物、植被与微气候环境（Plants, Vegetation and Microclimate）	1	0	0	4	0	0	1.5	2
	任选	GSD 6104M2	景观工程基础（Fundamentals of Landscape Technology）	—	—	—	3	0	—	3	2
	限选	GSD 6308	景观设计中的土壤（Soil in Landscape Design）	1	1	0	1.5	0	0	1.5###	4

课程类型		课程编号	课程名称	生态教育相关性及类型层次*			教学形式与每周教学课时分配**				学分
				基础知识	技术方法	价值导向	讲座	研究/讨论	设计课	实验/实践	
理论方法***	必修	GSD 3102	当代景观规划设计的理论与实践：1950—2006（Theories and Practices of Contemporary Landscape Architecture 1950 - 2006）	1	0	1	4	0	0	0	4
		GSD 3307	景观规划的理论与方法（Theories and Methods of Landscape Planning）	1	1	1	4	0	0	0	4
		GSD 4317	现代园林与公共景观史：1800至今（History of Modern Gardens and Public Landscapes：1800 to the present）	1	0	1	3	0	0	0	4
	必修***	GSD 6303M1	场地规划（Site Planning）	1	1	1	1.5	0	0	1.5	2
		GSD 4109	景观史：古代至1800（History of Landscape Architecture：Antiquity to 1800）	0	0	0	3	0	0	0	4
	任选	GSD 3404	现代性与欧洲的景观规划设计（Modernity and European Landscape Architecture）	—	—	—	0	2	0	0	4
		GSD 3442	城市化的景观（Landscapes of Urbanization）	—	—	—	0	2.5	0	0	4
		GSD 4105	北美建成环境研究：1580年至今（Studies of the Built North American Environment：1580 to the Present）	0	0	0	3	0	0	0	4
		GSD 4304	北美海岸景观：发现期至今（North American Seacoasts and Landscapes：Discovery Period to the Present）	1	0	0	0	2	0	0	4

续 表

课程类型		课程编号	课程名称	生态教育相关性及类型层次*			教学形式与每周教学课时分配**				学分
				基础知识	技术方法	价值导向	讲座	研究/讨论	设计课	实验/实践	
理论方法	限选	GSD 6312	基于流域保护的屋顶花园和生态化景观设计（Green Roofs and Ecological Landscape Design for Watershed Protection）	1	1	1	0	4	0	0	4
		GSD 6318	城市和郊区生态（Urban and Surburban Ecology）	1	0	0	3	0	0	0	4
		GSD 6324	流域及滨水地带开发的规划与设计（Watershed and Waterside Development Planning and Design）	1	0	0	3	0	0	0	4
		GSD 6442	受干扰场所的生态战略（Ecological Strategies for Disturbed Sites）	1	1	0	—	3	—	—	4
科学	必修	GSD 2108M1	场地系统描述Ⅰ（Site Systems RepresentationsⅠ）	0	1	0	2	0	0	3	2
		GSD 6103	场地生态与环境（Site Ecology and Environment）	1	1	0	—	0	0	—	2
	任选	GSD 6443	设计师JAVA编程（Java Programming for Designers）	0	0	0	1.5	0	0	1.5	4
	限选	GSD 6301	景观生态学（Landscape Ecology）	1	0	0	3	0	0	0	4
实践****	必修	GSD 6304M3	场地作业（Siteworks）	0	—	0	1.5	0	0	1.5	2

课程类型	课程编号	课程名称	生态教育相关性及类型层次*			教学形式与每周教学课时分配**				学分
			基础知识	技术方法	价值导向	讲座	研究/讨论	设计课	实验/实践	
实践/任选	GSD 6323	废弃地实习课：马萨诸塞州废弃地 Somerville 再开发的可持续研究（Brownfields Practicum-Sustainable Redevelopment of Brownfield Sites in Somerville Massachusetts）	1	1	0	0	2	0	—	4
	GSD 9205	MLA 学位论文准备（Preparation of Thesis for Master in Landscape Architecture）	—	—	—	0	—	0	0	4
	GSD 9206LA	生态技术研究实习课：煤电厂改造（Ecological Technologies Research Practicum：The Blackstone Power Plant）	0	1	0	—	4	0	0	4
	GSD 9206 LA02	现在、这里：底特律改造研究（Here and Now：Detroit ReCast）	0	0	0	0	4	0	0	4
	GSD 9303	MLA 学位论文独立研究（Independent Thesis in Satisfaction of the Degree Master in Landscape Architecture）	—	—	—	0	—	0	0	12

注：＊1 表示相关；0 表示不相关；—表示课程介绍中缺乏课程教学的描述性介绍。

　　＊＊ —表示该课程无课时安排信息或该类教学形式的课时安排未注明；♯表示全天的实地调查或野外考察，凡有混合教学形式的将课时平摊到相应的教学形式中。

　　＊＊＊ 该必修课针对 MLA I 学位。

　　＊＊＊＊ 该必修课是 MLA I 学位的高水平要求。

5. 多伦多大学(UT)

表 A-8 为其硕士阶段专业课程的分类及生态教育相关性和类型判别结果。

表 A‒8　UT 硕士阶段专业课程分类及判别结果一览表

课程类型		课程编号	课程名称	生态教育相关性及类型层次*			教学形式与总课时分配**				学分
				基础知识	技术方法	价值导向	讲座	研究/讨论	设计课	实验/实践	
设计课	必修	LAN 1011YF	设计课1：景观规划设计中的形式、过程与管理 （Design Studio 1: Form, Process and Meaning in Landscape Architecture）	0	0	0	12	0	12	0	1
		LAN 1012YS	设计课2：景观与文化（Design Studio 2: Landscape and Culture）	0	1	1	12	0	12	0	1
		LAN 2013YF	设计课3：城市开放空间——绿色环境 （Design Studio 3: Urban Open Space — Green Environments）	1	1	0	0	0	24	0	1
		LAN 2014YS	设计课4：社会、经济与建成环境（Design Studio 4: Society, Economy and Built Context）	0	0	0	0	0	24	0	1
		LAN 3016YF	任选设计课（Design Studio Options）	—	—	—	0	0	24	0	1
表现	必修	LAN 1021HF	视觉表达1（Visual Communications 1）	0	0	0	0	0	0	12	0.5
		LAN 1022HS	视觉表达2（Visual Communications 2）	0	0	0	0	0	0	12	0.5
	选修	LAN 2034H	景观规划设计与数字化表达 （Landscape Architecture and Digital Communication）	0	0	0	0	0	0	12	0.5
要素	必修	LAN 1041HF	城市植物生态系统1（Urban Plant Ecosystems 1）	1	0	0	6	0	0	6	0.5
		LAN 1043HS	城市植物生态系统2（Urban Plant Ecosystems 2）	1	0	0	0	0	0	12	0.5
		LAN 1045HF	场地工程与生态（Site Engineering and Ecology）	1	1	0	12	0	0	0	0.5
		LAN 2042HS	城市场地工程学1（Urban Site Technologies 1）	1	1	1	12	0	0	0	0.5
		LAN 3045HF	城市场地工程学2（Urban Site Technologies 2）	0	1	0	12	0	0	0	0.5

续 表

课程类型		课程编号	课 程 名 称	生态教育相关性及类型层次*			教学形式与总课时分配**				学分
				基础知识	技术方法	价值导向	讲座	研究/讨论	设计课	实验/实践	
理论方法	必修	LAN 1031HF	历史理论评论 1（History Theory Criticism 1）	0	0	1	12	0	0	0	0.5
		LAN 1032HS	历史理论评论 2（History Theory Criticism 2）	0	0	1	0	12	0	0	0.5
		LAN 2018HF	当代城市景观设计专题（Contemporary Issues in Urban Landscape Design）	—	—	—	0	12	0	0	0.5
	选修	LAN 2033H	景观与城市构成（Landscape and Urban Form）	1	0	0	12	0	0	0	0.5
		LAN 2037H	景观规划设计、技术及生态专题（Selected Topics in Landscape Architecture，Technology and Ecology）	0	1	0	12	0	0	0	0.5
科学	必修	LAN 2043HF	综合生态研究（Integrated Ecological Studies）	1	1	0	0	6	0	6	0.5
		LAN 2044HS	城市环境系统（Urban Environmental Systems）	1	0	1	12	0	0	0	0.5
		LAN 3025HS	景观规划设计中的计算机应用提高（Advanced Computation in Landscape Architecture）	0	0	0	0	12	0	0	0.5
	选修	LAN 2035H	景观设计研究方法（Landscape Design Research Methods）	—	—	—	6	6	0	0	0.5
实践	必修	LAN 3015HF	论文研究准备课 （Thesis Research and Preparation）	—	—	—	6	6	0	0	0.5
		LAN 3017YS	设计论文（Design Studio Thesis）	—	—	—	0	36	0	0	1.5
		LAN 3051HS	职业实践（Professional Practice）	—	—	—	12	0	0	0	0.5

注：*1 表示相关；0 表示不相关；—表示课程议题不确定或选题范围没有明确与生态有关的方向。
** 因资料限制，该校专业课程的教学形式均视课程性质和说明内容而定，如无特别说明的均归为讲座；凡课程说明中同时提及多种教学形式的均平均分配课时。

6. 宾夕法尼亚大学(UP)

表 A-9 为其硕士阶段专业课程的分类及生态教育相关性和类型判别结果。

表 A-9 UP 硕士阶段专业课程分类及判别结果一览表

课程类型		课程编号	课程名称	生态教育相关性及类型层次*			教学形式与每周教学课时分配**				学分
				基础知识	技术方法	价值导向	讲座	研究/讨论	设计课	实验/实践	
设计课	必修	LARP-501	设计课Ⅰ(Studio Ⅰ)	0	0	0	0	0	12	0	2
		LARP-502	设计课Ⅱ(Studio Ⅱ)	0	1	0	0	0	12	0	2
		LARP-601	设计课Ⅲ(Studio Ⅲ)	0	1	0	0	0	12	0	2
		LARP-602	设计课Ⅳ(Studio Ⅳ)	0	1	0	0	0	12	—	2
		LARP-701	设计课Ⅴ(Studio Ⅴ)	—	—	—	0	0	12	0	2
		LARP-702	设计课Ⅵ(Studio Ⅵ)	—	—	—	0	0	12	0	2
	选修	LARP-796	个人设计(Independent Studio)	—	—	—	0	0	—	0	1.5
表现	必修	LARP-533	传媒Ⅰ：绘画与可视化(Media Ⅰ：Drawing and Visualization)	0	0	0	4	0	0	0	1
		LARP-542	传媒Ⅱ：数字可视化：计算机辅助设计(Media Ⅱ：Digital Visualization：AutoCAD)	0	0	0	5	0	0	—	1
		LARP-543	传媒Ⅲ：数字建模(Media Ⅲ：Digital Modeling)	0	0	0	4	0	0	—	1
	选修	LARP-740	地形建模/数字媒体专题(Topographic Modeling/Topics in Digital Media)	0	0	0	3	0	0	—	1
要素	必修	LARP-511	工作室Ⅰ：生态与材料(模块1和2)(Workshop Ⅰ：Ecology and Materials (Module 1 and 2))	1	0	0	5.8$	0	0	—	0.5
		LARP-512	工作室Ⅱ：地形与种植设计(模块1和2)(Workshop Ⅱ：Landform and Planting Design (Module 1 and 2))	1	1	0	6.5	0	0	2.7	0.5

课程类型		课程编号	课程名称	生态教育相关性及类型层次[*]			教学形式与每周教学课时分配[**]				学分
				基础知识	技术方法	价值导向	讲座	研究/讨论	设计课	实验/实践	
要素	必修	LARP-611	工作室Ⅲ：场地工程学与水体管理(模块 1 和 2)(Workshop Ⅲ：Site Engineering and Water Management (Module 1 and 2))	1	1	0	8.7$	0	0	—	0.75
	必修	LARP-612	工作室Ⅳ：景观建设提高(模块 1 和 2)(Workshop Ⅳ：Advanced Landscape Construction (Module 1& 2))	0	1	0	4	0	0	—	0.5
	选修	LARP-750	园艺及种植设计专题(Topics in Horticulture and Planting Design)	—	—	—	3	0	0		1
理论方法	必修	LARP-535	理论Ⅰ：景观规划设计案例研究(Theory Ⅰ：Case Studies in Landscape Architecture)	0	0	—	3	0	0	—	1
	必修	LARP-540	理论Ⅱ：当代景观规划设计议题(Theory II：Topics in Contemporary Landscape Architecture)	—	—	—	3		0	—	1
	选修	LARP-760	生态设计专题 (Topics in Ecological Design)	1	1	0	3	0	0	—	1
	选修	LARP-780	理论与设计专题 (Topics in Theory and Design)	0	0	1	3	—	0	0	1
科学	选修	LARP-741	地理空间建模(Modeling Geographic Space)	0	1	0	3	0	0	—	1
	选修	LARP-743	地图建模(Cartographic Modeling)	—	—	—	0	3	0	0	1

续　表

课程类型		课程编号	课程名称	生态教育相关性及类型层次*			教学形式与每周教学课时分配**				学分
				基础知识	技术方法	价值导向	讲座	研究/讨论	设计课	实验/实践	
实践	选修	LARP－730	专业实务专题（Topics in Prof Practic）	0	0	0	3	—	0	—	1
		LARP－755	植物园管理课题Ⅰ（实习）（Issues in Arboretum Management Ⅰ（internship））	0	0	1	4	—	0	—	1
		LARP－756	植物园管理课题Ⅱ（实习）（Issues in Arboretum Management Ⅱ（internship））	—	—	—	4	0	—	0	1
		LARP－999	个人研究（Independent Study）	—	—	—	0	—	0	0	1.5

注：　*1 表示相关；0 表示不相关；—表示课程议题不确定且选题范围没有明确与生态有关的方向。
　　　**—表示课程说明中同时提及该教学形式的采用，但在教学形式说明中未予提及；加注 $ 表示取学期内周课时平均值。

7. 北京林业大学

表 A－10 为其城市规划专业本科阶段的专业课程分类及生态教育相关性和类型判别结果，表 A－11 为其园林专业本科阶段的专业课程分类及生态教育相关性和类型判别结果，表 A－12 为其城市规划专业硕士和博士阶段专业课程的分类及生态教育相关性和类型判别结果。由于缺少详细的课程介绍材料，各表中对专业课程的生态相关性及类型层次的分类均参照个别访谈的结果进行判断。

表 A－10　北京林业大学城市规划专业本科阶段的专业课程分类及判别结果一览表

课程类型		课程编号	课程名称	生态教育相关性及类型层次*			教学形式与学期教学课时分配**				学分
				基础知识	技术方法	价值导向	讲座	讨论/研究	设计课	实验/实践	
设计课	必修	C1038	城市景观规划设计	0	0	0	0	0	60	0	3.0
		S1027	设计初步Ⅰ	0	0	0	0	0	70	0	3.5
		Y1081－1082	园林建筑设计Ⅰ	0	0	0	0	0	160	0	8.0

课程类型		课程编号	课程名称	生态教育相关性及类型层次*			教学形式与学期教学课时分配**				学分
				基础知识	技术方法	价值导向	讲座	讨论/研究	设计课	实验/实践	
设计课	必修	Y1084	园林绿地规划	0	0	1	40	0	20	0	3.0
		Y1088-1089	园林设计Ⅰ	0	0	0	0	0	180	0	9.0
	选修	S2139	设计初步Ⅱ	0	0	0	0	0	70	0	3.5
		S2182	室内设计Ⅲ	0	0	0	0	0	30	0	1.5
表现	必修	C1035	城规计算机辅助设计	0	0	0	20	0	0	20	2.0
		H1014	画法几何	0	0	0	40	0	0	0	2.0
		M1005-1007	美术Ⅰ	0	0	0	0	0	0	120	7.0
		Y1012	阴影透视Ⅰ	0	0	0	60	0	0	0	3.0
	选修	G2101	钢笔画	0	0	0	0	0	0	40	2.0
		M2031	美术Ⅱ	0	0	0	0	0	0	80	4.0
		S2222	素描风景画	0	0	0	0	0	0	40	2.0
		Z2101	中国画Ⅱ	0	0	0	0	0	0	30	1.5
要素	必修	F1026-1028	风景园林工程	0	0	0	111	0	24	0	7.0
		G1059-1062	观赏植物学Ⅰ	0	0	0	86	0	0	0	5.1
		J1053	建筑结构	0	0	0	70	0	0	0	3.5
	选修	C2060	草坪与地被的园林应用	1	0	1	30	0	0	0	1.5
		H2060	花卉应用学	0	0	0	30	0	0	0	1.5
		J2163-2164	景观地学	1	0	0	30	0	0	0	1.8
		Y2150-2151	园林植物病虫害防治	1	0	0	40	0	0	20	3.0
	选修	Y2153-2156	园林植物栽培养护	0	0	0	55	0	0	0	3.8
		Z2104	种植设计	0	1	0	40	0	0	0	2.0
理论方法	必修	C1036	城市规划原理Ⅰ	1	0	0	55	0	0	0	2.8
		F1024	风景区规划	0	0	0	20	0	0	0	1.0
		W1001	外国园林史	0	0	0	30	0	0	0	1.5

续　表

课程类型		课程编号	课程名称	生态教育相关性及类型层次*			教学形式与学期教学课时分配**				学分
				基础知识	技术方法	价值导向	讲座	讨论/研究	设计课	实验/实践	
理论方法	必修	Y1097	园林艺术	0	0	0	50	0	0	0	2.5
		Z1038	中国园林史	0	0	0	30	0	0	0	1.5
		Z1043	专题讲座（双语）	—	—	—	—	—	—	—	—
		Z1044	专业概论	0	0	0	10	0	0	0	0.5
	选修	—	南北方园林实例浅析	0	0	0	20	0	0	0	1.0
		C2072	城市形态与发展理论	0	0	0	30	0	0	0	1.5
		Q2038	区域、国土规划	0	0	0	40	0	0	0	2.0
		W2038	外国美术史	0	0	0	20	0	0	0	1.0
		X2047	现代景观建筑评价	0	0	0	30	0	0	0	1.5
		Z2102	中国美术史	0	0	0	30	0	0	0	1.5
科学	必修	C1028-1029	测量与遥感	0	0	0	20	0	0	20	3.0
		S1041-1042	生态学Ⅱ	1	0	0	40	0	0	0	3.0
	选修	G2119	工程力学Ⅰ	0	0	0	56	0	0	4	3.0
		Q2026-2027	气象学	1	0	0	22	0	0	8	2.0
		T2047	土壤学与土地资源学	1	0	0	36	0	0	24	3.0
实践	必修	G1073	管理学基础	0	0	0	30	0	0	0	1.5
		Y1092	园林实习Ⅰ	1	0	0	—	—	—	—	1.0
		Y1093	园林实习Ⅱ	1	0	0	—	—	—	—	4.0
	选修	Y2141	园林管理	0	0	0	20	0	0	0	1.0

注：＊1表示相关；0表示不相关；—表示课程议题不确定。

　　＊＊—表示该课程无课时安排信息或该类教学形式的课时安排未注明。

表 A‑11　北京林业大学园林专业本科阶段的专业课程分类及判别结果一览表

课程类型		课程编号	课程名称	生态教育相关性及类型层次*			教学形式与学期教学课时分配**				学分
				基础知识	技术方法	价值导向	讲座	讨论/研究	设计课	实验/实习	
设计课	必修	S1027	设计初步Ⅰ	0	0	0	0	0	70	0	3.5
		Y1083	园林建筑设计Ⅱ	0	0	0	0	0	60	0	3
		Y1084	园林绿地规划	0	0	1	40	0	20	0	3
		Y1090‑1091	园林设计Ⅱ	0	0	0	0	0	140	0	7
	选修	S2139	设计初步Ⅱ	0	0	0	0	0	70	0	3.5
		Y2145	园林建筑设计Ⅲ	0	0	0	0	0	60	0	3
表现	必修	H1014	画法几何	0	0	0	40	0	0	0	2
		M1005‑1007	美术Ⅰ	0	0	0	0	0	0	120	7
		Y1012	阴影透视Ⅰ	0	0	0	60	0	0	0	3
	选修	G2101	钢笔画	0	0	0	0	0	0	40	2
		M2031	美术Ⅱ	0	0	0	0	0	0	80	4
		Y2144	园林计算机辅助设计	0	0	0	20	0	0	20	2
		Z2101	中国画Ⅱ	0	0	0	0	0	0	30	1.5
要素	必修	G1058	观赏植物病虫害防治	1	0	0	50	0	0	10	3
		P1001	盆景学	0	0	0	40	0	0	0	2
		Y1075‑1076	园林工程	0	0	0	60	0	30	0	4.5
		Y1078‑1080	园林花卉学Ⅰ	1	0	0	80	0	0	0	4.5
		Y1086‑1087	园林苗圃学	0	0	0	55	0	0	0	3.8
		Y1094‑1096	园林树木学	1	0	0	80	0	0	0	5
		Y1102	园林植物遗传育种学Ⅱ	0	0	0	70	0	0	0	3.5
		Y1103‑1106	园林植物栽培养护	0	0	0	55	0	0	0	3.8
		Z1024‑1025	植物学Ⅱ	1	0	0	20	0	0	0	1
		Z1026‑1028	植物学实验Ⅱ	1	0	0	0	0	0	30	2.5

续　表

课程类型		课程编号	课程名称	生态教育相关性及类型层次 *			教学形式与学期教学课时分配 **				学分
				基础知识	技术方法	价值导向	讲座	讨论/研究	设计课	实验/实习	
要素	选修	—	观赏植物组织培养	0	0	0	20	0	0	20	2
		C2060	草坪与地被的园林应用	1	0	1	30	0	0	0	1.5
		C2063	插花艺术与花艺	0	0	0	30	0	0	0	1.5
		H2060	花卉应用学	0	0	0	30	0	0	0	1.5
		J2130	建筑结构	0	0	0	70	0	0	0	3.5
		X2046	鲜切花新技术	0	0	0	40	0	0	0	2
理论方法	必修	W1001	外国园林史	0	0	0	30	0	0	0	1.5
		Y1097	园林艺术	0	0	0	50	0	0	0	2.5
		Z1038	中国园林史	0	0	0	30	0	0	0	1.5
		Z1043	专题讲座（双语）	—	—	—	—	—	—	—	—
		Z1044	专业概论	0	0	0	10	0	0	0	0.5
	选修	—	南北方园林实例浅析	0	0	0	20	0	0	0	1
		C2068	城市规划原理 I	1	0	0	55	0	0	0	2.8
		C2072	城市形态与发展理论	0	0	0	30	0	0	0	1.5
		F2049	风景区规划	0	0	0	20	0	0	0	1
		W2038	外国美术史	0	0	0	20	0	0	0	1
		Z2102	中国美术史	0	0	0	30	0	0	0	1.5
科学	必修	C1028 - 1029	测量与遥感	0	0	0	20	0	0	20	3
		S1041 - 1042	生态学 II	1	0	0	40	0	0	0	3
	选修	Q2026 - 2027	气象学	1	0	0	22	0	0	8	2
		T2047	土壤学与土地资源学	1	0	0	36	0	0	24	3
		Y2136	有机化学 II	1	0	0	50	0	0	0	2.5
		Y2137	有机化学实验 II	0	0	0	0	0	0	30	1.5
		Z2085	植物生理学 II	1	0	0	35	0	0	15	2.5

课程类型		课程编号	课程名称	生态教育相关性及类型层次*			教学形式与学期教学课时分配**				学分
				基础知识	技术方法	价值导向	讲座	讨论/研究	设计课	实验/实习	
实践	必修	G1073	管理学基础	0	0	0	30	0	0	0	1.5
		Y1077	园林管理	0	0	0	20	0	0	0	1
		Y1093	园林实习Ⅱ	1	0	0	—	—	—	—	4

注：＊1 表示相关；0 表示不相关；—表示课程议题不确定。
　　＊＊—表示该课程无课时安排信息或该类教学形式的课时安排未注明。

表 A‐12　北京林业大学城市规划专业硕士和博士阶段专业课程分类及判别结果一览表

课程类型		课程编号	课程名称	生态教育相关性及类型层次*			教学形式与学期教学课时分配**				学分
				基础知识	技术方法	价值导向	讲座	讨论/研究	设计课	实验/实践	
设计课	必修	9907007	园林设计	—	—	—	0	0	100	0	6
		9907008	园林建筑设计	0	0	0	0	0	60	0	3
要素	必修	02y01	建筑形式引论	0	0	0	20	0	0	0	1
		02y03	园林建筑形式	0	0	0	20	0	0	0	1
	选修	02ta9	水景工程	0	0	0	0	30	0	0	2
		2002005	观赏植物采后生理及技术	0	0	0	30	0	0	0	2
		9907001	野生园林植物资源调查采集	0	1	0	0	0	0	40	3
		9907004	植物配置与造景	1	0	0	40	0	0	0	3
		9907006	插花艺术与理论	0	0	0	30	0	0	0	2
		9907012	园林用地竖向设计	0	0	0	30	0	0	0	2
理论方法	必修	02ta10	现代景观建筑导论	0	0	0	20	0	0	0	1
	选修	9907011	西方园林史	0	0	0	30	0	0	0	2
		9907013	城市形态与发展理论	0	0	0	20	0	0	0	1

课程类型		课程编号	课程名称	生态教育相关性及类型层次*			教学形式与学期教学课时分配**				学分
				基础知识	技术方法	价值导向	讲座	讨论/研究	设计课	实验/实践	
理论方法	选修	yl033	生态旅游发展专题	1	0	0	40	0	0	0	2
		yl036	生态与设计	1	1	1	30	0	0	0	1.5
科学	必修	9905004	植物生态学	1	0	0	40	0	0	0	3
	选修	9907003	园林现代科技发展专题	0	0	0	30	0	0	0	2
		9910002	植物基因工程概论	0	0	0	40	0	0	0	2
实践	选修	yl001	野地娱乐管理	0	0	0	40	0	0	0	2
		yl034	国际设计竞赛	—	—	—	40	0	0	0	2

注：*1 表示相关；0 表示不相关；—表示课程议题不确定。

　　**—表示该课程无课时安排信息或该类教学形式的课时安排未注明。

8. 同济大学

表 A‑13 为其本科阶段专业课程的分类及生态教育相关性和类型判别结果，表 A‑14 为其硕士阶段专业课程的分类及生态教育相关性和类型判别结果，表 A‑15 为其博士阶段专业课程的分类及生态教育相关性和类型判别结果。

其中本科阶段专业由于缺少详细的课程介绍材料，表 A‑13 中对课程生态相关性及类型层次的分类均参照个别访谈的结果进行判断。

表 A‑13　同济大学本科阶段专业课程分类及判别结果一览表

课程类型		课程编号	课程名称	生态教育相关性及类型层次*			教学形式与学期教学课时分配**				学分
				基础知识	技术方法	价值导向	讲座	讨论/研究	设计课	实验/实践	
设计课	必修	024081	景观规划设计1	0	0	0	12	0	132	0	4
		024082	景观规划设计2	1	1	1	14	20	110	0	4
		024083	景观规划设计3	0	1	1	24	8	112	0	4

续　表

课程类型		课程编号	课程名称	生态教育相关性及类型层次*			教学形式与学期教学课时分配**				学分
				基础知识	技术方法	价值导向	讲座	讨论/研究	设计课	实验/实践	
表现	必修	024171－4	美术	0	0	0	0	0	0	136	8
		031162	画法几何及阴影透视	0	0	0	51	0	0	0	3
	限选	024065	计算机辅助设计	0	0	0	22	0	0	29	2.5
		024187－8	专业外语	0	0	0	17	0	0	19	2
要素	必修	—	园林植物与应用	1	0	0	22	0	0	12	2
		—	景观工程与技术	0	1	0	33	0	9	9	3
		—	种植设计	—	—	—	34	0	0	0	2
理论方法	必修	—	景观学原理(1)	1	0	1	34	0	0	0	2
		—	景观学原理(2)				34	0	0	0	2
		024004	中外园林史	0	0	0	34	0	0	0	2
		024084	城市绿地规划原理	0	0	0	28	0	6	0	2
	限选	—	景观文化与美学	0	0	0	34	0	0	0	2
		024196	风景区规划原理	0	0	1	32	2	0	0	2
科学	必修	—	测量学	0	0	0	29	0	0	5	3
科学	必修	—	景观资源学	1	0	0	34	0	0	0	2
	限选	—	游憩学原理	0	0	0	34	0	0	0	2
		024198	景观生态学	1	0	0	34	0	0	0	2
		024199	遥感与 GIS 概论	0	0	0	13	0	0	23	2
实践	限选	—	工程经济	0	0	0	34	0	0	0	2
		—	景观管理政策与法规	0	0	0	34	—	0	—	2

注：＊1 表示相关；0 表示不相关；—为新增课程，具体教学情况尚不得而知。
　　＊＊—表示该课程无课时安排信息或该类教学形式的课时安排未注明。

表 A‑14　同济大学硕士阶段专业课程分类及判别结果一览表

课程类型		课程编号	课程名称	生态教育相关性及类型层次*			教学形式与学期教学课时分配**				学分
				基础知识	技术方法	价值导向	讲座	讨论/研究	设计课	实验/实践	
设计课	必修	2010203	景观旅游规划设计	—	—	—	—	—	108	0	3
理论方法	必修	2010121	人类聚居环境学	1	0	1	36	0	0	—	2
		—	景观学	1	1	0	54	—	0	0	3
		—	中西园林比较	1	0	0	36	0	0	0	2
	选修	2010060	城市经济学	0	0	0	34	2	0	0	2
		2010182	城市交通学	0	0	1	24	0	0	12	2
		2010183	城市街具设计及其理论	0	0	0	36	0	0	0	2
		2010204	历史城镇旅游规划方法研究	0	0	0	36	0	0	0	2
		2010208	视觉环境与照明设计	0	0	0	54	0	0	0	3
		2010213	现代城市规划理论	1	0	0	36	—	0	0	2
		2010220	城市设计的实践与方法	0	0	0	36	0	0	0	2
		—	景观游憩学	0	0	0	18	0	0	0	1
		—	旅游规划方法论	0	0	0	18	0	0	0	1
		—	景观生态规划原理与方法	1	1	0	36	0	0	0	2
		—	传统文化	0	0	0	36	0	0	0	2
		—	遗产保护与发展	0	0	0	32	4	0	0	2
		—	环境伦理	0	0	1	36	0	0	0	2
科学	选修	—	遥感与GIS原理及应用	0	0	0	23	0	0	13	2
		—	植物生态学	1	0	0	28	0	0	8	2
实践	选修		管理学	0	0	0	0	36	0	0	2

注：＊1表示相关；0表示不相关；—表示课程介绍中缺乏课程教学的描述性介绍。
　　＊＊—表示该课程无课时安排信息或该类教学形式的课时安排未注明。

表 A‑15 同济大学博士阶段专业课程分类及判别结果一览表

课程 类型		课 程 名 称	生态教育相关性 及类型层次*			教学形式与学期 教学课时分配**				学 分
			基础知识	技术方法	价值导向	讲座	讨论/研究	设计课	实验/实践	
设计课	必修	景观旅游规划设计	—	—	—	—	—	108	0	3
理论 方法	必修	景观学理论与方法	1	1	0	36	18	0	0	3
		人类聚居环境学与城乡规划	1	0	1	36	0	0	18	3
	选修	城市景观规划与管理	0	0	0	16	12	0	8	2
		遗产景观	0	0	1	24	12	0	0	2
		城市发展战略与政策	0	0	0	45	9	0	0	3
科学	选修	景观生态与应用	1	0	0	36	0	0	0	2

注：* 1 表示相关；0 表示不相关；—表示课程介绍中缺乏课程教学的描述性介绍。

　　** —表示该课程无课时安排信息或该类教学形式的课时安排未注明。

附录 B 景观设计单位调查表汇总

本附录是对上海、广州和北京的4家景观规划设计院、2家境内的景观规划设计事务所和2家境外的景观规划设计事务所就其专业人员构成和近期业务情况所作调查的资料汇总。

1. 景观规划设计院

4家景观规划设计院的调查信息分别如表B-1—表B-4中所示。

2. 境内景观规划设计事务所

2家境内景观规划设计事务所的调查信息分别如表B-5—表B-6中所示。

3. 境外景观规划设计事务所

2家境外景观规划设计事务所的调查信息分别如表B-7—表B-8中所示。

表 B-1　景观规划设计院 1 专业人员构成和近期业务情况调查表

单位所在地

广州

单位基本情况

1985 年建院，园林甲级（全国最早的七家甲级院之一），建筑乙级，业务包括园林景观的各个方面内容，及建筑业务。

专业技术人员组成情况

技术级别			项目负责人员				方案设计人员				初级/专门技术人员				合计
年　龄			>45	28~45	<28	小计	>45	28~45	<28	小计	>45	28~45	<28	小计	
人　数			1	1		2		1	4	5					7
专科本科专业背景	工学	建筑学													
		城市规划							2	2					2
		风景园林（LA）		1		1			1	2					3
	农学（林学）	园林							1	1					1
		其他	1			1									1
	其他（土木、机械、计算机等）														
学位	专科	国内													
		国外													
	本科	国内	1			1		1	4	5					6
		国外													
	硕士	国内		1		1									1
		国外													
	博士	国内													
		国外													
	博士后	国内													
		国外													

2005 年单位承接项目情况

类型	景观规划类			景观设计类		合计
	区域/概念规划	总体/绿地系统规划	控规/详规	方案设计/投标	施工设计	
数量	0	0	2	6	4	12

说明

所有统计数据来自该院的风景园林规划所。

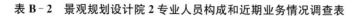

表 B‑2　景观规划设计院 2 专业人员构成和近期业务情况调查表

单位所在地

上海

单位基本情况

建院 40 多年，持有甲级风景园林设计证书、甲级建筑工程设计证书、甲级道路、桥梁、给排水工程设计证书以及工程建设监理资质。其园林景观设计研究所在大、中型综合公园，城市公共空间环境，道路，滨河景观，企业，学校景观，住宅小区景观，风景区规划等方面都能提供相当专业的服务。

专业技术人员组成情况

技术级别			项目负责人员				方案设计人员				初级 / 专门技术人员				合计
年　龄			>45	28~45	<28	小计	>45	28~45	<28	小计	>45	28~45	<28	小计	
人　数			2	3		5	1	3		4			10	10	19
专科本科专业背景	工学	建筑学	2			2							1	1	3
		城市规划													
		风景园林（LA）		1		1			1	1			1	1	3
	农学（林学）	园林		2		2	1	2		3			6	6	11
		其他											2	2	2
	其他（土木、机械、计算机等）														
学位	专科	国内											2	2	2
		国外													
	本科	国内	2	2		4	1	2		3			6	6	13
		国外													
	硕士	国内		1		1		1		1			2	2	4
		国外													
	博士	国内													
		国外													
	博士后	国内													
		国外													

2005 年单位承接项目情况

类型	景观规划类			景观设计类		合计
	区域 / 概念规划	总体 / 绿地系统规划	控规/详规	方案设计 / 投标	施工设计	
数量	0	0	3	4	1	8

说明

所有统计数据来自该院的园林景观设计研究所。

表 B‑3　景观规划设计院 3 专业人员构成和近期业务情况调查表

单位所在地

上海

单位基本情况

1998 年建院，园林乙级，主要业务为园林(室内、建筑)设计。

专业技术人员组成情况

技术级别			项目负责人员				方案设计人员				初级 / 专门技术人员				合计
年　　龄			>45	28～45	<28	小计	>45	28～45	<28	小计	>45	28～45	<28	小计	
人　　数			6	1	7		4	9	13						20
专科本科专业背景	工学	建筑学	2		2		1	1	2						4
		城市规划													
		风景园林（LA）	1		1			2	2						3
	农学（林学）	园林	2	1	3		1	3	4						7
		其他	1		1		2		2						3
	其他(土木、机械、计算机等)							3	3						3
学位	专科	国内					1	1	2						2
		国外													
	本科	国内	6	1	7		3	7	10						17
		国外													
	硕士	国内						1	1						1
		国外													
	博士	国内													
		国外													
	博士后	国内													
		国外													

2005 年单位承接项目情况

类型	景观规划类			景观设计类		合计
	区域 / 概念规划	总体 / 绿地系统规划	控规/详规	方案设计 / 投标	施工设计	
数量	0	0	0	7	21	28

说明

所有统计数据来自该院的 3 个景观设计室。

表 B‑4 景观规划设计院 4 专业人员构成和近期业务情况调查表

单位所在地

宁波

单位基本情况

园林甲级，建筑甲级，规划乙级，业务包括园林景观的各个方面内容，以施工图为主。

专业技术人员组成情况

技术级别			项目负责人员				方案设计人员				初级/专门技术人员				合计
年　　龄			>45	28～45	<28	小计	>45	28～45	<28	小计	>45	28～45	<28	小计	
人　　数			3	7		10	1	17		18			27	27	55
专科本科专业背景	工学	建筑学	3	1		4	1	1		2			1	1	7
		城市规划	1			1									1
		风景园林（LA）											2	2	2
	农学（林学）	园林		2		2		11		11			10	10	23
		其他						2		2			13	13	15
	其他（土木、机械、计算机等）			3		3		3		3			1	1	7
学位	专科	国内											9	9	9
		国外													
	本科	国内	3	2		5		17		17			18	18	40
		国外													
	硕士	国内		4		4	1			1					5
		国外													
	博士	国内		1		1									1
		国外													
	博士后	国内													
		国外													

2005 年单位承接项目情况

类型	景观规划类			景观设计类		合计
	区域/概念规划	总体/绿地系统规划	控规/详规	方案设计/投标	施工设计	
数量						

说明

统计只针对该院工作人员，未能获得项目数据。

表 B‑5　境内事务所 1 专业人员构成和近期业务情况调查表

单位所在地

上海

单位基本情况

2001 年成立，目前资质为建筑甲级，主要从事景观设计。

专业技术人员组成情况

技术级别			项目负责人员				方案设计人员				初级／专门技术人员				合计
年　　龄			>45	28～45	<28	小计	>45	28～45	<28	小计	>45	28～45	<28	小计	
人　　数			6	3		9			9	9					18
专科本科专业背景	工学	建筑学							1	1					1
		城市规划	1			1									1
		风景园林（LA）	1	1		2			4	4					6
	农学（林学）	园林			2	2			4	4					6
		其他													
	其他（土木、机械、计算机等）		4			4									4
学位	专科	国内	3	1		4			1	1					5
		国外													
	本科	国内	1	1		2			8	8					10
		国外													
	硕士	国内	2	1		3									3
		国外													
	博士	国内													
		国外													
	博士后	国内													
		国外													

2005 年单位承接项目情况

类型	景观规划类			景观设计类		合计
	区域／概念规划	总体／绿地系统规划	控规/详规	方案设计／投标	施工设计	
数量	1	0	2	2	10	15

说明

表 B‑6 境内事务所 2 专业人员构成和近期业务情况调查表

单位所在地

北京

单位基本情况

成立于 1997 年，城市规划甲级，旅游规划乙级，建筑设计乙级，园林设计资质正在申请中。主要从事景观规划设计。

专业技术人员组成情况

技术级别			项目负责人员				方案设计人员				初级 / 专门技术人员				合计
年　　龄			>45	28～45	<28	小计	>45	28～45	<28	小计	>45	28～45	<28	小计	
人　　数			1	20	10	31		40	30	70	20	20	40		141
专科本科专业背景	工学	建筑学	1	6	1	8		10	10	20		6	6	12	40
		城市规划		8	4	12		15	10	25		7	7	14	51
		风景园林（LA）		6	5	11		15	10	25		7	7	14	50
	农学（林学）	园林													
		其他													
	其他（土木、机械、计算机等）														
学位	专科	国内													
		国外													
	本科	国内	1	12	2	15		20	15	35		15	18	33	83
		国外													
	硕士	国内		6	6	12		20	15	35		5	2	7	54
		国外		2	1	3									3
	博士	国内			1	1									1
		国外													
	博士后	国内													
		国外													

2005 年单位承接项目情况

类型	景观规划类			景观设计类		合计
	区域 / 概念规划	总体 / 绿地系统规划	控规/详规	方案设计 / 投标	施工设计	
数量						

说明

统计只针对该事务所的所有工作人员，因业务保密原因未能获得项目数据。

表 B‑7 境外事务所 1 专业人员构成和近期业务情况调查表

单位所在地

上海

单位基本情况

最初 1997 年设立于香港，为商外资性质。业务经营范围包括：景观设计咨询，投资咨询，环保信息咨询，科技咨询，为工程和建筑项目提供咨询及技术咨询

专业技术人员组成情况

技术级别			项目负责人员				方案设计人员				初级／专门技术人员				合计
年　龄			>45	28～45	<28	小计	>45	28～45	<28	小计	>45	28～45	<28	小计	
人　数			2	4		6	4	6		10	1	4		5	21
专科本科专业背景	工学	建筑学	2	2		4	3	5		8	1	1		2	14
		城市规划						1		1		1		1	2
		风景园林（LA）		2		2			1	1			2	2	5
	农学（林学）	园林													
		其他													
	其他（土木、机械、计算机等）														
学位	专科	国内													
		国外													
	本科	国内					2	6		8	1	4		5	13
		国外													
	硕士	国内													
		国外	2	4		6	2			2					8
	博士	国内													
		国外													
	博士后	国内													
		国外													

2005 年单位承接项目情况

类型	景观规划类			景观设计类		合计
	区域／概念规划	总体／绿地系统规划	控规／详规	方案设计／投标	施工设计	
数量	0	6	5	5	0	16

说明

所有统计数据来自该事务所的一个景观规划设计组。

表 B-8　境外事务所 2 专业人员构成和近期业务情况调查表

单位所在地

上海

单位基本情况

园林乙级

专业技术人员组成情况

技术级别			项目负责人员				方案设计人员				初级／专门技术人员				合计
年龄			>45	28~45	<28	小计	>45	28~45	<28	小计	>45	28~45	<28	小计	
人数			2	5	3	10	5	10		15			3	3	28
专科本科专业背景	工学	建筑学	1	1		2		2	3	5					7
		城市规划		2		2									2
		风景园林（LA）	1	2	1	4		3	2	5			2	2	11
	农学（林学）	园林													
		其他			1	1			3	3			1	1	5
	其他（土木、机械、计算机等）				1	1			2	2					3
学位	专科	国内					2	2		4			1	1	5
		国外													
	本科	国内	1	1	3	5	3	8		11			2	2	18
		国外	1	1		2									2
	硕士	国内		1		1									1
		国外		2		2									2
	博士	国内													
		国外													
	博士后	国内													
		国外													

2005 年单位承接项目情况

类型	景观规划类			景观设计类		合计
	区域／概念规划	总体／绿地系统规划	控制性／详细规划	方案设计／投标	施工设计	
数量						

说明

统计只针对该事务所的所有工作人员，因业务保密原因未能获得项目数据。

附录 C 同济大学景观专业生态专项规划设计课教学调查及统计

本附录是对同济大学景观专业生态专项规划设计课进行的教学效果调查研究中所使用的调查问卷及调查结果统计等资料的汇总。

1. 调查问卷

生态专项规划课程教学情况调查表

一、关于教学质量

1. 综合各学期的设计课教学(五年制共 9 个学期)情况,我认为本课程教学质量在其中的排序可列为:

    A 第一位　　　　　　　B 前三位　　　　　　　C 前六位　　　(　　　　)

2. 我认为本课程教学的差距主要表现在(选 B、C 者请务必填写,请文字说明):

3. 我认为影响本课程教学质量的主要问题在于(可多选):　　　(　　　　)

    A 背景知识欠缺　　　　　　　　B 教学课题选择不合理

    C 教学计划不周全　　　　　　　D 老师不负责任

    E 课时安排太紧张　　　　　　　F 课程要求过高

    G 教学内容重复　　　　　　　　H 教学内容陈旧

    I 小组合作的教学模式不合理　　J 老师间沟通不够

    K 其他(请文字说明)_____

    理由说明(请针对所选项逐项说明):

4. 我认为改进本课程教学质量可通过以下途径获得:　　　(　　　　)

    A 加强相关课程设置与教学内容衔接

    B 调整教学课题

    C 改进教学计划

    D 增加学期内课时(但涉及调整高尔夫球场专题的教学计划,请权衡)

    E 老师自身修养提高

    F 其他(请文字说明)_____

    理由说明及具体建议(请务必填写,针对所选项逐项说明):

二、关于课程设置与衔接

教学说明：

在进行本专业培养计划设计时，本课程的前期系列课程主要包括"景观规划理论与方法"（二年级上）、"园林规划设计原理"（三年级上）、"景观生态学"（四年级上）、"景观规划设计"（三年级下设计课）、"旅游区规划设计（I）"（四年级上设计课），学生个人需掌握的主要知识点应包括景观规划理论与方法、场地设计理论与方法、景观生态学的基本理论知识。由于专业教学总学时的限制，增加新的专业课几乎不可能。因此通过此项调查，希望有助于有目的地和相关课程进行协调，共同改进。

调查：

1. 我认为这门课　　　　　　　　　　　　　　　　　　　　　　　（　　　）

A 很有必要设置　　　　B 有必要设置　　　　C 没有必要设置

2. 我认为在设计课系列教学中，这门课的首要教学目的应该是：　　（　　　）

A 旅游区规划的方法程序

B 景观生态规划设计的方法程序

C 基于景观生态考虑的发现问题、提出问题、解决问题的综合能力

D 其他（请文字说明）＿＿＿＿＿＿＿＿＿＿＿＿＿＿＿＿＿＿＿＿

3. 我认为在学习本课程前所要求掌握的知识点中，比较薄弱或欠缺的是（可多选）：　　　　　　　　　　　　　　　　　　　　　　　　　　（　　　）

A 景观规划理论　　　　　　　　　　B 景观规划方法

C 场地设计理论　　　　　　　　　　D 场地设计方法

E 景观生态学的基本理论知识

F 其他（指具体内容，请文字说明）＿＿＿＿＿＿＿＿＿＿＿＿＿＿

4. 我认为这些知识点的薄弱或欠缺，可通过以下途径改进（可多选）：（　　　）

A 在前期相应的理论性课程中增加对该知识点理论的讲授

B 在前期相关的设计课程中增加该知识点的理论运用于实践的训练

C 通过本课程教学计划的紧凑化来弥补对该知识点的掌握

D 通过调整本课程的学期内教学课时来弥补对该知识点的掌握（但涉及调整高尔夫球场专题的教学计划，请权衡并提出具体建议）

具体说明及建议（必须说明各选项所针对的知识点）：

5. 我认为在学习本课程前还应掌握下列知识点，或我对本课程及其前期系列课程的安排有一些个人建议（例如教学内容、次序编排等，如没有可不填）：

三、关于教学内容

教学说明：

由于课时限制，本课程在设计教学计划时设想在①简要介绍景观生态规划设计的理论和方法框架的同时，重点进行② 生态认知、③ 环境容量研究、④ 多方案比较决策、⑤ 局部地块的详细设计四个技术环节的训练，使学生比较、体会景观生态规划设计不同于常规景观规划设计的思路和操作方法。

调查：

1. 我认为这门课设置的教学内容与教学目的的相关性　　　　　（　　　　）

　　A 强　　　　　　　　B 尚可　　　　　　　　C 不太强　　　　　D 无相关性

　　具体说明及改进建议（选 C、D 者请务必填写）：

2. 这门课设置的教学内容组成　　　　　　　　　　　　　　　　（　　　　）

　　A 合理　　　　　　　B 较合理　　　　　　　C 有明显欠缺　　D 不合理

　　具体说明及建议（选 C、D 者请务必填写）：

　　● 我认为可去除的现有教学内容包括：

　　理由是（请逐项说明）：

　　● 我认为需增加的教学内容包括：

　　理由是（请逐项说明）：

　　● 我认为应重点强调的教学内容包括：

　　理由是（请逐项说明）：

3. 我认为这门课所要求的现有教学内容在教学效果上　　　　　（　　　　）

　　A 好　　　　　　　　B 较好　　　　　　　　C 不够理想　　　D 不理想

　　具体说明及建议（请务必填写）：

　　● 我认为教学效果较好的现有教学内容包括：

　　理由是（请逐项说明）：

　　● 我认为教学效果不佳的现有教学内容包括：

　　理由是（请逐项说明）：

　　改进建议（请逐项说明）：

四、关于教学方法及课时安排

教学说明：

为尽可能地加快学生掌握理解教学内容，本课程策划运作了① 集中讲课、② 分组讲解、③ 设计指导、④ 小组讨论、⑤ 组间交流、⑥ 成果点评、⑦ 现场考察等多种教学方法，并分配到具体的课时。其中（A）景观生态规划设计的理论和方法的框架介绍以集中讲课的方式进行，共 8 学时；（B）重点技术环节的训练则通过分组讲解、设计指导、小组讨论、组间交流和现场考察等方式进行，包括（1）生态认知 16 学时，（2）环境容量研究 10 学时，（3）多方案比较决策 12 学时，（4）局部地块的详细设计 12 学时，共 50 学时；另（C）成果修改、制作 12 学时；（D）成果点评（结合组间交流进行），约 2 学时。

调查：

1. 我认为这门课现有的教学方法组成框架　　　　　　　　　　（　　　　）

　　A 合理　　　　　　　B 较合理　　　　　　　C 不太合理　　　D 不合理

　　具体说明及建议（选 C、D 者请务必填写）：

　　● 我认为效果不佳、可去除的现有教学方法包括：

　　理由是（请逐项说明）：

● 我认为应改进的现有教学方法包括：

理由是(请逐项说明)：

改进建议(请逐项说明)：

● 我认为需增加的教学方法包括：

具体说明及理由(请逐项说明)：

2. 我认为这门课的课时安排 (　　　)

　A 合理　　　　　B 较合理　　　　　C 不太合理　　　　　D 不合理

具体说明及建议(选 C、D 者请务必填写)：

● 我认为可减少的教学时数包括：

主要针对现有教学内容中的：

或教学方法中的：

理由是(请逐项说明)：

具体建议：

● 我认为应增加的教学时数包括：

主要针对的教学内容是：

或教学方法是：

理由是(请逐项说明)：

具体建议：

五、其他建议(如对教学课题、教学分组、师资配置、教学计划设计及执行情况等的意见建议,没有可不填)：

2. 2004 年教学调查统计报告

"生态专项规划设计"课程教学效果调查结果分析报告
(2003—2004 年度)

1　关于教学质量的调查结果分析

关于"旅游区生态专项规划设计"课程教学质量的调查是通过对该课程在本专业五个学年共 9 次的系列设计课中的教学质量排序及差距表现、存在问题及原因、改进途径及理由、改进建议等设问来进行的。

1.1　课程教学的质量排序

对课程教学质量排序的调查是通过单项选择的方式进行的,结果如图 1 所示。全班 24 位同学中,45.8% 认为该课程的教学质量在本专业系列设计课中排第一位,54.2% 认为该课程的教学质量在本专业系列设计课中排前三位,没有人认为该课程的教学质量应排在第四位之后。单单从这一数字看,"旅游区生态专项规划设计"课程与本专业同类课程相比,整体教学质量还是不错的。

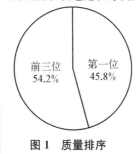

图 1　质量排序

前三位 54.2%　第一位 45.8%

1.2　课程教学的差距表现

对该课程教学差距表现的调查是通过开放式提问的方式进行的,意在让学生自由表达看法。图 2 所示的是调查结果。在该项数据有效的一共 12 个样本中,认为差距在于缺少系统的生态学和生态规划设计的理论知识的人数最多,共有 3 人;认为差距在于所学的理论对实践缺少指导意义,以及所学的理论没有方法论支持、无法进行操作的分别有 2 人;认为差距在于学到的相关理论知识落伍、课程进度安排过于紧张、与外专业交流不够、课程设计不够新颖缺乏挑战,以及课程引发不起学习兴趣的各为 1 人。

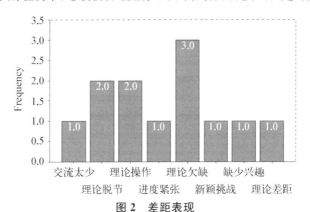

图 2　差距表现

为了考察是否存在对课程教学质量排序和教学差距的认识自相矛盾的样本,本研究通过聚类分析对教学差距进行了进一步的探讨。图 3 所示的差距聚类条形图中可以看出,所有认为本课程教学存在差距的 12 个样本均集中在认为本课程教学质量达不到第一位的 13 个样本中,应该说聚类分布是合理的。

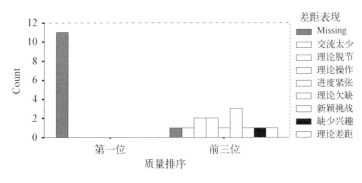

图 3　差距聚类

1.3　课程教学存在的问题

对课程教学存在问题的调查是通过多项选择的方式进行的,结果如表 1 所示。全班 24 名同学中,有 19 人认为问题在于背景知识的欠缺,有 9 人认为问题在于课时安排太紧张,有 7 人认为问题在于小组合作的教学模式不合理,有 5 人认为问题在于任课老师之间沟通不够,另分别有2人认为问题在于课程要求过高和教学内容陈旧,其余认为问题在于教学课题选择不合理、教学计划不周全、由于组内分工导致对分工以外的内容了解不多,以及小组之间沟通不够的各有1人,没有人认为问题在于老师不负责任或是教学内容重复。从频度分析表中可以看到,平均每人提出了2个问题,最为集中反映的问题是背景知识的欠缺、课时安排太紧张、小组合作的教学模式不合理和任课老师之间沟通不够,分别占到总人数的79.2%、37.5%、29.2%和20.8%。

对课程教学问题原因的调查是通过开放式提问的方式进行的,意在让学生针对自己认识到的教学问题提出针对性的原因解释,以帮助调查判断问题的真伪。调查结果如表2所示。全班24名同学中,共有22人对课程教学产生问题的原因进行了表述。其中意见最为集中的是生态规划设计相关理论知识的缺乏,共有13人提出,占总回答人数的59.1%;此外,有4人提出各小组执教老师之间的要求不统一,占总回答人数的18.2%;分别有3人提出小组成员间的协作不好及课程计划安排的内容过多造成教学效果不佳,各占总回答人数的13.6%;另有2人明确提出该课程课时太少,占总人数的9.1%。其余原因包括教学课题太大、相关课程配套不合理、缺少生态规划设计的最新发展动向介绍、缺少其他专业的老师辅导、教学计划安排前松后紧、小组成员间竞争多于合作、课题基础资料不全、缺少具可操作性的规划设计方法、小组内部缺少交流、与外教交流不够、所学的知识一时难以消化理解、在分组之前的集中讲解不够以致无法全面了解课程要求、历届教学内容重复,等等,均只有1人提及,较为分散。

表1 课程教学存在问题的频度分析

Group $P0 问题

Category label	Code	Count	Pct of Responses	Pct of Cases
背景欠缺	1	19	39.6	79.2
课题不当	2	1	2.1	4.2
计划不全	3	1	2.1	4.2
课时紧张	5	9	18.8	37.5
要求过高	6	2	4.2	8.3
内容陈旧	8	2	4.2	8.3
模式不佳	9	7	14.6	29.2
老师沟通	10	5	10.4	20.8
分工局限	11	1	2.1	4.2
组间沟通	12	1	2.1	4.2
Total responses		48	100.0	200.0

0 missing cases; 24 valid cases

为帮助判断问题的真伪,本研究通过交叉分析对问题与原因的针对性进行了进一步的探讨。分析结果如表3所示。在指认问题是背景知识欠缺的19人中,共有17人说明了原因,其中有12人认为主要原因在于生态规划设计相关理论知识的缺乏,占说明原因总人数的70.6%;在指认问题是教学课题选择不合理的1人中,有1

表 2　课程教学问题原因的频度分析

Group $R0　问题原因

Category label	Code	Count	Pct of Responses	Pct of Cases
协作不好	1	3	7.9	13.6
理论缺乏	2	13	34.2	59.1
课题太大	3	1	2.6	4.5
课程配套	4	1	2.6	4.5
动向介绍	5	1	2.6	4.5
课时太少	6	2	5.3	9.1
多专业	7	1	2.6	4.5
前松后紧	8	1	2.6	4.5
组内竞争	9	1	2.6	4.5
基础资料	10	1	2.6	4.5
要求不一	11	4	10.5	18.2
内容太多	12	3	7.9	13.6
方法缺乏	13	1	2.6	4.5
组内交流	14	1	2.6	4.5
外教交流	15	1	2.6	4.5
消化理解	16	1	2.6	4.5
加强集中	17	1	2.6	4.5
历届重复	18	1	2.6	4.5
		-------	-----	-----
Total responses		38	100.0	172.7

2 missing cases;　22 valid cases

人认为主要原因在于教学课题太大,占说明原因总人数的 100%;在指认问题是教学计划不周全的 1 人中,有 1 人认为主要原因在于教学计划安排前松后紧,占说明原因总人数的 100%;在指认问题是课时安排太紧张的 9 人中,共有 8 人说明了原因,其中 6 人认为主要原因在于生态规划设计相关理论知识的缺乏,占说明原因总人数的 75%;在指认问题是课程要求过高的 2 人中,共有 2 人说明了原因,其中有 2 人认为主要原因在于生态规划设计相关理论知识的缺乏,占说明原因总人数的 100%,另分别有 1 人认为主要原因在于课程计划安排的内容过多、缺少具可操作性的规划设计方法,各占说明原因总人数的 50%;在指认问题是教学内容陈旧的 2 人中,共有 2 人说明了原因,其中分别有 1 人次认为主要原因在于缺少生态规划设计的最新发展动向介绍、课题基础资料不全、各小组执教老师之间的要求不统一、在分组之前的集中讲解不够以致无法全面了解课程要求、历届教学内容重复,各占说明原因总人数的 50%;在指认问题是小组合作的教学模式不合理的 7 人中,共有 7 人说明了原因,其中分别有 3 人认为主要原因在于小组成员间的协作不好、生态规划设计相关理论知识的缺乏,各占说明原因总人数的 42.9%;在指认问题是任课老师之间沟通不够的 5 人中,共有 4 人说明了原因,其中有 3 人认为主要原因在于各小组执教老师之间的要求不统一,占说明原因总人数的 75%;在指认问题是由于组内分工导致对分工以外的内容了解不多的 1 人中,分别有 1 人次认为主要原因在于生态规划设计相关理论知识的缺乏、小组内部缺少交流,各占说明原因总人数的 100%。

表 3 课程教学问题与原因的交叉分析

```
*** CROSSTABULATION ***
$PO (group) 问题
by $RO (group) 问题原因
```

	协作不好	理论缺乏	课题太大	课程配套	动向介绍	课时太少	多专业	前后后案	组内竞争	基础资料	要求不一	内容太多	方法缺乏	组内交流	外教交流	消化理解	加强集中	历届重复	Row Total
Count / Row pct	1	2	3	4	5	6	7	8	9	10	11	12	13	14	15	16	17	18	
背景欠缺 1	2 / 11.8	12 / 70.6	1 / 5.9	1 / 5.9	.0	1 / 5.9	.0	.0	1 / 5.9	1 / 5.9	3 / 17.6	2 / 11.8	1 / 5.9	1 / 5.9	1 / 5.9	1 / 5.9	.0	1 / 5.9	17 / 77.3
课题不当 2	.0	.0	1 / 100.0	.0	.0	.0	.0	1 / 100.0	.0	.0	.0	.0	.0	.0	.0	.0	.0	.0	1 / 4.5
计划不全 3	.0	.0	.0	.0	.0	.0	.0	.0	.0	.0	.0	.0	.0	.0	.0	.0	.0	.0	1 / 4.5
课时紧张 5	2 / 25.0	6 / 75.0	1 / 12.5	.0	.0	2 / 25.0	.0	.0	.0	.0	2 / 25.0	2 / 25.0	.0	.0	.0	1 / 12.5	.0	.0	8 / 36.4
要求过高 6	.0	.0	.0	.0	.0	.0	.0	.0	.0	.0	.0	1 / 50.0	1 / 50.0	.0	.0	.0	.0	.0	2 / 9.1
内容陈旧 8	.0	.0	.0	1 / 50.0	1 / 50.0	1 / 50.0	.0	.0	.0	1 / 50.0	1 / 50.0	.0	.0	.0	.0	.0	1 / 50.0	.0	2 / 9.1
模式不佳 9	3 / 42.9	.0	.0	.0	1 / 14.3	1 / 14.3	1 / 14.3	.0	1 / 14.3	.0	2 / 28.6	1 / 14.3	1 / 14.3	.0	.0	.0	.0	.0	7 / 31.8
老师陈通 10	.0	2 / 50.0	.0	1 / 25.0	.0	.0	.0	.0	.0	.0	3 / 75.0	.0	.0	1 / 100.0	1 / 25.0	1 / 5.0	1 / 25.0	.0	4 / 18.2
分工局限 11	.0	1 / 100.0	.0	.0	.0	.0	.0	.0	.0	.0	.0	.0	.0	.0	.0	.0	.0	.0	1 / 4.5
Column Total	3 / 13.6	13 / 59.1	1 / 4.5	1 / 4.5	1 / 4.5	2 / 9.1	1 / 4.5	1 / 4.5	1 / 4.5	1 / 4.5	4 / 18.2	3 / 13.6	1 / 4.5	1 / 4.5	1 / 4.5	1 / 4.5	1 / 4.5	1 / 4.5	22 / 100.0

Percents and totals based on respondents.
22 valid cases; 2 missing cases.

　　通过对课程教学存在问题的频度分析和对课程教学问题与原因的交叉分析的结果进行综合,可以确定背景知识欠缺、教学课题选择不合理、教学计划不周全、课程要求过高、任课老师之间沟通不够,以及由于组内分工导致对分工以外的内容了解不多都具有逻辑合理且足够充分的样本支持,是切实存在的问题。而课时安排太紧张的问题与主要原因生态规划设计相关理论知识的缺乏之间则并无必然的逻辑相关,可能的原因是由于背景知识欠缺导致学习过程加长,应属于假问题;此外教学内容陈旧由于样本小且相关原因指认分散,应属于认识不明确的模糊问题。小组之间沟通不够的问题未见有原因统计,也应属于认识不明确的模糊问题。

1.4　课程教学的改进途径

　　对课程教学改进途径的调查是通过多项选择的方式进行的,结果如表 4 所示。全班 24 位同学中,共有 23 人对此提出了建议。其中意见最为集中的是加强相关课程设置与教学内容的衔接,共有 21 人提出,占总回答人数的 91.3%;其次意见较为集中的依次是对教学课题进行调整、增加总教学时数、改进教学计划、建议老师学习提高自身的知识水平,分别有 7、6、5、3 人提及,占总回答人数的 30.4%、26.1%、21.7%、13.0%;另分别有 1 人提及课程教学中应加强对团队协作的训练、应有意识地鼓励组间竞争而非组内竞争、应加强生态规划设计原理的教学以便能够学以致用,较为分散。

表 4　课程教学改进途径的频度分析

Group $A0　改进途径
　　(Value tabulated = 1)

Dichotomy label	Name	Count	Pct of Responses	Pct of Cases
	加强衔接	21	46.7	91.3
	调整课题	7	15.6	30.4
	改进计划	5	11.1	21.7
	增加课时	6	13.3	26.1
	老师提高	3	6.7	13.0
	协作训练	1	2.2	4.3
	组间竞争	1	2.2	4.3
	原理教授	1	2.2	4.3
		-------	-----	-----
Total responses		45	100.0	195.7

1 missing cases;　23 valid cases

　　对所提出的课程教学改进途径的理由进行调查的主要目的在于探查学生认为应首先应改进哪些问题,以及应如何进行改进。调查通过开放式提问的方式进行,结果如表 5 所示。全班 24 位同学中,只有 13 人解释了自己提出的课程教学改进途径的理由。其中意见最为集中的是希望通过改进能增加相关知识的学习,共有 8 人提出,占总回答人数的 61.5%;另分别有 2 人提出希望通过改进能解决教学课题太大、教学课时太紧张和所学理论与实践训练不配套的问题,占总回答人数的 15.4%;此外分别有 1 人提出希望通过改进能解决已学知识的遗忘、课时分配不合理、假课题导致已有的方案限制了思路等问题,占总回答人数的 7.7%。由此看来,背景知识的欠缺是首要应解决的问题,教学课题选择不合理、教学计划不周全也是比较突出需要改进的问题。

表 5　课程教学改进理由的频度分析

Group $RE0　改进理由

Category label	Code	Count	Pct of Responses	Pct of Cases
知识缺乏	1	8	47.1	61.5
课题太大	2	2	11.8	15.4
课时紧张	3	2	11.8	15.4
知识遗忘	4	1	5.9	7.7
课时分配	5	1	5.9	7.7
理论配套	6	2	11.8	15.4
思路限制	7	1	5.9	7.7
		-------	-----	-----
Total responses		17	100.0	130.8

11 missing cases;　13 valid cases

1.5　课程教学的其他改进建议

对课程教学其他改进建议的调查是通过开放式提问的方式进行的,意在了解学生对于课程教学改进有无好的设想。调查结果如表 6 所示。全班 24 位同学中,只有

表 6　课程教学其他改进建议的频度分析

Group $S0　其他建议

Category label	Code	Count	Pct of Responses	Pct of Cases
选小课题	1	1	3.7	6.7
加强衔接	2	1	3.7	6.7
与 3 衔接	3	2	7.4	13.3
增加课程	4	5	18.5	33.3
增加讲座	5	1	3.7	6.7
课时加倍	6	2	7.4	13.3
介绍动向	7	1	3.7	6.7
设计假题	8	2	7.4	13.3
去掉快题	9	1	3.7	6.7
自愿分组	10	1	3.7	6.7
调整环节	11	1	3.7	6.7
师生沟通	12	1	3.7	6.7
多人讲座	13	1	3.7	6.7
课程同步	14	1	3.7	6.7
课时前扩	15	1	3.7	6.7
成果要求	16	1	3.7	6.7
重授方法	17	1	3.7	6.7
增授理论	18	1	3.7	6.7
做真题	19	2	7.4	13.3
		-------	-----	-----
Total responses		27	100.0	180.0

9 missing cases;　15 valid cases

15 名同学提出了总共 19 项建议，极为分散。其中意见最为集中的是建议增加相关课程，共有 5 人提出，占总回答人数的 33.3％；此外分别有 2 人明确建议加强本课程与景观生态学的有效衔接、本课程教学课时应翻倍（即增加到一学期）、专门设计与教学目的和内容相匹配的假课题进行教学、结合真题进行教学以便于获得现场考察的机会，各占总回答人数的 13.3％；其余建议包括改选较小的教学课题、调整课程排序以加强课程间的有效衔接、教学过程中增加讲座的次数、讲课中增加介绍生态规划设计最新发展动向的内容、去掉快题教学环节、分组时完全采用自愿的方式、调整教学环节的顺序将详细设计放到总规之后、加强师生间的沟通交流、引进其他专业的老师开设专题讲座、景观生态学与本课程应同步开设、应压缩前半学期的课题以增加本课程的总教学时数、教学成识的讲授，等等，均只有 1 人提及。

　　为帮助了解课程教学问题与其他改进建议的对应关系，本研究通过问题与其他改进建议的交叉分析进行了进一步的探讨。分析结果如表 7 所示。在指认问题是背景知识欠缺的 19 人中，共有 11 人提出了改进建议，意见最为集中的是有 4 人认为应增加相关课程，占提出建议总人数的 36.4％；在指认问题是教学课题选择不合理的 1 人中，共有 1 人次提出了改进建议，认为应专门设计与教学目的和内容相匹配的假课题进行教学，占提出建议总人数的 100％；在指认问题是课时安排太紧张的 9 人中，共有 6 人提出了改进建议，意见较为集中的有 2 人认为应增加相关课程或本课程教学课时应翻倍（即增加到一学期），各占提出建议总人数的 33.3％；在指认问题是课程要求过高的 2 人中，共有 1 人提出了改进建议，认为应增加相关课程，占提出建议总人数的 100％；在指认问题是教学内容陈旧的 2 人中，共有 2 人提出了改进建议，但意见较为分散，有 1 人次认为讲课中应增加介绍生态规划设计最新发展动向的内容、教学过程中应增加讲座的次数、景观生态学与本课程应同步开设、教学应重在传授方法、结合真题进行教学以便于获得现场考察的机会，各占提出建议总人数的 50％；在指认问题是小组合作的教学模式不合理的 7 人中，共有 6 人提出了改进建议，意见较为集中的是有 2 人认为应增加相关课程，占提出建议总人数的 33.3％；在指认问题是任课老师之间沟通不够的 5 人中，共有 5 人提出了改进建议，但意见也较为分散，有 1 人次认为应加强本课程与景观生态学的有效衔接、增加相关课程或本课程教学课时应翻倍（即增加到一学期）、讲课中应增加介绍生态规划设计最新发展动向的内容、去掉快题教学环节、加强师生间的沟通交流、引进其他专业的老师开设专题讲座、教学应重在传授方法，各占提出建议总人数的 33.3％；在指认问题是由于组内分工导致对分工以外的内容了解不多的 1 人中，共有 1 人次认为课程教学中应增强理论知识的讲授，占提出建议总人数的 100％。如果按意见提议率和集中率来进行综合考察，则对于背景知识欠缺、教学课题选择不合理、由于组内分工导致对分工以外的内容了解不多这三个问题，相关的学生提出的建议意见较为一致，分别是增加相关课程、专门设计与教学目的和内容相匹配的假课题进行教学，以及课程教学中应增强理论知识的讲授。

表 7　课程教学问题与其他改进建议的交叉分析

```
*** C R O S S T A B U L A T I O N ***
$P0 (group) 问题
by $S0 (group) 其他建议
```

$P0\\$S0 Count pct	选小课题 1	加强衔接 2	与衔接 3	增加课程 4	增加讲座 5	课时加倍 6	介绍动向 7	设计假题 8	去掉快题 9	自选快题 10	调整分组 11	课程环节 12	师生沟通 13	多人讲座 14	课程同步 15	课时前移 16	成果要求 17	重授方法 18	增授理论 19	Row Total
背景欠缺 1	.0 .0	1 9.1	2 18.2	4 36.4	1 9.1	2 18.2	0 .0	1 9.1	1 9.1	1 9.1	1 9.1	1 9.1	0 .0	1 9.1	1 9.1	1 9.1	0 .0	1 9.1	2 18.2	11 73.3
计划不全 3	.0 .0	0 .0	0 .0	0 .0	0 .0	0 .0	0 .0	1 100.0	0 .0	0 .0	0 .0	0 .0	0 .0	0 .0	0 .0	0 .0	0 .0	0 .0	0 .0	1 6.7
课时紧张 4	.0 .0	1 16.7	1 16.7	2 33.3	1 16.7	2 33.3	0 .0	0 .0	1 16.7	1 16.7	1 16.7	0 .0	0 .0	0 .0	1 16.7	1 16.7	0 .0	1 16.7	1 16.7	6 40.0
要求过高 6	.0 .0	0 .0	0 .0	1 100.0	0 .0	0 .0	0 .0	0 .0	0 .0	0 .0	0 .0	0 .0	0 .0	0 .0	0 .0	0 .0	0 .0	0 .0	0 .0	1 6.7
内容陈旧 8	.0 .0	0 .0	0 .0	0 .0	0 .0	0 .0	1 50.0	0 .0	0 .0	1 50.0	1 50.0	0 .0	1 50.0	1 50.0	0 .0	0 .0	1 50.0	1 50.0	1 50.0	2 13.3
模式不佳 9	1 16.7	0 .0	1 16.7	2 33.3	0 .0	0 .0	1 16.7	1 16.7	0 .0	1 16.7	0 .0	1 16.7	0 .0	0 .0	1 16.7	1 16.7	1 16.7	1 16.7	0 .0	5 40.0
老师沟通 10	.0 .0	1 33.3	1 33.3	0 .0	0 .0	1 33.3	1 33.3	0 .0	1 33.3	0 .0	1 33.3	1 33.3	1 33.3	1 33.3	0 .0	1 33.3	1 33.3	0 .0	0 .0	3 20.0
分工局限 11	.0 .0	0 .0	0 .0	0 .0	0 .0	0 .0	0 .0	0 .0	0 .0	0 .0	0 .0	0 .0	0 .0	0 .0	0 .0	0 .0	0 .0	0 .0	0 .0	1 6.7
Column Total	1 6.7	2 13.3	2 13.3	5 33.3	1 6.7	2 13.3	1 6.7	2 13.3	1 6.7	1 6.7	1 6.7	1 6.7	1 6.7	1 6.7	1 6.7	1 6.7	1 6.7	1 6.7	2 13.3	15 100.0

Percents and totals based on respondents

15 valid cases;　9 missing cases

2　关于课程设置和衔接的调查结果

关于"旅游区生态专项规划设计"课程设置和衔接效果的调查是通过对该课程的开设必要性、首要教学目的、比较薄弱或欠缺的背景知识点及改进途径和说明建议、对需掌握的背景知识点或本课程及其前期系列课程安排的其他个人建议等设问来进行的。

2.1　课程开设的必要性

对课程开设必要性的调查是通过单项选择的方式进行的,结果如图4所示。全班24名同学中,75.0%认为该课程很有必要设置,25.0%认为该课程有必要设置,没有人认为该课程没有必要设置。单单从这一数字看,"旅游区生态专项规划设计"课程的开设必要性还是很强的。

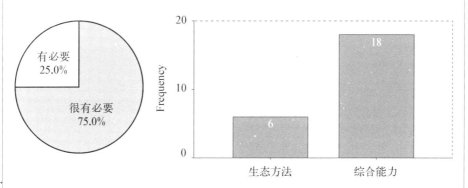

图4　设置必要　　　　　　　　　图5　教学目的

2.2　课程的首要教学目的

对课程首要教学目的的调查是通过单项选择的方式进行的,结果如图5所示。全班24名同学中,认为该课程的首要教学目的应该是培养基于景观生态考虑的发现问题、提出问题、解决问题的综合能力的人数最多,共有18人;认为该课程的首要教学目的应该是传授景观生态规划设计的方法程序有6人;没有人认为该课程的首要教学目的应该是传授旅游区规划的方法程序或是其他。应该说学生对于该课程的首要教学目的的认识还是相当一致的,全班三分之二的人认为该课程应该立足于培养学生基于景观生态考虑的发现问题、提出问题、解决问题的综合能力。

2.3　课程教学中比较薄弱或欠缺的背景知识点

对课程比较薄弱或欠缺的背景知识点的调查是通过多项选择的方式进行的。由于该课程的前期系列课程主要包括"景观规划理论与方法"(二年级上)、"园林规划设计原理"(三年级上)、"景观生态学"(四年级上)、"景观规划设计"(三年级下设计课)、"旅游区规划设计(Ⅰ)"(四年级上设计课),学生个人需掌握的主要背景知识点应包括景观规划理论与方法、场地设计理论与方法、景观生态学的基本理论知识等。调查结果如表8所示。全班24名同学共进行了40次有效选择,以指认比较薄弱或欠缺的背景知识点。其中有 19 人认为是景观生态学的基本理论知识,有 8 人认为是景观规划方法,有 5 人认为是场地设计方法,有 4 人认为是景观规划理论,有 2 人认为是场地设计理论,另有 1 人认为是景观生态学的实际应用和景观规划设计概论。从频度分析表中可以看到,平均每人指认了 1.667 个知识点,选项主要集中在景观生态学的基本理论知识、景观规划方法和场地设计方法,指认人数分别占到总人数的 79.2%、33.3% 和 20.8%。

表 8   比较薄弱或欠缺的背景知识点的频度分析

Group $BAC   背景知识点
(Value tabulated = 1)

Dichotomy label	Name	Count	Pct of Responses	Pct of Cases
	规划理论	4	10.0	16.7
	规划方法	8	20.0	33.3
	设计理论	2	5.0	8.3
	设计方法	5	12.5	20.8
	生态理论	19	47.5	79.2
	生态应用	1	2.5	4.2
	景观基础	1	2.5	4.2
	Total responses	40	100.0	166.7

0 missing cases; 24 valid cases

2.4   课程教学中薄弱背景知识点的改进途径

对于这些比较薄弱或欠缺的背景知识点的改进途径的调查也是通过多项选择的方式进行的,调查结果如表 9 所示。全班 24 名同学共有 23 人进行了 37 次有效选择。其中分别有 15 人认为有效的改进途径是在前期相应的理论性课程中增加对该知识点理论的讲授,以及在前期相关的设计课程中增加该知识点的理论运用于实践的训练,有 4 人认为有效的改进途径是通过本课程教学计划的紧凑化来弥补对该知识点的掌握,另有 3 人认为有效的改进途径是通过调整本课程的学期内教学课时来弥补对该知识点的掌握。从频度分析表中可以看到,平均每人指认了 1.609 种改进途径,选项主要集中于在前期相应的理论性课程中增加对该知识点理论的讲授和在前期相关的设计课程中增加该知识点的理论运用于实践的训练,指认人数分别占到总人数的 65.2%。

表 9   薄弱或欠缺背景知识点改进途径的频度分析

Group $IMPROVE   改进途径
(Value tabulated = 1)

Dichotomy label	Name	Count	Pct of Responses	Pct of Cases
	理论讲授	15	40.5	65.2
	实践训练	15	40.5	65.2
	计划紧凑	4	10.8	17.4
	增加课时	3	8.1	13.0
	Total responses	37	100.0	160.9

1 missing cases; 23 valid cases

　　为探查学生在指认薄弱或欠缺背景知识点的改进途径的时候是否有清晰准确的认识理解,本研究进一步通过开放式提问的方式要求学生对所指认的薄弱或欠缺的背景知识点与改进途径进行针对性说明并提出相关建议。通过这一说明建议与改进途径的交叉分析,可以判别学生所指认的薄弱或欠缺的背景知识点与改进途径是否有针对性。分析结果如表 10 所示。全班 24 名同学中,共有 17 人对其指认的改

表 10　针对薄弱或欠缺的背景知识点的改进途径与说明建议的交叉分析

```
                  * * *  C R O S S T A B U L A T I O N  * * *
      $KN (group)  针对知识点
by $IMPROVE (tabulating 1)  改进途径
                        $IMPROVE
                Count  ⇔ 理论讲授⇔ 实践训练⇔ 增加课时⇔ 计划紧凑⇔
                Col pct ⇔                                        Row
                        ⇔                                        Total
                        ⇔
 $KN            ⇕⇕⇕⇕ ⇕⇕⇕⇕⇕⇕⇕⇕⇕⇕⇕⇕⇕⇕⇕⇕⇕⇕⇕⇕⇕⇕⇕⇕⇕⇕⇕⇕⇕⇕⇕⇕
                   1 ⇔     1  ⇔    0  ⇔    0  ⇔    1  ⇔    1
   专项知识          ⇔   8.3  ⇔   .0  ⇔   .0  ⇔  33.3 ⇔   5.9
                     ⇕⇕⇕⇕⇕⇕⇕⇕⇕⇕⇕⇕⇕⇕⇕⇕⇕⇕⇕⇕⇕⇕⇕⇕⇕⇕⇕⇕⇕⇕⇕
                   2 ⇔     8  ⇔    6  ⇔    1  ⇔    1  ⇔    9
   生态知识          ⇔  66.7 ⇔  60.0 ⇔  50.0 ⇔  33.3 ⇔  52.9
                     ⇕⇕⇕⇕⇕⇕⇕⇕⇕⇕⇕⇕⇕⇕⇕⇕⇕⇕⇕⇕⇕⇕⇕⇕⇕⇕⇕⇕⇕⇕⇕
                   3 ⇔     1  ⇔    3  ⇔    0  ⇔    0  ⇔    3
   案例介绍          ⇔   8.3  ⇔  30.0 ⇔   .0  ⇔   .0  ⇔  17.6
                     ⇕⇕⇕⇕⇕⇕⇕⇕⇕⇕⇕⇕⇕⇕⇕⇕⇕⇕⇕⇕⇕⇕⇕⇕⇕⇕⇕⇕⇕⇕⇕
                   4 ⇔     0  ⇔    1  ⇔    0  ⇔    0  ⇔    1
   经验方法          ⇔   .0  ⇔  10.0 ⇔   .0  ⇔   .0  ⇔   5.9
                     ⇕⇕⇕⇕⇕⇕⇕⇕⇕⇕⇕⇕⇕⇕⇕⇕⇕⇕⇕⇕⇕⇕⇕⇕⇕⇕⇕⇕⇕⇕⇕
                   5 ⇔     5  ⇔    3  ⇔    0  ⇔    2  ⇔    6
   生态方法          ⇔  41.7 ⇔  30.0 ⇔   .0  ⇔  66.7 ⇔  35.3
                     ⇕⇕⇕⇕⇕⇕⇕⇕⇕⇕⇕⇕⇕⇕⇕⇕⇕⇕⇕⇕⇕⇕⇕⇕⇕⇕⇕⇕⇕⇕⇕
                   6 ⇔     1  ⇔    1  ⇔    0  ⇔    0  ⇔    1
   规划设计          ⇔   8.3  ⇔  10.0 ⇔   .0  ⇔   .0  ⇔   5.9
                     ⇕⇕⇕⇕⇕⇕⇕⇕⇕⇕⇕⇕⇕⇕⇕⇕⇕⇕⇕⇕⇕⇕⇕⇕⇕⇕⇕⇕⇕⇕⇕
                   7 ⇔     2  ⇔    1  ⇔    1  ⇔    1  ⇔    3
   生态原理          ⇔  16.7 ⇔  10.0 ⇔  50.0 ⇔  33.3 ⇔  17.6
                     ⇕⇕⇕⇕⇕⇕⇕⇕⇕⇕⇕⇕⇕⇕⇕⇕⇕⇕⇕⇕⇕⇕⇕⇕⇕⇕⇕⇕⇕⇕⇕
                   8 ⇔     1  ⇔    0  ⇔    1  ⇔    0  ⇔    1
   案例实践          ⇔   8.3  ⇔   .0  ⇔  50.0 ⇔   .0  ⇔   5.9
                     ⇕⇕⇕⇕⇕⇕⇕⇕⇕⇕⇕⇕⇕⇕⇕⇕⇕⇕⇕⇕⇕⇕⇕⇕⇕⇕⇕⇕⇕⇕⇕
                   9 ⇔     1  ⇔    1  ⇔    0  ⇔    0  ⇔    1
   案例分析          ⇔   8.3  ⇔  10.0 ⇔   .0  ⇔   .0  ⇔   5.9
                     ⇕⇕⇕⇕⇕⇕⇕⇕⇕⇕⇕⇕⇕⇕⇕⇕⇕⇕⇕⇕⇕⇕⇕⇕⇕⇕⇕⇕⇕⇕⇕
                  10 ⇔     1  ⇔    2  ⇔    1  ⇔    0  ⇔    2
   理论运用          ⇔   8.3  ⇔  20.0 ⇔  50.0 ⇔   .0  ⇔  11.8
                     ⇕⇕⇕⇕⇕⇕⇕⇕⇕⇕⇕⇕⇕⇕⇕⇕⇕⇕⇕⇕⇕⇕⇕⇕⇕⇕⇕⇕⇕⇕⇕
                  11 ⇔     0  ⇔    1  ⇔    0  ⇔    0  ⇔    1
   实践应用          ⇔   .0  ⇔  10.0 ⇔   .0  ⇔   .0  ⇔   5.9
                     ⇕⇕⇕⇕⇕⇕⇕⇕⇕⇕⇕⇕⇕⇕⇕⇕⇕⇕⇕⇕⇕⇕⇕⇕⇕⇕⇕⇕⇕⇕⇕
                Column    12       10        2        3       17
                Total    70.6     58.8     11.8     17.6    100.0
Percents and totals based on respondents
17 valid cases;  7 missing cases
```

进途径所针对的知识点作了说明。其中在指认改进途径是在前期相应的理论性课程中增加对该知识点理论的讲授的 15 人中,有 12 人作了相应的说明,意见最为集中的是认为这一改进应针对普通生态学和景观生态学的基本知识,有 8 人提出,占说明人数的 66.7%;在指认改进途径是在前期相关的设计课程中增加该知识点的理论运用于实践的训练的 15 人中,有 10 人作了相应的说明,意见最为集中的也是认为这一改进应针对普通生态学和景观生态学的基本知识,有 6 人提出,占说明人数的 60.0%,此外分别有 3 人提出这一改进应针对生态规划设计的成功案例介绍、解决生态问题的具体方法,各占说明人数的 30.0%;在指认改进途径是通过调整本课程的学期内教学课时来弥补对该知识点的掌握的 3 人中,有 2 人作了相应的说明,分别有 1 人次认为这一改进应针对解决生态问题的具体方法、生态规划设计概论等原理性知识、生态规划设计的具体实践、及将已掌握的生态学理论知识应用于实践,各占说明人数的 50.0%;在指认改进途径是通过本课程教学计划的紧凑化来弥补对该知识点的掌握的 4 人中,有 3 人作了相应的说明,意见最为集中的也是认为这一改进应针对解决生态问题的具体方法,有 2 人提出,占说明人数的 66.7%。可见,在前期相应的理论性课程中应注意对普通生态学和景观生态学的基本知识的讲授,而本课程则应注意对生态学知识实际应用的讲授。

2.5 其他建议

对需掌握的背景知识点或本课程及其前期系列课程安排的其他个人建议的调查属于本部分调查的补遗,是通过开放式提问的方式进行的,调查结果如表 11 所示。全班 24 名同学中,共有 15 人 18 次提出了 10 项对于课程设置和衔接的改进建议。其中意见相对集中的是要求对前期系列课程进行重新排序,具体包括园林史大三上、景观规划设计原理大三上、景观生态学与生态规划同时上、生态专项规划先于此前的高尔夫球场规划设计进行教学并适当延长教学周数等建议,共有 5 人提出,占总

表 11　其他个人建议的频度分析

Group $SUGGEST　其它建议

Category label	Code	Count	Pct of Responses	Pct of Cases
计划紧凑	1	1	5.6	6.7
课程重排	2	5	27.8	33.3
增加讲课	3	3	16.7	20.0
加强师资	4	1	5.6	6.7
提供教材	5	1	5.6	6.7
增加课程	6	2	11.1	13.3
增加实习	7	2	11.1	13.3
个人抄绘	8	1	5.6	6.7
选小课题	9	1	5.6	6.7
实地研究	10	1	5.6	6.7
Total responses		18	100.0	120.0

9 missing cases;　15 valid cases

建议人数的 33.3%；此外有 3 人提出应增加特定内容的讲课，包括国外成功案例、基础设施规划、保护规划等，占总建议人数的 20.0%；有 2 人提出应增加设置相关的课程（如生态规划概论、生态学基础等）、增加生态规划设计的实习教学，各占总建议人数的 11.1%；另有 1 人提出应将教学计划安排得更为紧凑以免同学们偷懒、增加代课老师人数、提供相应的生态规划设计教材、增加生态规划设计图纸的个人抄绘环节、选择较小的教学课题以便于深入体会、本课程中增加实地考察研究的教学环节。

3　关于教学内容的调查结果

关于"旅游区生态专项规划设计"教学内容满意度的调查是通过对该课程教学内容与教学目的的相关性、教学内容组成合理性、具体教学内容的教学效果等设问来进行的。

3.1　教学内容与教学目的相关性

对该课程教学内容与教学目的相关性的调查是通过单项选择的方式进行的，结果如图 6 所示。全班 24 名同学中，认为该课程教学内容与教学目的相关性强或相关性尚可的各占 50%，没有人认为该课程教学内容与教学目的相关性不太强或无相关性。可见，该课程教学内容与教学目的相关性还是比较强的。

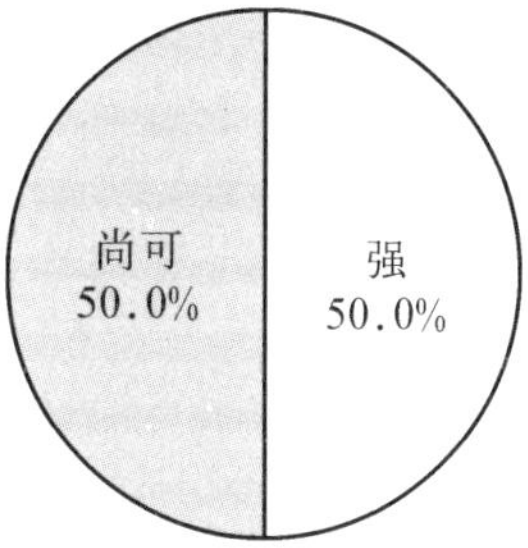

为了解该课程教学内容与教学目的的具体相关情况及可能加以改进的具体建议，本调查还通过开放式提问的方式要求对所指认的相关性进行具体说明并提出改进建议，但未得到任何回答。

3.2　教学内容组成的合理性

对该课程教学内容组成合理性的调查也是通过单项选择的方式进行的，结果如图 7 所示。全班 24 名同学中，有 5 人认为该课程教学内容组成合理，占全班总人数的 20.8%；有 18 人认为该课程教学内容组成较合理，占全班总人数的 75.0%；有 1 人认为该课程教学内容组成不合理，占全班总人数的 4.2%；没有人认为该课程教学内容组成有明显欠缺。

3.3　现有教学内容的调整建议

为了判断由景观生态规划设计的理论和方法框架的简要介绍和土地利用适宜性分析、环境容量研究、多方案比较决策、局部地块的详细设计等重点技术环节训练所组成的现有教学内容应该如何进行调整，本调查研究还通过开放式提问的方式要求学生对可去除的现有教学内容、需增加的教学内容和应重点强调的教学内容进行了具体的说明建议，结果如表 12 所示。全班 24 名同学中，只有 3 人认为现有教学内容中存在可去除项，分别指认是土地利用适宜性分析、环境容量研究和局部地块的

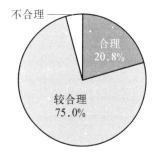

图 6　内容与目的相关频度分析

图 7　教学内容组成合理性频度分析

详细设计；有 6 人认为需增加新的教学内容，其中有 2 人指认需新增生态工程技术的教学内容，另有 1 人指认需新增普通生态学基础、国外生态规划方法案例、实施

去 除 内 容

		Frequency	Percent	Valid Percent	Cumulative Percent
Valid	适宜分析	1	4.2	33.3	33.3
	环境容量	1	4.2	33.3	66.7
	详细设计	1	4.2	33.3	100.0
	Total	3	12.5	100.0	
Missing System		21	87.5		
Total		24	100.0		

增 加 内 容

		Frequency	Percent	Valid Percent	Cumulative Percent
Valid	工程技术	2	8.3	33.3	33.3
	生态基础	1	4.2	16.7	50.0
	国际动向	1	4.2	16.7	66.7
	实施验证	1	4.2	16.7	83.3
	资料汇编	1	4.2	16.7	100.0
	Total	6	25.0	100.0	
Missing System		18	75.0		
Total		24	100.0		

表 12　现有教学内容调整建议的频度分析

```
Group $EMPHA    强调内容

                                               Pct of   Pct of
Category label                 Code    Count  Responses  Cases
原理框架                         1       7     35.0     53.8
适宜分析                         2       2     10.0     15.4
环境容量                         3       5     25.0     38.5
比较决策                         4       4     20.0     30.8
详细设计                         5       2     10.0     15.4
                                      _____  _____    _____
                      Total responses   20    100.0    153.8
11 missing cases;  13 valid cases
```

具体案例来验证所学的生态规划设计方法的正确性、进行现场调研和基础资料汇编的教学内容；此外有 13 人认为应重点强调某些教学内容，其中意见最为集中的是有 7 人认为应强调景观生态规划设计的理论和方法框架的介绍，占总回答人数的 53.8%，意见较为集中的是分别有 5 人和 4 人认为应强调环境容量研究和多方案比较决策，各总回答人数的 38.5% 和 30.8%，另有 2 人认为应强调土地利用适宜性分析和局部地块的详细设计。

去除内容 * 去除理由 Crosstabulation

Count

		去　除　理　由			Total
		不够切题	可操作性	先期教授	
去除内容	详细设计	1			1
	环境容量		1		1
	适宜分析			1	1
Total		1	1	1	3

增加内容 * 增加理由 Crosstabulation

Count

		增　加　理　由				Total
		启发了解	实践需要	完整认识	学习检验	
增加内容	资料汇编			1		1
	实施验证				1	1
	国际动向	1				1
	生态基础		1			1
	工程技术		2			2
Total		1	3	1	1	6

　　为了判别学生对于现有教学内容的调整要求是否合理，本调查还通过开放式提问的方式要求学生对提出可去除、需增加和应重点强调的教学内容的理由作出说明，并对教学内容的调整建议和理由进行了交叉分析，结果如表 13 所示。建议去除土地利用适宜性分析的理由是该内容可提早到"旅游区规划与设计（Ⅰ）"进行教学，建议去除环境容量研究的理由是该内容由于现有学术观点的分歧不具备现实的可操作性；建议去除局部地块详细设计的理由是该内容因为采用单独快题的方式与规划课题无必然联系；建议增加生态工程技术和普通生态学基础教学的理由都是该内

容对指导实践操作很有必要;建议增加国外生态规划方法案例教学的理由是该内容能增加对生态规划方法的了解并带来新的启发;建议增加实施具体案例来验证所学的生态规划设计方法的理由是该内容能有助于学生进行直观的认识学习并验证自己所学到的方法的科学性;建议增加现场调研和基础资料汇编教学的理由是该内容有助于学生对所进行的课题有一个全面完整的认识;建议强调景观生态规划设计理论和方法框架介绍的理由主要是该内容极为重要和有助于加深了解;建议强调土地利用适宜性分析的理由是该内容极为重要;建议强调环境容量研究的理由主要是该内容极为重要和由于现有学术观点存在分歧需要深入探讨;建议强调多方案比较决策的理由主要是该内容极为重要;建议强调局部地块的详细设计的理由是该内容该内容极为重要。

表 13　现有教学内容调整及其理由的交叉分析

```
* * *  C R O S S T A B U L A T I O N  * * *

$EMPHA  (group)    强调内容
 by $RESON  (group)   强调理由

            $RESON
     Count  ⇔ 能力要求 加深了解  重要  争议探讨 思路启发 综合能力
     Row pct ⇔                                              Row
            ⇔                                              Total
            ⇔   1 ⇔   2 ⇔   3 ⇔   4 ⇔   5 ⇔   6 ⇔
   $EMPHA
⇔⇔⇔⇔⇔⇔⇔⇔⇔⇔⇔⇔⇔⇔⇔⇔⇔⇔⇔⇔⇔⇔⇔⇔⇔⇔⇔⇔⇔⇔⇔⇔⇔⇔⇔⇔⇔⇔⇔⇔⇔
            1 ⇔   0 ⇔   3 ⇔   5 ⇔   1 ⇔   0 ⇔   0 ⇔   6
   原理框架   ⇔  .0 ⇔ 50.0 ⇔ 83.3 ⇔ 16.7 ⇔  .0 ⇔  .0 ⇔ 54.5

⇔⇔⇔⇔⇔⇔⇔⇔⇔⇔⇔⇔⇔⇔⇔⇔⇔⇔⇔⇔⇔⇔⇔⇔⇔⇔⇔⇔⇔⇔⇔⇔⇔⇔⇔⇔⇔⇔⇔⇔⇔
            2 ⇔   0 ⇔   0 ⇔   3 ⇔   0 ⇔   0 ⇔   0 ⇔   1
   适宜分析   ⇔  .0 ⇔  .0 ⇔ 300.0 ⇔  .0 ⇔  .0 ⇔  .0 ⇔ 9.1

⇔⇔⇔⇔⇔⇔⇔⇔⇔⇔⇔⇔⇔⇔⇔⇔⇔⇔⇔⇔⇔⇔⇔⇔⇔⇔⇔⇔⇔⇔⇔⇔⇔⇔⇔⇔⇔⇔⇔⇔⇔
            3 ⇔   0 ⇔   1 ⇔   3 ⇔   2 ⇔   0 ⇔   1 ⇔   4
   环境容量   ⇔  .0 ⇔ 25.0 ⇔ 75.0 ⇔ 50.0 ⇔  .0 ⇔ 25.0 ⇔ 36.4

⇔⇔⇔⇔⇔⇔⇔⇔⇔⇔⇔⇔⇔⇔⇔⇔⇔⇔⇔⇔⇔⇔⇔⇔⇔⇔⇔⇔⇔⇔⇔⇔⇔⇔⇔⇔⇔⇔⇔⇔⇔
            4 ⇔   1 ⇔   0 ⇔   3 ⇔   1 ⇔   1 ⇔   1 ⇔   4
   比较决策   ⇔ 25.0 ⇔  .0 ⇔ 75.0 ⇔ 25.0 ⇔ 25.0 ⇔ 25.0 ⇔ 36.4

⇔⇔⇔⇔⇔⇔⇔⇔⇔⇔⇔⇔⇔⇔⇔⇔⇔⇔⇔⇔⇔⇔⇔⇔⇔⇔⇔⇔⇔⇔⇔⇔⇔⇔⇔⇔⇔⇔⇔⇔⇔
            5 ⇔   0 ⇔   0 ⇔   2 ⇔   0 ⇔   0 ⇔   0 ⇔   1
   详细设计   ⇔  .0 ⇔  .0 ⇔ 200.0 ⇔  .0 ⇔  .0 ⇔  .0 ⇔ 9.1

⇔⇔⇔⇔⇔⇔⇔⇔⇔⇔⇔⇔⇔⇔⇔⇔⇔⇔⇔⇔⇔⇔⇔⇔⇔⇔⇔⇔⇔⇔⇔⇔⇔⇔⇔⇔⇔⇔⇔⇔⇔
          Column   1      4      7      2      1      1      11
          Total   9.1   36.4   63.6   18.2   9.1    9.1   100.0
     Percents and totals based on respondents
     11 valid cases;  13 missing cases
```

3.4　现有教学内容的教学效果

对现有内容教学效果的调查是通过单项选择的方式进行的,结果如图 8 所示。全班 24 名同学中,有 2 人认为该课程现有教学内容的教学效果好,占全班总人数的 8.3%;有 18 人认为该课程现有教学内容的教学效果较好,占全班总人数的 75.0%;有 4 人认为该课程现有教学内容的教学效果不够理想,占全班总人数的 16.7%;没有人认为该课程现有教学内容的教学效果不理想。

为了进一步了解具体教学内容的教学效果，本调查还通过开放式提问的方式要求学生分别指出教学效果较好和教学效果不佳的现有教学内容，并对此作了频度统计，结果分别如表 14 和表 15 所示。

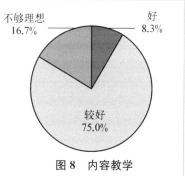

图 8　内容教学

由表 14 可见，全班 24 名同学中，共有 17 人指认了教学效果较好的现有教学内容，其中意见最为集中的是有 9 人认为景观生态规划设计理论和方法框架介绍的教学效果较好，占所有回答者的 52.9%；意见较为集中的是分别有 8 人认为土地利用适宜性分析和多方案比较决策的教学效果较好，各占所有回答者的 47.1%；此外有 6 人认为局部地块详细设计的教学效果较好，占所有回答者的 35.3%；还有 4 人认为环境容量研究的教学效果较好，占所有回答者的 23.5%。

表 14　教学效果较好的现有教学内容的频度分析

Group $GOOD　教学效果好的内容

Category label	Code	Count	Pct of Responses	Pct of Cases
原理框架	1	9	25.7	52.9
适宜分析	2	8	22.9	47.1
环境容量	3	4	11.4	23.5
比较决策	4	8	22.9	47.1
详细设计	5	6	17.1	35.3
Total responses		35	100.0	205.9

7 missing cases;　17 valid cases

由表 15 可见，指认教学效果不佳的现有教学内容的共有 14 人，其中意见最为集中的是有 6 人认为环境容量研究的教学效果不佳，占所有回答者的 42.9%；此外有 4 人认为多方案比较决策和局部地块详细设计的教学效果不佳，各占所有回答

表 15　教学效果不佳的现有教学内容的频度分析

Group $BAD　教学效果不佳的内容

Category label	Code	Count	Pct of Responses	Pct of Cases
原理框架	1	3	15.0	21.4
适宜分析	2	3	15.0	21.4
环境容量	3	6	30.0	42.9
比较决策	4	4	20.0	28.6
详细设计	5	4	20.0	28.6
Total responses		20	100.0	142.9

10 missing cases;　14 valid cases

者的 28.6%；还有 3 人认为景观生态规划设计理论和方法框架介绍和土地利用适宜性分析的教学效果不佳，各占所有回答者的 21.4%。

可以看出，所有的现有教学内容中，教学效果最好的应是景观生态规划设计理论和方法框架介绍，其后依次为土地利用适宜性分析、多方案比较决策和局部地块详细设计，教学效果最不好的是环境容量研究。

为了了解具体教学内容教学中存在的问题，本调查还通过开放式提问的方式要求学生对所指认的教学效果较好和教学效果不佳的现有教学内容说明理由，并对此进行了交叉分析，结果如表 16 和表 17 所示。

表 16 教学效果较好的现有教学内容及其理由的交叉分析

```
* * * C R O S S T A B U L A T I O N * * *
  $GOOD (group)  教学效果较好的内容
by $RESON (group)  理由
                  $RESON
          Count  有了了解  可操作性  系统了解  基本掌握  讨论启发  形象易懂  新的启发
          Row pct                                                              Row
                                                                              Total
                   1        2        3        4        5        6        7
$GOOD
⇔⇔⇔⇔⇔⇔⇔⇔⇔⇔⇔⇔⇔⇔⇔⇔⇔⇔⇔⇔⇔⇔⇔⇔⇔⇔⇔⇔⇔⇔⇔⇔⇔⇔⇔⇔⇔⇔⇔⇔⇔⇔⇔⇔⇔⇔⇔⇔⇔⇔⇔⇔
                   1       3        0        1        0        0        0        0        4
原理框架           ⇔     75.0      .0      25.0      .0       .0       .0       .0       30.8

                   2       0        1        0        2        0        0        0        3
适宜分析           ⇔      .0      33.3      .0      66.7      .0       .0       .0       23.1

                   3       0        0        0        1        1        0        0        2
环境容量           ⇔      .0       .0       .0      50.0     50.0      .0       .0       15.4

                   4       0        0        0        0        1        0        1        2
比较决策           ⇔      .0       .0       .0       .0      50.0      .0      50.0      15.4

                   5       0        0        0        1        0        1        0        2
详细设计           ⇔      .0       .0       .0      50.0      .0      50.0      .0       15.4

⇔⇔⇔⇔⇔⇔⇔⇔⇔⇔⇔⇔⇔⇔⇔⇔⇔⇔⇔⇔⇔⇔⇔⇔⇔⇔⇔⇔⇔⇔⇔⇔⇔⇔⇔⇔⇔⇔⇔⇔⇔⇔⇔⇔⇔⇔⇔⇔⇔⇔⇔⇔
          Column   3        1        1        4        2        1        1        9
          Total   23.1      7.7      7.7      30.8     15.4      7.7      7.7     100.0
   Percents and totals based on respondents
   9 valid cases;  15 missing cases
```

由表 16 可见，全班 24 名同学中，只有 9 人对所指认的教学效果较好的现有教学内容的具体理由进行了说明。其中指认景观生态规划设计理论和方法框架介绍的教学效果较好的 9 人中，共有 4 人说明了理由，其中 3 人认为通过这部分内容的教学使自己对景观生态规划设计的基本理论和方法有了一定的了解，此外还有 1 人认为对这一方法有了系统的了解；指认土地利用适宜性分析的教学效果较好的 8 人中，共有 3 人说明了理由，其中 2 人认为对这一方法已基本掌握，此外还有 1 人认为这一方

表 17　教学效果不佳的现有教学内容及其理由的交叉分析

```
*** C R O S S T A B U L A T I O N ***
$RESON_1 (group)  理由
by $BAD (group)  教学效果不佳的内容
```

	$BAD					
Count Col pct	原理框架	适宜分析	环境容量	比较决策	详细设计	Row Total
$RESON_1	1	2	3	4	5	
1　容量困惑	0 .0	0 .0	3 50.0	0 .0	0 .0	3 15.8
2　点评不够	0 .0	0 .0	0 .0	1 33.3	1 25.0	2 10.5
3　研究不全	0 .0	1 33.3	0 .0	0 .0	0 .0	1 5.3
4　探讨不够	1 33.3	0 .0	1 16.7	0 .0	0 .0	2 10.5
5　课题脱节	0 .0	0 .0	0 .0	0 .0	2 50.0	2 10.5
6　讲解不够	0 .0	0 .0	1 16.7	0 .0	0 .0	1 5.3
7　没能掌握	1 33.3	0 .0	0 .0	0 .0	0 .0	1 5.3
8　缺少资料	0 .0	1 33.3	0 .0	0 .0	0 .0	1 5.3
9　讲座少	1 33.3	0 .0	0 .0	0 .0	0 .0	1 5.3
10　没跑现场	0 .0	1 33.3	0 .0	0 .0	0 .0	1 5.3
11　观点分歧	0 .0	0 .0	1 16.7	0 .0	0 .0	1 5.3
12　科学依据	0 .0	0 .0	0 .0	2 66.7	0 .0	2 10.5
13　课时少	0 .0	0 .0	0 .0	0 .0	1 25.0	1 5.3
Column Total	3 15.8	3 15.8	6 31.6	3 15.8	4 21.1	13 100.0

```
Percents and totals based on respondents
13 valid cases;  11 missing cases
```

法较具有可操作性;指认环境容量研究的教学效果较好的 4 人中,共有 2 人说明了理由,其中有 1 人认为对这一方法已基本掌握及在讨论过程中得到了启示;指认多方案比较决策的教学效果较好的 8 人中,共有 2 人说明了理由,分别有 1 人认为在讨论过程中得到了启示及获得了新的有趣的启发;指认局部地块详细设计的教学效果较好的 6 人中,共有 2 人说明了理由,分别有 1 人认为对这一方法已基本掌握及这一教学内容比较形象易懂。

由表 17 可见,全班 24 名同学中,有 13 人对所指认的教学效果不佳的现有教学内容的具体理由进行了说明。其中指认景观生态规划设计理论和方法框架介绍的教学效果不佳的 3 人中,共有 3 人说明了理由,其中有 1 人认为这部分内容的教学对景观生态规划设计的基本理论和方法的探讨不够详细、自己没能掌握以及专题讲座次数太少;指认土地利用适宜性分析的教学效果不佳的 3 人中,共有 3 人说明了理由,分别有 1 人认为这部分内容的教学研究不够全面、缺少基础资料,以及没能进行现场调查缺乏感性认识;指认环境容量研究的教学效果不佳的 6 人中,共有 6 人说明了理由,意见最为集中的是有 3 人认为由于现有学术观点的分歧导致对环境容量的认识困惑,此外分别有 1 人认为这部分内容的教学对问题的探讨不够深入、讲解不够充分以及对于现有学术观点的分歧未能介绍清楚;指认多方案比较决策的教学效果不佳的 4 人中,共有 3 人说明了理由,其中有 2 人认为决策缺乏科学依据,此外有 1 人认为老师对于不同方案的好坏点评得不够;指认局部地块详细设计的教学效果不佳的 6 人中,共有 4 人说明了理由,其中有 2 人认为该部分的快题与规划部分的课题脱节不利学生掌握,此外分别有 1 人认为老师对于作业的点评不够及课时过于紧张。

3.5 现有教学内容的教学改进建议

为了进一步了解具体教学内容在教学中可能加以改进的办法,本调查还通过开放式提问的方式要求学生对现有教学内容的教学提出具体的改进建议,调查结果如图 9 所示。全班 24 名同学中,只有 10 人提出了共 8 项具体的改进建议,意见较为分散。其中有 2 人认为可通过将局部地块详细设计调整到总规之后进行、或是增加对各环节相关知识的讲解来加以改进,此外有 1 人认为可通过学生之间互相

图 9 改进建议

评价方案、增加小组讨论和组间交流中的辩论环节、在重点环节教学的基础上进一步突出重点以充分利用课时、增加实施内容的教学以便对方案的合理性有所检验、增加整个课程的教学课时，以及在环境容量研究的教学中对各种分歧观点进行充分探讨。

4　关于教学方法及课时安排的调查结果

关于"旅游区生态专项规划设计"教学方法及课时安排满意度的调查是通过对该课程现有教学方法组成框架和现状课时安排的合理性设问来进行的。

4.1　现有教学方法组成框架的合理性

对该课程现有教学方法组成框架合理性的调查是通过单项选择的方式进行的，结果如图 10 所示。全班24 名同学中，25.0%认为该课程现有的教学方法组成框架合理，75.0%认为该课程现有的教学方法组成框架较合理，没有人认为该课程现有的教学方法组成框架不太合理或不合理。可见，该课程现有的教学方法组成框架还是较为合理的。

图 10　教学方法

4.2　现有教学方法组成框架的调整与改进

为了判断对由集中讲课、集中讲座、分组讲解、设计指导、小组讨论、组间交流、成果点评所组成的现有教学方法应该如何进行取舍和改进，本调查研究还通过开放式提问的方式要求学生对可去除的现有教学方法、应改进的现有教学方法和需增加的教学方法进行了具体的说明，结果如表 18 所示。全班 24 名同学中，没有人认为现有教学方法中存在可去除项；有 11 人认为应改进某些现有的教学方法，其中有 3 人认为应对设计指导或组间交流的教学方法加以改进，各占总回答人数的 27.3%，另有 2 人认为应对集中讲座、小组讨论或成果点评的教学方法加以改进，各占总回答人数的 18.2%；此外有 7 人认为需增加新的教学方法，其中意见最为集中的是有 5 人指认需新增现场考察调研的教学方法，另有 1 人指认需新增引进外籍老师和学生或外专业学生进行交流、或参观实习的教学方法。

表 18　现有教学方法调整建议的频度分析

```
Group $IMPROVE   改进方法

                                              Pct of  Pct of
Category label              Code    Count   Responses  Cases
集中讲座                       2       2      16.7    18.2
设计指导                       4       3      25.0    27.3
小组讨论                       5       2      16.7    18.2
组间交流                       6       3      25.0    27.3
成果点评                       7       2      16.7    18.2
                                  _____  _____  _____
                 Total responses    12     100.0    109.1
13 missing cases;  11 valid cases
```

增 加 方 法				
	Frequency	Percent	Valid Percent	Cumulative Percent
Valid　现场考察	5	20.8	71.4	71.4
引进交流	1	4.2	14.3	85.7
参观实习	1	4.2	14.3	100.0
Total	7	29.2	100.0	
Missing System	17	70.8		
Total	24	100.0		

为了判别学生对于现有教学方法的调整要求是否合理,本调查还通过开放式提问的方式要求学生对提出可去除、应改进和需增加的教学方法的理由作出说明,并对教学方法的调整建议和理由进行了交叉分析,结果如表19所示。

在认为应改进某些现有教学方法的11人中,只有6人说明了具体理由。其中建议改进集中讲座的2人中只有1人作了回答,认为集中讲座应对一些关键性的技术环节进行针对性讲解,从而有助于增加理论应用的实际可操作性;建议改进设计指导的3人全部作了回答,有2人认为设计指导缺乏科学依据,另有1人认为设计指导应重在启发学生的思想;建议改进小组讨论的2人也全部作了回答,2人均认为由于

表19　现有教学方法调整建议及其理由的交叉分析

```
*** C R O S S T A B U L A T I O N ***
   $IMPROVE (paired group)  改进方法
by $RESON (paired group)  改进理由
             $RESON
    Count  ⇔ 不够能动 可操作性    低效   科学依据 重新认识
    Row pct ⇔                                              Row
            ⇔                                              Total
            ⇔     1 ⇔     2 ⇔     3 ⇔     4 ⇔     5 ⇔
    $IMPROVE
⇔⇔⇔⇔⇔⇔⇔⇔⇔⇔⇔⇔⇔⇔⇔⇔⇔⇔⇔⇔⇔⇔⇔⇔⇔⇔⇔⇔⇔⇔⇔⇔⇔⇔⇔⇔⇔⇔⇔⇔⇔⇔⇔⇔⇔⇔⇔⇔⇔⇔⇔⇔⇔⇔⇔⇔⇔⇔⇔
          2 ⇔     0 ⇔     1 ⇔     0 ⇔     0 ⇔     0 ⇔     1
  集中讲座  ⇔    .0 ⇔ 100.0 ⇔    .0 ⇔    .0 ⇔    .0 ⇔  14.3
            ⇔⇔⇔⇔⇔⇔⇔⇔⇔⇔⇔⇔⇔⇔⇔⇔⇔⇔⇔⇔⇔⇔⇔⇔⇔⇔⇔⇔⇔⇔⇔⇔⇔⇔⇔⇔⇔⇔⇔⇔⇔⇔⇔⇔⇔
          4 ⇔     1 ⇔     0 ⇔     0 ⇔     2 ⇔     0 ⇔     3
  设计指导  ⇔  33.3 ⇔    .0 ⇔    .0 ⇔  66.7 ⇔    .0 ⇔  42.9
            ⇔⇔⇔⇔⇔⇔⇔⇔⇔⇔⇔⇔⇔⇔⇔⇔⇔⇔⇔⇔⇔⇔⇔⇔⇔⇔⇔⇔⇔⇔⇔⇔⇔⇔⇔⇔⇔⇔⇔⇔⇔⇔⇔⇔⇔
          5 ⇔     0 ⇔     0 ⇔     2 ⇔     0 ⇔     0 ⇔     2
  小组讨论  ⇔    .0 ⇔    .0 ⇔ 100.0 ⇔    .0 ⇔    .0 ⇔  28.6
            ⇔⇔⇔⇔⇔⇔⇔⇔⇔⇔⇔⇔⇔⇔⇔⇔⇔⇔⇔⇔⇔⇔⇔⇔⇔⇔⇔⇔⇔⇔⇔⇔⇔⇔⇔⇔⇔⇔⇔⇔⇔⇔⇔⇔⇔
          7 ⇔     0 ⇔     0 ⇔     0 ⇔     0 ⇔     1 ⇔     1
  成果点评  ⇔    .0 ⇔    .0 ⇔    .0 ⇔    .0 ⇔ 100.0 ⇔  14.3
            ⇔⇔⇔⇔⇔⇔⇔⇔⇔⇔⇔⇔⇔⇔⇔⇔⇔⇔⇔⇔⇔⇔⇔⇔⇔⇔⇔⇔⇔⇔⇔⇔⇔⇔⇔⇔⇔⇔⇔⇔⇔⇔⇔⇔⇔
     Column     1       1       2       2       1       7
     Total    14.3    14.3    28.6    28.6    14.3   100.0
Percents and totals based on responses
6 valid cases;  18 missing cases
```

增加方法 * 增加理由 Crosstabulation

Count

		增 加 理 由				Total
		加强认知	结合实际	新思想	直观认识	
增加方法	现场考察	3	1	1		5
	引进交流			1		1
	参观实习				1	1
Total		3	1	1	1	7

大家普遍对生态规划设计了解不多,小组讨论效率低下;建议改进成果点评的 2 人中只有 1 人作了回答,认为成果点评应针对每个同学的不足之处进行,使大家对自己的方案能够有新的认识,启发大家的思想;建议改进组间交流的 3 人全部没有回答。

在认为需增加新的教学方法的 7 人中,共有 4 人说明了具体理由。其中建议增加现场考察调研的 5 人中,只有 2 人作了回答,分别认为现场考察调研可加强认识体验,以及认为规划设计必须结合具体实际,不能纸上谈兵;建议增加引进外籍老师和学生或外专业学生进行交流的 1 人认为该方法能有助于引进新的规划设计理念和思想;建议增加参观实习的 1 人认为该方法有助于学生通过实际的了解对所学的课堂知识加以消化吸收。

为了进一步了解学生对应改进的某些现有教学方法是否设想有好的改进办法,本调查还通过开放式提问的方式要求学生对此提出具体的改进建议,并对应改进的现有教学方法及其改进建议进行了交叉分析,结果如表 20 所示。在认为应改进某些现有教学方法的 11 人中,共有 10 人提出了共 11 项具体的改进建议,意见极为分散。其中建议改进集中讲座的 2 人分别建议集中讲座应针对一些关键性技术或重点环节设置;建议改进设计指导的 3 人分别建议设计指导应以提问启发的方式进行,应能提供经实践验证的科学依据,以及应多介绍一些成功的案例;建议改进小组讨论的 2 人中只有 1 人作了回答,建议应缩小分组的规模以便于组员间的沟通交流;建议改进组间交流的 3 人分别建议应增加组间交流的教学课时,老师应注意营造活跃的交流讨论的氛围,以及应强制性规定组间交流的制度以促进规律性的组间交流活动;建议改进成果点评的 2 人分别建议应改课后点评为课前点评,通过点评以前学生的作业使大家对接下来的教学有一个直观初步的了解,以及应在规划教学阶段也引入成果点评使大家对自己的方案能够有新的认识,启发大家的思想。

4.3 现状课时安排的合理性

对该课程现状课时安排合理性的调查也是通过单项选择的方式进行的,结果如图 11 所示。全班 24 名同学

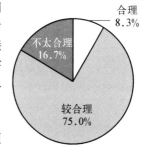

图 11 课时安排

表20　应改进的现有教学方法及其改进建议的交叉分析

```
                    * * *  C R O S S T A B U L A T I O N  * * *
      $SUGGEST (paired group)  改进建议
   by $IMPROVE (paired group)  改进方法
                         $IMPROVE
             Count ⇨  集中讲座  设计指导  小组讨论  组间交流  成果点评
             Col pct ⇨                                            Row
                    ⇨                                            Total
                    ⇨   2  ⇨   4  ⇨   5  ⇨   6  ⇨   7  ⇨
                    $SUGGEST
             ⇨⇨⇨⇨⇨⇨⇨⇨⇨⇨⇨⇨⇨⇨⇨⇨⇨⇨⇨⇨⇨⇨⇨⇨⇨⇨⇨⇨⇨⇨⇨⇨⇨⇨⇨⇨⇨⇨⇨⇨⇨⇨⇨⇨⇨⇨⇨⇨
                      1 ⇨   0  ⇨   0  ⇨   0  ⇨   1  ⇨   0  ⇨     1
   时间增加              ⇨  .0  ⇨  .0  ⇨  .0  ⇨ 33.3 ⇨  .0  ⇨   9.1
             ⇧⇧⇧⇧⇧⇧⇧⇧⇧⇧⇧⇧⇧⇧⇧⇧⇧⇧⇧⇧⇧⇧⇧⇧⇧⇧⇧⇧⇧⇧⇧⇧⇧⇧⇧⇧⇧⇧⇧⇧⇧⇧⇧⇧⇧⇧⇧⇧
                      2 ⇨   0  ⇨   1  ⇨   0  ⇨   0  ⇨   0  ⇨     1
   提问启发              ⇨  .0  ⇨ 33.3 ⇨  .0  ⇨  .0  ⇨  .0  ⇨   9.1
             ⇧⇧⇧⇧⇧⇧⇧⇧⇧⇧⇧⇧⇧⇧⇧⇧⇧⇧⇧⇧⇧⇧⇧⇧⇧⇧⇧⇧⇧⇧⇧⇧⇧⇧⇧⇧⇧⇧⇧⇧⇧⇧⇧⇧⇧⇧⇧⇧
                      3 ⇨   1  ⇨   0  ⇨   0  ⇨   0  ⇨   0  ⇨     1
   技术讲解              ⇨ 50.0 ⇨  .0  ⇨  .0  ⇨  .0  ⇨  .0  ⇨   9.1
             ⇧⇧⇧⇧⇧⇧⇧⇧⇧⇧⇧⇧⇧⇧⇧⇧⇧⇧⇧⇧⇧⇧⇧⇧⇧⇧⇧⇧⇧⇧⇧⇧⇧⇧⇧⇧⇧⇧⇧⇧⇧⇧⇧⇧⇧⇧⇧⇧
                      4 ⇨   1  ⇨   0  ⇨   0  ⇨   0  ⇨   0  ⇨     1
   专题讲座              ⇨ 50.0 ⇨  .0  ⇨  .0  ⇨  .0  ⇨  .0  ⇨   9.1
             ⇧⇧⇧⇧⇧⇧⇧⇧⇧⇧⇧⇧⇧⇧⇧⇧⇧⇧⇧⇧⇧⇧⇧⇧⇧⇧⇧⇧⇧⇧⇧⇧⇧⇧⇧⇧⇧⇧⇧⇧⇧⇧⇧⇧⇧⇧⇧⇧
                      5 ⇨   0  ⇨   0  ⇨   0  ⇨   0  ⇨   1  ⇨     1
   课前点评              ⇨  .0  ⇨  .0  ⇨  .0  ⇨  .0  ⇨ 50.0 ⇨   9.1
             ⇧⇧⇧⇧⇧⇧⇧⇧⇧⇧⇧⇧⇧⇧⇧⇧⇧⇧⇧⇧⇧⇧⇧⇧⇧⇧⇧⇧⇧⇧⇧⇧⇧⇧⇧⇧⇧⇧⇧⇧⇧⇧⇧⇧⇧⇧⇧⇧
                      6 ⇨   0  ⇨   0  ⇨   1  ⇨   0  ⇨   0  ⇨     1
   组变小               ⇨  .0  ⇨  .0  ⇨ 100.0⇨  .0  ⇨  .0  ⇨   9.1
             ⇧⇧⇧⇧⇧⇧⇧⇧⇧⇧⇧⇧⇧⇧⇧⇧⇧⇧⇧⇧⇧⇧⇧⇧⇧⇧⇧⇧⇧⇧⇧⇧⇧⇧⇧⇧⇧⇧⇧⇧⇧⇧⇧⇧⇧⇧⇧⇧
                      7 ⇨   0  ⇨   1  ⇨   0  ⇨   0  ⇨   0  ⇨     1
   实践验证              ⇨  .0  ⇨ 33.3 ⇨  .0  ⇨  .0  ⇨  .0  ⇨   9.1
             ⇧⇧⇧⇧⇧⇧⇧⇧⇧⇧⇧⇧⇧⇧⇧⇧⇧⇧⇧⇧⇧⇧⇧⇧⇧⇧⇧⇧⇧⇧⇧⇧⇧⇧⇧⇧⇧⇧⇧⇧⇧⇧⇧⇧⇧⇧⇧⇧
                      8 ⇨   0  ⇨   0  ⇨   0  ⇨   1  ⇨   0  ⇨     1
   活跃气氛              ⇨  .0  ⇨  .0  ⇨  .0  ⇨ 33.3 ⇨  .0  ⇨   9.1
             ⇧⇧⇧⇧⇧⇧⇧⇧⇧⇧⇧⇧⇧⇧⇧⇧⇧⇧⇧⇧⇧⇧⇧⇧⇧⇧⇧⇧⇧⇧⇧⇧⇧⇧⇧⇧⇧⇧⇧⇧⇧⇧⇧⇧⇧⇧⇧⇧
                      9 ⇨   0  ⇨   0  ⇨   0  ⇨   1  ⇨   0  ⇨     1
   强制交流              ⇨  .0  ⇨  .0  ⇨  .0  ⇨ 33.3 ⇨  .0  ⇨   9.1
             ⇧⇧⇧⇧⇧⇧⇧⇧⇧⇧⇧⇧⇧⇧⇧⇧⇧⇧⇧⇧⇧⇧⇧⇧⇧⇧⇧⇧⇧⇧⇧⇧⇧⇧⇧⇧⇧⇧⇧⇧⇧⇧⇧⇧⇧⇧⇧⇧
                     10 ⇨   0  ⇨   1  ⇨   0  ⇨   0  ⇨   0  ⇨     1
   案例介绍              ⇨  .0  ⇨ 33.3 ⇨  .0  ⇨  .0  ⇨  .0  ⇨   9.1
             ⇧⇧⇧⇧⇧⇧⇧⇧⇧⇧⇧⇧⇧⇧⇧⇧⇧⇧⇧⇧⇧⇧⇧⇧⇧⇧⇧⇧⇧⇧⇧⇧⇧⇧⇧⇧⇧⇧⇧⇧⇧⇧⇧⇧⇧⇧⇧⇧
                     11 ⇨   0  ⇨   0  ⇨   0  ⇨   0  ⇨   1  ⇨     1
   规划引入              ⇨  .0  ⇨  .0  ⇨  .0  ⇨  .0  ⇨ 50.0 ⇨   9.1
             ⇧⇧⇧⇧⇧⇧⇧⇧⇧⇧⇧⇧⇧⇧⇧⇧⇧⇧⇧⇧⇧⇧⇧⇧⇧⇧⇧⇧⇧⇧⇧⇧⇧⇧⇧⇧⇧⇧⇧⇧⇧⇧⇧⇧⇧⇧⇧⇧
             Column    2       3       1       3       2      11
             Total   18.2    27.3     9.1    27.3    18.2   100.0
   Percents and totals based on responses
   10 valid cases;  14 missing cases
```

中,8.3%认为该课程现状课时安排是合理的,75.0%认为该课程现状课时安排较合理,16.7%认为该课程现状课时安排不太合理,没有人认为该课程现状课时安排不合理。可见,该课程现状课时安排还是比较合理的。

4.4　现状课时的调整建议

为了判断对由景观生态规划设计理论和方法框架介绍(4学时)、重点技术环节训练(共48学时,平均每环节12学时)、成果修改和制作(16学时)、成果点评(4学时)所组成的现状课时安排应该如何加以调整,本调查研究还通过开放式提问的方式要求学生对可减少的教学时数及其主要针对现有教学内容或教学方法,以及应增加的教学时数及其主要针对现有教学内容或教学方法进行了具体的说明,并对此作了相应的分析,结果如表 21、表 22 和表 23 所示。

表 21　教学时数调整建议的频度分析

Group $DECRE　减时数

Category label	Code	Count	Pct of Responses	Pct of Cases
重点环节	2	7	87.5	100.0
成果制作	3	1	12.5	14.3
Total responses		8	100.0	114.3

18 missing cases;　7 valid cases

Group $INCRE　加时数

Category label	Code	Count	Pct of Responses	Pct of Cases
原理框架	1	5	25.0	31.3
重点环节	2	11	55.0	68.8
参观考察	5	4	20.0	25.0
Total responses		20	100.0	125.0

9 missing cases;　16 valid cases

由表 21 可见,全班 24 名同学中,只有 7 人认为应减少某些教学时数,其中意见最为集中的是所有 7 人均认为可减少重点技术环节训练的教学时数,占总回答人数的 100%;此外有 1 人还认为可减少成果修改和制作的教学时数,占总回答人数的 14.3%。认为应增加某些教学时数的共有 16 人,其中意见最为集中的是有 11 人认为应增加重点技术环节训练的教学时数,占总回答人数的 68.8%;此外有 5 人认为应增加景观生态规划设计理论和方法框架介绍的教学时数,占总回答人数的 31.3%;还有 4 人认为应增加实地参观考察的教学时数,占总回答人数的 25.0%。应该看到,对于重点技术环节训练教学时数的增减意见很不一致,这可能是因为增减的教学时数分别针对不同的训练环节所致。

由表 22 可见,认为应减少某些教学时数的 7 人中,只有 3 人指出了应减少的教学时数所针对的教学内容。这 3 人均认为应减少重点技术环节训练的教学时数,减少的教学时数应分别针对环境容量研究、多方案比较决策和局部地块的详细设计。与此同时,7 人中只有 2 人指出了应减少的教学时数所针对的教学方法。这 2 人均认为应减少重点技术环节训练的教学时数,减少的教学时数应分别针对分组讲解和小组讨论的教学方法。

由表 23 可见,认为应增加某些教学时数的 16 人中,只有 7 人指出了应增加的教学时数所针对的教学内容。其中在认为应增加景观生态规划设计理论和方法框架介绍的教学时数的 5 人中,有 3 人作出了回答,均认为增加的教学时数应针对景观生态规划设计理论和方法框架介绍的内容;在认为应增加重点技术环节训练的教学时

表 22 应减少的教学时数及所针对的内容与方法的交叉分析

```
* * * C R O S S T A B U L A T I O N * * *
$DECRE (paired group)  减时数
by $DECON (paired group)  减时数所针对的内容
                    $DECON
          Count  ⇨  环境容量  比较决策  详细设计
          Row pct ⇨                              Row
                                                 Total
                  ⇨    3   ⇨   4   ⇨   5   ⇨
$DECRE            ⇩⇩⇩⇩⇩⇩⇩⇩⇧⇩⇩⇩⇩⇩⇩⇩⇩⇩⇩⇩⇩⇩⇩⇩⇩⇩⇩⇩⇩⇩⇩⇩⇩
                    2  ⇨   1  ⇨   1  ⇨   1  ⇨   3
   重点环节         ⇨  33.3 ⇨ 33.3 ⇨ 33.3 ⇨ 100.0
                  ⇧⇩⇩⇩⇩⇩⇩⇩⇧⇩⇩⇩⇩⇩⇩⇩⇧⇩⇩⇩⇩⇩⇩⇩⇧⇩⇩⇩⇩⇩
          Column       1        1        1        3
          Total       33.3     33.3     33.3    100.0
Percents and totals based on responses
3 valid cases;  22 missing cases


* * * C R O S S T A B U L A T I O N * * *
$DECRE (paired group)  减时数
by $DEMETH (paired group)  减时数所针对的方法
                    $DEMETH
          Count  ⇨ 分组讲解  小组讨论
          Row pct ⇨                      Row
                  ⇨                      Total
                  ⇨    3   ⇨    5   ⇨
$DECRE            ⇩⇩⇩⇩⇩⇩⇩⇩⇩⇩⇩⇩⇩⇩⇩⇩⇩⇩⇩⇩⇩⇩⇩⇩⇩⇩⇩
                    2  ⇨   1   ⇨   1   ⇨   2
   重点环节         ⇨  50.0 ⇨  50.0 ⇨ 100.0
                  ⇧⇩⇩⇩⇩⇩⇩⇩⇩⇩⇩⇩⇩⇩⇩⇩⇩⇩⇩⇩⇩⇩⇩⇩⇩⇩
          Column       1        1        2
          Total       50.0     50.0    100.0
Percents and totals based on responses
2 valid cases;  23 missing cases
```

数的 11 人中,有 4 人作出了回答,分别认为增加的教学时数应针对土地利用适宜性分析、GIS 技术应用介绍、生态技术介绍和成功案例介绍;在认为应增加实地参观考察的教学时数的 4 人中没有人对此作出回答。与此同时,16 人中共有 9 人指出了应增加的教学时数所针对的教学方法。其中在认为应增加景观生态规划设计理论和方法框架介绍的教学时数的 5 人中,只有 1 人作出了回答,认为增加的教学时数应针对组间交流的教学方法;在认为应增加重点技术环节训练的教学时数的 11 人中,有 7 人作出了回答,其中有 2 人认为增加的教学时数应针对集中讲座和分组讲解的教学方法,另有 1 人认为增加的教学时数应针对设计指导、小组讨论和现场考察的教学方法;在认为应增加实地参观考察的教学时数的 4 人中,只有 1 人作出了回答,认为增加的教学时数应针对现场考察的教学方法。

表 23 应增加的教学时数及所针对的内容与方法的交叉分析

```
*** C R O S S T A B U L A T I O N ***
    $INCRE (paired group)  加时数
by  $INCON (paired group)  加时数针对的内容
              $INCON
        Count ⇔  原理框架   适宜分析    GIS    生态技术   案例介绍
        Row pct ⇔                                              Row
              ⇔                                               Total
              ⇔      1  ⇔   2  ⇔   6  ⇔   7  ⇔   8  ⇔
$INCRE
              1  ⇔    3        0        0        0        0        3
原理框架      ⇔  100.0  ⇔   .0  ⇔   .0  ⇔   .0  ⇔   .0  ⇔  42.9
              2  ⇔    0        1        1        1        1        4
重点环节      ⇔    .0  ⇔ 25.0  ⇔ 25.0  ⇔ 25.0  ⇔ 25.0  ⇔  57.1
        Column      3       1        1        1        1        7
        Total    42.9     14.3     14.3     14.3     14.3    100.0
Percents and totals based on responses
7 valid cases;  18 missing cases
              *** C R O S S T A B U L A T I O N ***
    $INCRE (paired group)  加时数
by  $INMETH (paired group)  加时数针对的方法
              $INMETH
        Count ⇔  集中讲座   分组讲解   设计指导   小组讨论   组间交流   现场考察
        Row pct ⇔                                                        Row
              ⇔                                                         Total
              ⇔      2  ⇔   3  ⇔   4  ⇔   5  ⇔   6  ⇔   8  ⇔
$INCRE
              1  ⇔    0        0        0        0        1        0        1
原理框架      ⇔    .0  ⇔   .0  ⇔   .0  ⇔   .0  ⇔ 100.0 ⇔   .0  ⇔  11.1
              2  ⇔    2        2        1        1        0        1        7
重点环节      ⇔  28.6  ⇔ 28.6  ⇔ 14.3  ⇔ 14.3  ⇔   .0  ⇔ 14.3  ⇔  77.8
              5  ⇔    0        0        0        0        0        1        1
参观考察      ⇔    .0  ⇔   .0  ⇔   .0  ⇔   .0  ⇔   .0  ⇔ 100.0 ⇔  11.1
        Column      2       2        1        1        1        2        9
        Total    22.2     22.2     11.1     11.1     11.1     22.2    100.0
Percents and totals based on responses
9 valid cases;  16 missing cases
```

为了判别学生对于现状教学课时的增减要求是否合理,本调查还通过开放式提问的方式要求学生对增减课时的理由作出说明,并对课时的增减建议和理由进行了交叉分析,结果如表 24 所示。

认为应减少某些教学时数的 7 人中,共有 6 人说明了具体理由。这 6 人均认为应减少重点技术环节训练的教学时数,提出的理由分别是环境容量研究比较困难、多方案决策和成果制作的时间安排可更紧凑些、小组讨论效率太低、分组讲解经常会重复集中讲课或集中讲座的内容、成果修改所花费的时间过多。6 人中还有 1 人

表 24　教学时数的增减及其理由的交叉分析

```
* * * C R O S S T A B U L A T I O N * * *
     $DECRE (group)  减时数
by $DERESON (group)  减时数理由
                      $DERESON
         Count  ⇔  研究困难    可更紧凑    低效      与1重复    修改费时
         Row pct ⇔                                                       Row
                 ⇔                                                       Total
                 ⇔    1    ⇔    2    ⇔    3    ⇔    4    ⇔    5    ⇔
$DECRE
 ┄┄┄┄┄┄┄┄┄┄┄┄┄┄┄┄┄┄┄┄┄┄┄┄┄┄┄┄┄┄┄┄┄┄┄┄┄┄┄┄┄┄
              2   ⇔    1    ⇔    2    ⇔    1    ⇔    1    ⇔    1    ⇔    6
 重点环节      ⇔  16.7   ⇔  33.3   ⇔  16.7   ⇔  16.7   ⇔  16.7   ⇔  85.7
              ┄┄┄┄┄┄┄┄┄┄┄┄┄┄┄┄┄┄┄┄┄┄┄┄┄┄┄┄┄┄┄┄┄┄┄┄┄┄┄┄┄┄
              3   ⇔    0    ⇔    1    ⇔    0    ⇔    0    ⇔    0    ⇔    1
 成果制作      ⇔   .0    ⇔ 100.0   ⇔   .0    ⇔   .0    ⇔   .0    ⇔  14.3
              ┄┄┄┄┄┄┄┄┄┄┄┄┄┄┄┄┄┄┄┄┄┄┄┄┄┄┄┄┄┄┄┄┄┄┄┄┄┄┄┄┄┄
            Column    1        3        1        1        1        7
            Total   14.3     42.9     14.3     14.3     14.3    100.0
Percents and totals based on responses
6 valid cases;  19 missing cases

* * * C R O S S T A B U L A T I O N * * *
     $INCRE (group)  加时数
by $INRESON (group)  加时数理由
                      $INRESON
         Count  ⇔  加强认知  了解不够  便于实践  直接启发  基础欠缺    重要
         Row pct ⇔                                                              Row
                 ⇔                                                              Total
                 ⇔    1   ⇔    2   ⇔    3   ⇔    4   ⇔    5   ⇔    6   ⇔
$INCRE
 ┄┄┄┄┄┄┄┄┄┄┄┄┄┄┄┄┄┄┄┄┄┄┄┄┄┄┄┄┄┄┄┄┄┄┄┄┄┄┄┄┄┄┄┄┄┄┄┄┄┄┄┄
              1   ⇔    0   ⇔    3   ⇔    0   ⇔    0   ⇔    1   ⇔    0   ⇔    4
 原理框架      ⇔   .0   ⇔  75.0  ⇔   .0   ⇔   .0   ⇔  25.0  ⇔   .0   ⇔  36.4
 ┄┄┄┄┄┄┄┄┄┄┄┄┄┄┄┄┄┄┄┄┄┄┄┄┄┄┄┄┄┄┄┄┄┄┄┄┄┄┄┄┄┄┄┄┄┄┄┄┄┄┄┄
              2   ⇔    0   ⇔    0   ⇔    2   ⇔    2   ⇔    1   ⇔    1   ⇔    6
 重点环节      ⇔   .0   ⇔   .0   ⇔  33.3  ⇔  33.3  ⇔  16.7  ⇔  16.7  ⇔  54.5
 ┄┄┄┄┄┄┄┄┄┄┄┄┄┄┄┄┄┄┄┄┄┄┄┄┄┄┄┄┄┄┄┄┄┄┄┄┄┄┄┄┄┄┄┄┄┄┄┄┄┄┄┄
              5   ⇔    1   ⇔    0   ⇔    0   ⇔    0   ⇔    0   ⇔    0   ⇔    1
 参观考察      ⇔ 100.0  ⇔   .0   ⇔   .0   ⇔   .0   ⇔   .0   ⇔   .0   ⇔   9.1
 ┄┄┄┄┄┄┄┄┄┄┄┄┄┄┄┄┄┄┄┄┄┄┄┄┄┄┄┄┄┄┄┄┄┄┄┄┄┄┄┄┄┄┄┄┄┄┄┄┄┄┄┄
            Column    1       3       2       2       2       1      11
            Total    9.1    27.3    18.2    18.2    18.2     9.1   100.0
Percents and totals based on responses
10 valid cases;  15 missing cases
```

认为应减少成果修改和制作的教学时数,提出的理由是成果制作的时间安排可更紧凑些。

　　认为应增加某些教学时数的 16 人中,共有 10 人说明了具体理由。其中有 4 人认为应增加景观生态规划设计理论和方法框架介绍的教学时数,主要理由是对景观生态规划设计理论和方法的了解不够,共有 3 人提出,另有 1 人提出的理由是生态基础知识比较欠缺。还有 4 人认为应增加重点技术环节训练的教学时数,其中有 2 人提出的理由是分组讲解在教学实践中更容易操作、设计指导和组间交流能直接启发学生的思想,另有 1 人提出的理由是由于生态基础知识比较欠缺应多加训练,以及重点技术环节是课程教学的核心环节应予加强。此外有 1 人认为应增加实地参观考察的教学时数,提出的理由是缺乏对基地调查基本步骤和方法的了解。

为了进一步了解学生对现状教学课时的增减是否有好的建议设想,本调查还通过开放式提问的方式要求学生提出对此提出具体的建议,并对此作了相应的交叉分析,结果如表 25 所示。

表 25　教学时数的增减及其建议的交叉分析

```
* * *  C R O S S T A B U L A T I O N  * * *
 $DECRE （group）  减时数
by $DESUG （group）  减时数建议
                    $DESUG
         Count ⇔    c8-12      加方法6  平时进行
         Row pct ⇔                                  Row
               ⇔                                    Total
               ⇔     1  ⇔     2  ⇔     3  ⇔
$DECRE   ⇩⇩⇩⇩⇩⇩⇩⇩⇩⇩⇩⇩⇩⇩⇩⇩⇩⇩⇩⇩⇩⇩⇩⇩⇩⇩⇩⇩⇩⇩⇩⇩⇩⇩⇩⇩⇩⇩⇩⇩⇩⇩
           2  ⇔     1  ⇔     1  ⇔     1  ⇔     3
重点环节    ⇔  33.3  ⇔  33.3  ⇔  33.3  ⇔  75.0
         ⇧⇧⇧⇧⇧⇧⇧⇧⇧⇧⇧⇧⇧⇧⇧⇧⇧⇧⇧⇧⇧⇧⇧⇧⇧⇧⇧⇧⇧⇧⇧⇧⇧⇧⇧⇧⇧⇧⇧⇧⇧⇧
           3  ⇔     1  ⇔     0  ⇔     0  ⇔     1
成果制作    ⇔ 100.0  ⇔    .0  ⇔    .0  ⇔  25.0
         ⇧⇧⇧⇧⇧⇧⇧⇧⇧⇧⇧⇧⇧⇧⇧⇧⇧⇧⇧⇧⇧⇧⇧⇧⇧⇧⇧⇧⇧⇧⇧⇧⇧⇧⇧⇧⇧⇧⇧⇧⇧⇧
         Column       2        1        1        4
         Total     50.0     25.0     25.0    100.0
Percents and totals based on responses
3 valid cases;  22 missing cases

* * *  C R O S S T A B U L A T I O N  * * *
 $INCRE （group）  加时数
by $INSUG （group）  加时数建议
                    $INSUG
         Count ⇔ 专题讲座 a8      知识分解 6加次数
         Row pct ⇔                                          Row
               ⇔                                            Total
               ⇔     1  ⇔     2  ⇔     3  ⇔     4  ⇔
$INCRE   ⇩⇩⇩⇩⇩⇩⇩⇩⇩⇩⇩⇩⇩⇩⇩⇩⇩⇩⇩⇩⇩⇩⇩⇩⇩⇩⇩⇩⇩⇩⇩⇩⇩⇩⇩⇩⇩⇩⇩⇩⇩⇩⇩⇩⇩⇩⇩⇩⇩
           1  ⇔     1  ⇔     1  ⇔     0  ⇔     0  ⇔     2
原理框架    ⇔  50.0  ⇔  50.0  ⇔    .0  ⇔    .0  ⇔  33.3
         ⇧⇧⇧⇧⇧⇧⇧⇧⇧⇧⇧⇧⇧⇧⇧⇧⇧⇧⇧⇧⇧⇧⇧⇧⇧⇧⇧⇧⇧⇧⇧⇧⇧⇧⇧⇧⇧⇧⇧⇧⇧⇧⇧⇧⇧⇧⇧⇧⇧
           2  ⇔     1  ⇔     0  ⇔     1  ⇔     2  ⇔     4
重点环节    ⇔  25.0  ⇔    .0  ⇔  25.0  ⇔  50.0  ⇔  66.7
         ⇧⇧⇧⇧⇧⇧⇧⇧⇧⇧⇧⇧⇧⇧⇧⇧⇧⇧⇧⇧⇧⇧⇧⇧⇧⇧⇧⇧⇧⇧⇧⇧⇧⇧⇧⇧⇧⇧⇧⇧⇧⇧⇧⇧⇧⇧⇧⇧⇧
         Column       2        1        1        2        6
         Total     33.3     16.7     16.7     33.3    100.0
Percents and totals based on responses
6 valid cases;  19 missing cases
```

认为应减少某些教学时数的 7 人中,只有 3 人提出了具体的操作建议。这 3 人均认为应减少重点技术环节训练的教学时数,其中有 1 人还认为应减少成果修改和制作的教学时数,提出的建议分别是将成果修改和制作的教学时数缩减到 8~12 课时,增加实地参观考察的教学时数,以及将成果的修改和制作分散到平时进行。

认为应增加某些教学时数的16人中,只有6人提出了具体的操作建议。其中有2人认为应增加景观生态规划设计理论和方法框架介绍的,提出的建议分别是增加有针对性的专题讲座,以及将该阶段的教学时数增加到8课时。还有4人认为应增加重点技术环节训练的教学时数,其中有2人建议增加组间交流的次数,另分别有1人建议增加有针对性的专题讲座,以及将相关知识更多的分解到各个环节教学中进行讲解以便即学即用、理解掌握。

5 关于其他意见和建议的调查结果

关于"旅游区生态专项规划设计"教学改进的其他意见和建议的调查是通过提示性的开放式提问来进行的,以期提示启发学生自由地表达意见和建议。调查结果如表26所示。全班24名同学中,只有3人进行了回答,提出的建议分别是应在课程教学中引入更多的高新技术支持以加强生态规划设计的科学性,本课程应增加指导教师,以及课程教学过程中应有计划地引进本专业高年级的本科生或研究生参与,以便通过经验交流更好地启发引导学生。

表26 其他建议的频度分析

其 他 建 议

	Frequency	Percent	Valid Percent	Cumulative Percent
Valid 技术加强	1	4.2	33.3	33.3
增加老师	1	4.2	33.3	66.7
引进交流	1	4.2	33.3	100.0
Total	3	12.5	100.0	
Missing System	21	87.5		
Total	24	100.0		

3. 2005 年教学调查统计报告

"生态专项规划设计"课程教学效果调查结果分析报告
(2004—2005 年度)

1 关于教学质量的调查结果分析

关于"旅游区生态专项规划设计"课程教学质量的调查是通过对该课程在本专业五个学年共9次的系列设计课中的教学质量排序及差距表现、存在问题及原因、改进途径及理由、改进建议等设问来进行的。

1.1 课程教学的质量排序

对课程教学质量排序的调查是通过单项选择的方式进行的,结果如图1所示。全班24位同学中,有2人认为该课程的教学质量在本专业系列设计课中排第一位,占总人数的 9.1%;有 14 人认为该课程的教学质量在本专业系列设计课中排前三位,占总人数的 63.6%;有 6 人认为该课程的教学质量应排在第四位之后 27.3%(图 1)。

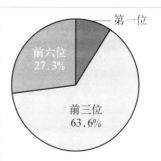

图 1　质量排序

1.2　课程教学的差距表现

对该课程教学差距表现的调查是通过开放式提问的方式进行的,意在让学生自由表达看法。图 2 所示的是调查结果。在该项数据有效的一共 14 个样本中,观点较为分散:认为差距在于生态学和生态规划设计的基础知识薄弱的共有 2 人;认为差距在于缺少参考资料、课程不够生动、内容不够系统、小组合作导致重复工作、老师指导不清楚、前期课程所学的理论与本课程脱节、内容过多无法深入学习、课程选题不当、对生态的认识观念不统一、感觉无从下手、内容空洞以及因内容不系统无法深入学习的各为 1 人。

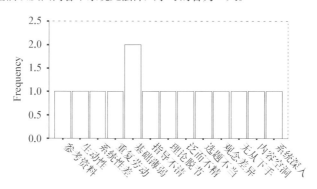

图 2　差距表现

为了考察是否存在对课程教学质量排序和教学差距的认识自相矛盾的样本,本研究通过聚类分析对教学差距进行了进一步的探讨。图 3 所示的差距聚类条形图中

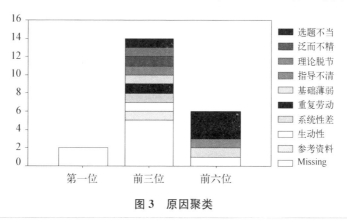

图 3　原因聚类

可以看出,所有认为本课程教学存在差距的 14 个样本均集中在认为本课程教学质量达不到第一位的 20 个样本中,应该说聚类分布是合理的。

1.3 课程教学存在的问题

对课程教学存在问题的调查是通过多项选择的方式进行的,结果如表 1 所示。全班 22 名同学中,有 15 人认为问题在于背景知识的欠缺,有 11 人认为问题在于课时安排太紧张,有 6 人认为问题在于课题选择不合理,有 3 人认为问题在于教学计划不周全,有 2 人认为问题在于老师之间缺少沟通,其余认为问题在于课程要求过高、内容重复、内容陈旧、小组合作的模式不佳、学生兴趣存在差距,以及缺少科学的评判依据的各有 1 人,没有人认为问题在于老师不负责任。从频度分析表中可以看到,最为集中反映的问题是背景知识的欠缺、课时安排太紧张和课题选择不当,分别占到总人数的 68.2%、50.0% 和 27.3%。

表 1　课程教学存在问题的频度分析

Group $PO　问题

Category label	Code	Count	Pct of Responses	Pct of Cases
背景欠缺	1	15	34.9	68.2
课题不当	2	6	14.0	27.3
计划不全	3	3	7.0	13.6
课时紧张	5	11	25.6	50.0
要求过高	6	1	2.3	4.5
内容重复	7	1	2.3	4.5
内容陈旧	8	1	2.3	4.5
模式不佳	9	1	2.3	4.5
老师沟通	10	2	4.7	9.1
学生兴趣	11	1	2.3	4.5
评判依据	12	1	2.3	4.5
Total responses		43	100.0	195.5

0 missing cases;　22 valid cases

对课程教学问题原因的调查是通过开放式提问的方式进行的,意在让学生针对自己认识到的教学问题提出针对性的原因解释,以帮助调查判断问题的真伪。调查结果如表 2 所示。全班 22 名同学中,共有 16 人对课程教学产生问题的原因进行了表述,但意见极为分散。其中有 2 人提出交图时间与期末考试时间冲突、课时太少、方案评判缺少依据、校园环境人工性太强缺少生态性,以及课程内容设置太多,各占总回答人数的 12.5%;其余原因包括因小组成员积极性差异导致合作进程无法把握、缺少对生态知识的了解、校园生态过于特殊、缺少景观生态规划设计的实践经验、教学进程经常临时变动、缺少相关学科之间的交流、同期课程太多影响本课程的学习、小组成员的工作量考核不公、本科生教学缺少生态这一关键环节、对生态规划设计的认识不够深入、任课老师之间缺少交流、缺少科学的研究基础、感觉课题太难无法完成、觉得课程内容缺乏新意、课程内容空泛无法深入学习,等等,均只有 1 人提及。

表 2　课程教学问题原因的频度分析

Group $RO　问题原因

Category label	Code	Count	Pct of Responses	Pct of Cases
考试冲突	1	2	8.0	12.5
课时太少	2	2	8.0	12.5
合作进程	3	1	4.0	6.3
缺少了解	4	1	4.0	6.3
临时变动	5	1	4.0	6.3
课题特殊	6	1	4.0	6.3
缺少依据	7	2	8.0	12.5
缺少实践	8	1	4.0	6.3
学科交流	9	1	4.0	6.3
人工环境	10	2	8.0	12.5
课程太多	11	1	4.0	6.3
工作量	12	1	4.0	6.3
教学缺失	13	1	4.0	6.3
认识不够	14	1	4.0	6.3
内容太多	15	2	8.0	12.5
老师交流	16	1	4.0	6.3
缺少研究	17	1	4.0	6.3
无法完成	18	1	4.0	6.3
缺乏新意	19	1	4.0	6.3
泛而不精	20	1	4.0	6.3
Total responses		25	100.0	156.3

6 missing cases;　16 valid cases

　　为帮助判断问题的真伪,本研究通过交叉分析对问题与原因的针对性进行了进一步的探讨。分析结果如表 3 所示。在指认问题是背景知识欠缺的 15 人中,共有 10 人说明了原因,但意见极为分散,每个原因均只有 1—2 个人次样本,其中具有逻辑合理性的原因包括缺少对生态知识的了解、校园生态过于特殊、缺少景观生态规划设计的实践经验、缺少相关学科之间的交流、本科生教学缺少生态这一关键环节,以及对生态规划设计的认识不够深入等 6 个;在指认问题是教学课题选择不合理的 6 人中,共有 3 人说明了原因,其中有 2 人次认为主要原因在于校园环境人工性太强缺少生态性,占说明原因总人数的 66.7%,另分别有 1 人次认为主要原因在于因小组成员积极性差异导致合作进程无法把握,及校园生态过于特殊,各说明原因总人数的 33.3%;在指认问题是教学计划不周全的 3 人中,共有 2 人说明了原因,其中具有逻辑合理性的原因包括教学进程经常临时变动、课程内容设置太多,及感觉课题太难无法完成,有 1 人次提出,占说明原因总人数的 100%;在指认问题是课时安排

表 3　课程教学问题与原因的交叉分析

```
***** CROSSTABULATION *****
$PO (group)  问题
by $RO (group)  问题原因
```

太紧张的 11 人中,共有 9 人说明了原因,但意见极为分散,每个原因均只有 1—2 个人次样本,其中具有逻辑合理性的原因包括交图时间与期末考试时间冲突、课时太少、课程内容设置太多、同期课程太多影响本课程的学习,及感觉课题太难无法完成,前 3 个原因均有 2 人次指认,占说明原因总人数的 22.2%,后 2 个原因均只有 1 人次指认,占说明原因总人数的 11.1%;指认问题是课程要求过高的 1 人共提出 3 个原因,其中具有逻辑合理性的原因是缺少科学的研究基础、致使方案评判缺少依据;指认问题是教学内容重复的 1 人共提出 2 个原因,其中具有逻辑合理性的原因是觉得课程内容缺乏新意;指认问题是小组合作的教学模式不合理的 1 人指出的原因是小组成员的工作量考核不公;在指认问题是任课老师之间沟通不够的 2 人中有 1 人说明了原因,认为是老师之间缺少交流;指认问题是学生兴趣差距的 1 人认为原因是兴趣差距造成学习积极性差异,从而导致合作进程难于统一;指认问题是缺少科学的评判依据的 1 人认为原因是方案评判缺少依据。

　　通过对课程教学存在问题的频度分析和对课程教学问题与原因的交叉分析的结果进行综合,可以看到:教学课题选择不合理是唯一具有较明确的逻辑合理性原因支持且指认样本较多的问题;背景知识欠缺和课时安排太紧张这 2 个集中指认问题虽有一定数量的逻辑合理性原因支持,但认识极为分散,可视为模糊问题;其他问题则由于指认人数过少而不具普遍性。

1.4　课程教学的改进途径

　　对课程教学改进途径的调查是通过多项选择的方式进行的,结果如表 4 所示。全班 22 名同学全部提出了自己的建议,其中意见最为集中的是加强相关课程设置与教学内容的衔接,共有 22 人提出,占总回答人数的 100%;其余意见依次是增加总教学时数、对教学课题进行调整、改进教学计划、建议老师学习提高自身的知识水平,分别有 7、5、4、2 人提及,占总回答人数的 31.8%、22.7%、18.2%、9.1%。

表 4　课程教学改进途径的频度分析

Group $AO　改进途径
　　(Value tabulated = 1)

Dichotomy label	Name	Count	Pct of Responses	Pct of Cases
	加强衔接	22	55.0	100.0
	调整课题	5	12.5	22.7
	改进计划	4	10.0	18.2
	增加课时	7	17.5	31.8
	老师提高	2	5.0	9.1
	Total responses	40	100.0	181.8

0 missing cases;　22 valid cases

　　对所提出的课程教学改进途径的理由进行调查的主要目的在于探查学生认为应首先应改进哪些问题,以及应如何进行改进。调查通过开放式提问的方式进行,结果如表 5 所示。全班 22 名同学中,有 15 人解释了自己所提出的课程教学改进途

表5 课程教学改进理由的频度分析

Group $REO　改进理由

Category label	Code	Count	Pct of Responses	Pct of Cases
知识缺乏	1	4	22.2	26.7
人工环境	2	1	5.6	6.7
教学效果	3	3	16.7	20.0
课程重要	4	1	5.6	6.7
理论运用	5	1	5.6	6.7
理论配套	6	2	11.1	13.3
缺少衔接	7	1	5.6	6.7
学不致用	8	1	5.6	6.7
不够系统	9	1	5.6	6.7
课题基础	10	1	5.6	6.7
主观臆断	11	1	5.6	6.7
考试冲突	12	1	5.6	6.7
Total responses		18	100.0	120.0

7 missing cases; 15 valid cases

径的理由,但意见较为分散。其中意见相对集中的是有4人提出希望通过改进能增加对相关知识的了解,占总回答人数的26.7%;有3人提出希望通过改进能提高前期相关课程的教学质量,占总回答人数的20.0%;另有2人提出希望通过改进能加强理论教育的配套和衔接,占总回答人数的13.3%;此外分别有1人提出希望通过改进能变换人工性过强难以进行生态化操作的课题、进一步提高这一相对重要的专业课程的教学质量、加强前期课程与本课程的衔接、置换前期课程的教学内容以真正实现学以致用、提高本课程教学的系统性、在前期理论教学中能补充人工环境的生态治理知识以加强本课程的教学基础、加强本课程的科学性避免主观臆断、解决交图与期末考试的时间冲突。由此看来,课程体系的配套和循序渐进的理论教学跟进是首先需要解决的问题,这实际上是产生背景知识欠缺和教学课题选择不合理这两大问题的间接原因。配套课程存在但教学不到位使得学生对于自身背景知识欠缺的原因产生了种种困惑,而人工环境生态治理知识的欠缺导致学生对于本教学课题的质疑。

1.5 课程教学的其他改进建议

对课程教学其他改进建议的调查是通过开放式提问的方式进行的,意在了解学生对于课程教学改进有无好的设想。调查结果如表6所示。全班22名同学中,只有6位同学提出了总共8项建议,极为分散。其中有2人建议应增加前期的相关课程;其余建议包括提供多个教学课题供学生根据自身兴趣选择、加强前期相关课程的针对性教学、聘请生态专业的老师讲授生态课程、本课程教学扩展到整个学期、本课程与生态学原理课结合教学、调整本课程的教学计划、增加设计周教学等,均只有1人提及。

表 6   课程教学其他改进建议的频度分析

Group $SO   其它建议

Category label	Code	Count	Pct of Responses	Pct of Cases
增加课程	1	2	22.2	33.3
多课题	2	1	11.1	16.7
课程加强	3	1	11.1	16.7
专业老师	4	1	11.1	16.7
课时加倍	5	1	11.1	16.7
课程结合	6	1	11.1	16.7
调整计划	7	1	11.1	16.7
加设计周	8	1	11.1	16.7
		———	———	———
Total responses		9	100.0	150.0

16 missing cases;   6 valid cases

为帮助了解课程教学问题与其他改进建议的对应关系,本研究通过问题与其他改进建议的交叉分析进行了进一步的探讨。分析结果如表 7 所示。在指认问题是背景知识欠缺的 15 人中,只有 5 人提出了改进建议,较具针对性的是其中有 2 人次认为应增加前期的相关课程,另分别有 1 人次认为应加强前期相关课程的针对性教学、聘请生态专业的老师讲授生态课程;在指认问题是教学课题选择不合理的 6 人中,共有 2 人提出了改进建议,较具针对性的是其中 1 人认为应提供多个教学课题供学生根据自身兴趣选择;在指认问题是课时安排太紧张的 11 人中,只有 3 人提出了改进建议,较具针对性的是其中有 1 人次认为应将本课程教学扩展到整个学期、调整本课程的教学计划、增加设计周教学;指认问题是课程要求过高的 1 人提出的改进建议是加强前期相关课程的针对性教学;指认问题是课程内容重复的 1 人提出的改进建议是本课程与生态学原理课结合教学、调整本课程的教学计划。

2   关于课程设置和衔接的调查结果

关于"旅游区生态专项规划设计"课程设置和衔接效果的调查是通过对该课程的开设必要性、首要教学目的、比较薄弱或欠缺的背景知识点及改进途径和说明建议、对需掌握的背景知识点或本课程及其前期系列课程安排的其他个人建议等设问来进行的。

2.1   课程开设的必要性

对课程开设必要性的调查是通过单项选择的方式进行的,结果如图 4 所示。全班 22 名同学中,有 14 人认为该课程很有必要设置,占总人数的 63.6%;有 7 人认为该课程有必要设置,占总人数的 31.8%;1 人认为该课程没有必要设置,占总人数的 4.6%。单单从这一数字看,"旅游区生态专项规划设计"课程的开设必要性还是很强的。

2.2   课程的首要教学目的

对课程首要教学目的的调查是通过单项选择的方式进行的,结果如图 5 所示。全班 22 位同学中,认为该课程的首要教学目的应该是培养基于景观生态考虑的发现

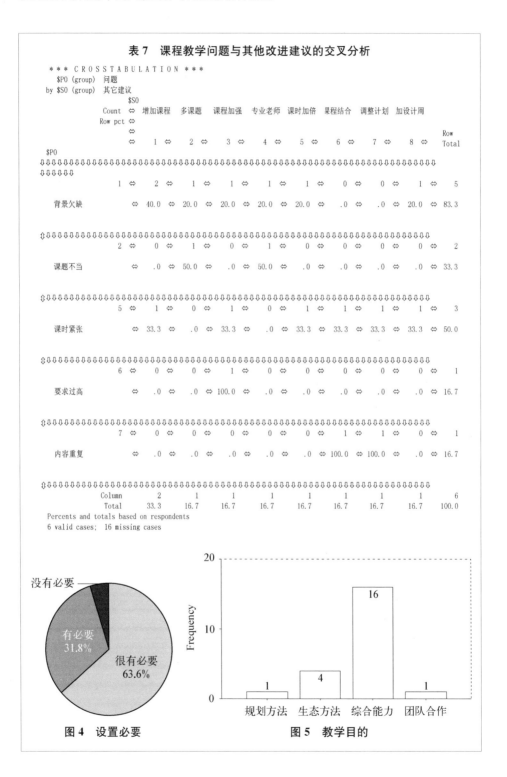

表7 课程教学问题与其他改进建议的交叉分析

```
* * * C R O S S T A B U L A T I O N * * *
$PO (group) 问题
by $SO (group) 其它建议
                $SO  增加课程  多课题  课程加强  专业老师  课时加倍  果程结合  调整计划  加设计周
        Count ⇔
        Row pct ⇔                                                          Row
              ⇔    1 ⇔   2 ⇔   3 ⇔   4 ⇔   5 ⇔   6 ⇔   7 ⇔   8 ⇔ Total
$PO

              1 ⇔   2 ⇔   1 ⇔   1 ⇔   1 ⇔   1 ⇔   0 ⇔   0 ⇔   1 ⇔    5
背景欠缺       ⇔  40.0 ⇔ 20.0 ⇔ 20.0 ⇔ 20.0 ⇔ 20.0 ⇔  .0 ⇔  .0 ⇔ 20.0 ⇔ 83.3

              2 ⇔   0 ⇔   1 ⇔   0 ⇔   1 ⇔   0 ⇔   0 ⇔   0 ⇔   0 ⇔    2
课题不当       ⇔   .0 ⇔ 50.0 ⇔  .0 ⇔ 50.0 ⇔  .0 ⇔  .0 ⇔  .0 ⇔  .0 ⇔ 33.3

              5 ⇔   1 ⇔   0 ⇔   1 ⇔   0 ⇔   1 ⇔   1 ⇔   1 ⇔   1 ⇔    3
课时紧张       ⇔ 33.3 ⇔  .0 ⇔ 33.3 ⇔  .0 ⇔ 33.3 ⇔ 33.3 ⇔ 33.3 ⇔ 33.3 ⇔ 50.0

              6 ⇔   0 ⇔   0 ⇔   1 ⇔   0 ⇔   0 ⇔   0 ⇔   0 ⇔   0 ⇔    1
要求过高       ⇔   .0 ⇔  .0 ⇔ 100.0 ⇔  .0 ⇔  .0 ⇔  .0 ⇔  .0 ⇔  .0 ⇔ 16.7

              7 ⇔   0 ⇔   0 ⇔   0 ⇔   0 ⇔   0 ⇔   1 ⇔   1 ⇔   0 ⇔    1
内容重复       ⇔   .0 ⇔  .0 ⇔  .0 ⇔  .0 ⇔  .0 ⇔ 100.0 ⇔ 100.0 ⇔  .0 ⇔ 16.7

          Column    2     1     1     1     1     1     1     1     6
          Total   33.3  16.7  16.7  16.7  16.7  16.7  16.7  16.7  100.0
Percents and totals based on respondents
6 valid cases;  16 missing cases
```

图4 设置必要

没有必要

有必要 31.8%

很有必要 63.6%

图5 教学目的

规划方法 1 生态方法 4 综合能力 16 团队合作 1

Frequency

问题、提出问题、解决问题的综合能力的人数最多,共有 16 人;认为该课程的首要教学目的应该是传授景观生态规划设计的方法程序有 4 人;分别有 1 人认为该课程的首要教学目的应该是传授旅游区规划的方法程序或是培养团队合作的能力。应该说学生对于该课程的首要教学目的的认识还是相当一致的,全班三分之二的人认为该课程应该立足于培养学生基于景观生态考虑的发现问题、提出问题、解决问题的综合能力。

　　2.3　课程教学中比较薄弱或欠缺的背景知识点

　　对课程比较薄弱或欠缺的背景知识点的调查是通过多项选择的方式进行的。由于该课程的前期系列课程主要包括"景观规划理论与方法"(二年级上)、"园林规划设计原理"(三年级上)、"景观生态学"(四年级上)、"景观规划设计"(三年级下设计课)、"旅游区规划设计(Ⅰ)"(四年级上设计课),学生个人需掌握的主要背景知识点应包括景观规划理论与方法、场地设计理论与方法、景观生态学的基本理论知识等。调查结果如表 8 所示。全班 22 名同学共进行了 37 次有效选择,以指认比较薄弱或欠缺的背景知识点。其中有 16 人认为是景观生态学的基本理论知识,分别有 4 人认为是景观规划理论和场地设计理论,分别有 3 人认为是景观规划方法和场地设计方法,有 2 人认为是普通生态学,另分别有 1 人认为是辩证生态学、规划的思维方式和表达方式、环境心理学、生态设计手段或生态规划思路。从频度分析表中可以看到,平均每人指认了 1.682 个知识点,选项主要集中在景观生态学的基本理论知识、景观规划理论和场地设计理论,指认人数分别占到总人数的 72.7%和 18.2%。

表 8　比较薄弱或欠缺的背景知识点的频度分析

```
Group $BAC  背景知识点
    (Value tabulated = 1)
```

Dichotomy label	Name	Count	Pct of Responses	Pct of Cases
	规划理论	4	10.8	18.2
	规划方法	3	8.1	13.6
	设计理论	4	10.8	18.2
	设计方法	3	8.1	13.6
	生态理论	16	43.2	72.7
	辩证法	1	2.7	4.5
	思维表达	1	2.7	4.5
	环境心理	1	2.7	4.5
	生态学	2	5.4	9.1
	生态设计	1	2.7	4.5
	生态规划	1	2.7	4.5
	Total responses	37	100.0	168.2

```
0 missing cases;  22 valid cases
```

　　2.4　课程教学中薄弱背景知识点的改进途径

　　对于这些比较薄弱或欠缺的背景知识点的改进途径的调查也是通过多项选择的方式进行的,调查结果如表 9 所示。全班 22 名同学共有 21 人进行了 27 次有效选

表 9　薄弱或欠缺背景知识点改进途径的频度分析

```
Group $IMPROVE　改进途径
      (Value tabulated = 1)
                                              Pct of   Pct of
Dichotomy label                Name    Count  Responses Cases
                               理论讲授   13    48.1    61.9
                               实践训练   11    40.7    52.4
                               增加课时    3    11.1    14.3
                                        ——————  —————  —————
                    Total responses      27   100.0   128.6

1 missing cases;   21 valid cases
```

择。其中有 13 人认为有效的改进途径是在前期相应的理论性课程中增加对该知识点理论的讲授,有 11 人认为有效的改进途径是在前期相关的设计课程中增加该知识点的理论运用于实践的训练,另有 3 人认为有效的改进途径是通过调整本课程的学期内教学课时来弥补对该知识点的掌握,没有人认为有效的改进途径是通过本课程教学计划的紧凑化来弥补对该知识点的掌握。从频度分析表中可以看到,平均每人指认了 1.286 种改进途径,选项主要集中于在前期相应的理论性课程中增加对该知识点理论的讲授和在前期相关的设计课程中增加该知识点的理论运用于实践的训练,指认人数分别占到总人数的 61.9% 和 52.4%。

　　为探查学生在指认薄弱或欠缺背景知识点的改进途径的时候是否有清晰准确的认识理解,本研究进一步通过开放式提问的方式要求学生对所指认的薄弱或欠缺的背景知识点与改进途径进行针对性说明并提出相关建议。通过这一说明建议与改进途径的交叉分析,可以判别学生所指认的薄弱或欠缺的背景知识点与改进途径是否有针对性。分析结果如表 10 所示。全班 22 名同学中,只有 8 人对其指认的改进途径所针对的知识点作了说明。其中在指认改进途径是在前期相应的理论性课程中增加对该知识点理论的讲授的 13 人中,有 6 人作了相应的说明,其中分别有 1 人次认为这一改进应针对生态学的基本知识、理论和方法,以及与本课程相关但前期课程教学较为薄弱的知识、景观生态学理论的运用方法、对生态和景观规划的概念澄清、景观生态规划设计的成功案例、生态规划的思维方式和表达方式、生态学的研究方法等;在指认改进途径是在前期相关的设计课程中增加该知识点的理论运用于实践的训练的 11 人中,有 3 人作了相应的说明,其中分别有 1 人次认为这一改进应针对生态学的基本知识、游憩行为学、生态规划设计的前沿技术和生态规划的思维方式和表达方式;在指认改进途径是通过调整本课程的学期内教学课时来弥补对该知识点的掌握的 3 人中,有 2 人作了相应的说明,分别有 1 人次认为这一改进应针对与本课程相关但前期课程教学较为薄弱的知识,以及景观生态学理论的运用方法。事实上,每一知识点均只有 1 人次提及,意见非常分散,表明学生虽然对于改进途径有较强烈统一的认识,但对于改进的目的和作用认识非常模糊。

表 10 针对薄弱或欠缺的背景知识点的改进途径与说明建议的交叉分析

*** C R O S S T A B U L A T I O N ***

$KN (group) 针对知识点
by $IMPROVE (tabulating 1) 改进途径

$IMPROVE

Count
Col pct

$KN		理论讲授	实践训练	增加课时	Row Total
生态方法	1	1 16.7	0 .0	0 .0	1 12.5
生态知识	2	1 16.7	1 33.3	0 .0	1 12.5
基础薄弱	3	1 16.7	0 .0	1 50.0	1 12.5
理论运用	4	1 16.7	0 .0	1 50.0	1 12.5
游憩行为	5	0 .0	1 33.3	0 .0	1 12.5
概念澄清	6	1 16.7	0 .0	0 .0	1 12.5
前沿技术	7	0 .0	1 33.3	0 .0	1 12.5
生态理论	8	1 16.7	0 .0	0 .0	1 12.5
案例介绍	9	1 16.7	0 .0	0 .0	1 12.5
思维表达	10	1 16.7	1 33.3	0 .0	1 12.5
研究方法	11	1 16.7	0 .0	0 .0	1 12.5
Column Total		6 75.0	3 37.5	2 25.0	8 100.0

Percents and totals based on respondents

8 valid cases; 14 missing cases

2.5 其他建议

对需掌握的背景知识点或本课程及其前期系列课程安排的其他个人建议的调查属于本部分调查的补遗,是通过开放式提问的方式进行的,调查结果如表 11 所示。全班 22 名同学中,共有 11 人 15 次提出了 14 项对于课程设置和衔接的改进建议,其中有 2 人提出生态规划设计的学习需要在前期课程中有一个灌输认识和激发兴趣的过程,其余有 1 人次提出本课程应采用高低年级混合教学的方式以便学生互相取长补短、课程中应增加案例教学的比重、学生自己应加强阅读学习、将景观生态学课程推迟与本课程同步上、生态规划设计的教学不能只局限于这一门课而应拓展到更多的课程中、通过专家讲座的方式加强相关知识教育、前期课程应加强景观设计理论方法及游憩理论的教学、应加强实际项目的训练、老师应不断学习新知识、应聘请外专业老师共同授课以加强师资力量、增加生态学方面的课程、选取对已建场地进行改造的课题、前期教授生态建筑和动植物学知识以加强生态知识教育。可见，意见非常分散。

表 11　其他个人建议的频度分析

Group $SUGGEST　其它建议

Category label	Code	Count	Pct of Responses	Pct of Cases
混合教学	1	1	6.7	9.1
增加案例	2	1	6.7	9.1
加强阅读	3	1	6.7	9.1
课程重排	4	1	6.7	9.1
前期教学	5	2	13.3	18.2
教学拓展	6	1	6.7	9.1
专家讲座	7	1	6.7	9.1
理论方法	8	1	6.7	9.1
项目训练	9	1	6.7	9.1
老师学习	10	1	6.7	9.1
加强师资	11	1	6.7	9.1
增加课程	12	1	6.7	9.1
改造设计	13	1	6.7	9.1
知识加强	14	1	6.7	9.1
Total responses		15	100.0	136.4

11 missing cases;　11 valid cases

3　关于教学内容的调查结果

关于"旅游区生态专项规划设计"教学内容满意度的调查是通过对该课程教学内容与教学目的的相关性、教学内容组成合理性、具体教学内容的教学效果等设问来进行的。

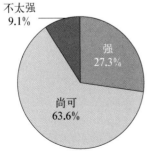

图 6　内容相关

不太强 9.1%
强 27.3%
尚可 63.6%

3.1　教学内容与教学目的相关性

对该课程教学内容与教学目的相关性的调查是通过单项选择的方式进行的，结果如图 6 所示。全班 22 名同学中，有 6 人认为该课程教学内容与教学目的相关性强，占总人数的 27.3%；有 14 人认为该课程教学内容与教学目的的相关性尚可，占总人数的 63.6%；有 2 人认为该课程教学内容与教学目的相关性不太强，占总人数的 9.1%，没有人认为该课程教学内容与教学目无相关性。可见,该课程教学内容与教学目的相关性还是比较强的。

为了解该课程教学内容与教学目的的具体相关情况及可能加以改进的具体建议,本调查还通过开放式提问的方式要求对所指认的相关性进行原因说明并提出改进建议。全班 22 名同学中认为该课程教学内容与教学目的相关性不太强或无相关性的 2 人进行了指认原因说明(图 7),分别是课程教学的目的不明确、及教学内容正确与否无法科学评判,但都未提出具体的改进建议。

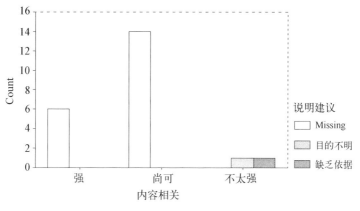

图 7   原因聚类

3.2   教学内容组成的合理性

对该课程教学内容组成合理性的调查也是通过单项选择的方式进行的,结果如图 8 所示。全班 22 名同学中,有 7 人认为该课程教学内容组成合理,占全班总人数的 31.8%;有 11 人认为该课程教学内容组成较合理,占全班总人数的 50.0%;有 4 人认为该课程教学内容组成不合理,占全班总人数的 18.2%;没有人认为该课程教学内容组成有明显欠缺。

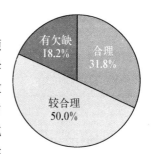

图 8   内容组成

3.3   现有教学内容的调整建议

为了判断由景观生态规划设计的理论和方法框架的简要介绍和生态认知、环境容量研究、多方案比较决策、局部地块的详细设计等重点技术环节训练所组成的现有教学内容应该如何进行调整,本调查研究还通过开放式提问的方式要求学生对可去除的现有教学内容、需增加的教学内容和应重点强调的教学内容进行了具体的说明建议,结果如表 12 所示。全班 22 名同学中,只有 4 人认为现有教学内容中存在可去除项,其中有 3 人指认是局部地块的详细设计,有 1 人指认是多方案比较决策;另有 13 人认为需增加新的教学内容共 10 项,其中指认较集中的是有 4 人指认需新增介绍分析成功案例的教学内容,有 3 人指认需新增讲解生态规划设计技术方法,其余包括生态规划过程、生态伦理讨论、国外先进经验、生态规划设计方法的评价、景观生态设计方法、与课程内容相关的专题知识、生态理念、及普通生态学知识等教学内容分别有 1 人指认,极为分散;此外有 4 人认为应重点强调某些教学内容,其中有 2 人指认是景观生态规划设计的理论和方法框架的介绍,另分别有 1 人指认是生态认知、环境容量研究和多方案比较决策。

表 12 现有教学内容调整建议的频度分析

去 除 内 容

		Frequency	Percent	Valid Percent	Cumulative Percent
Valid	比较决策	1	4.5	25.0	25.0
	详细设计	3	13.6	75.0	100.0
	Total	4	18.2	100.0	
Missing System		18	81.8		
Total		22	100.0		

Group $ADD 增加内容

Category label	Code	Count	Pct of Responses	Pct of Cases
规划过程	6	1	6.7	7.7
伦理讨论	7	1	6.7	7.7
技术方法	8	3	20.0	23.1
国外经验	9	1	6.7	7.7
方法评价	10	1	6.7	7.7
设计方法	11	1	6.7	7.7
案例分析	12	4	26.7	30.8
专题知识	13	1	6.7	7.7
生态理念	14	1	6.7	7.7
生态学	15	1	6.7	7.7
Total responses		15	100.0	115.4

9 missing cases; 13 valid cases

Group $EMPHA 强调内容

Category label	Code	Count	Pct of Responses	Pct of Cases
原理框架	1	2	40.0	50.0
生态认知	2	1	20.0	25.0
环境容量	3	1	20.0	25.0
比较决策	4	1	20.0	25.0
Total responses		5	100.0	125.0

18 missing cases; 4 valid cases

为了判别学生对于现有教学内容的调整要求是否合理,本调查还通过开放式提问的方式要求学生对提出可去除、需增加和应重点强调的教学内容的理由作出说明,并对教学内容的调整建议和理由进行了交叉分析,结果如表 13 所示。建议去除局部地块的详细设计的理由是该内容没有必要及与教学目标脱节,建议去除多方案

表 13 现有教学内容调整及其理由的交叉分析

去除内容 ∗ 去除理由 Crosstabulation

Count

		去 除 理 由			Total
		没有必要	目标脱节	无多方案	
去除内容	比较决策			1	1
	详细设计	1	1		2
Total		1	1	1	3

```
                    * * *   C R O S S T A B U L A T I O N   * * *
        $ADD (group)  增加内容
     by $RESON (group) 增加理由
                       $RESON
          Count   ⇔  明晰立场  需要了解  适用差异  规划落实  方法学习  比较借鉴
          Row pct ⇔                                                          Row
                  ⇔     1  ⇔    2  ⇔    3  ⇔    4  ⇔    5  ⇔    6  ⇔    Total
     $ADD
 ⇔⇔⇔⇔⇔⇔⇔⇔⇔⇔⇔⇔⇔⇔⇔⇔⇔⇔⇔⇔
                     7  ⇔    1  ⇔    0  ⇔    0  ⇔    0  ⇔    0  ⇔    0  ⇔      1
      伦理讨论        ⇔ 100.0 ⇔   .0  ⇔   .0  ⇔   .0  ⇔   .0  ⇔   .0  ⇔   12.5
 ⇔⇔⇔⇔⇔⇔⇔⇔⇔⇔⇔⇔⇔⇔⇔⇔⇔⇔⇔⇔
                     8  ⇔    0  ⇔    1  ⇔    0  ⇔    1  ⇔    0  ⇔    0  ⇔      2
      技术方法        ⇔   .0  ⇔  50.0 ⇔   .0  ⇔  50.0 ⇔   .0  ⇔   .0  ⇔   25.0
 ⇔⇔⇔⇔⇔⇔⇔⇔⇔⇔⇔⇔⇔⇔⇔⇔⇔⇔⇔⇔
                    10  ⇔    0  ⇔    0  ⇔    1  ⇔    0  ⇔    0  ⇔    0  ⇔      1
      方法评价        ⇔   .0  ⇔   .0  ⇔ 100.0 ⇔   .0  ⇔   .0  ⇔   .0  ⇔   12.5
 ⇔⇔⇔⇔⇔⇔⇔⇔⇔⇔⇔⇔⇔⇔⇔⇔⇔⇔⇔⇔
                    11  ⇔    0  ⇔    0  ⇔    0  ⇔    1  ⇔    0  ⇔    0  ⇔      1
      设计方法        ⇔   .0  ⇔   .0  ⇔   .0  ⇔ 100.0 ⇔   .0  ⇔   .0  ⇔   12.5
 ⇔⇔⇔⇔⇔⇔⇔⇔⇔⇔⇔⇔⇔⇔⇔⇔⇔⇔⇔⇔
                    12  ⇔    0  ⇔    0  ⇔    0  ⇔    0  ⇔    1  ⇔    1  ⇔      2
      案例分析        ⇔   .0  ⇔   .0  ⇔   .0  ⇔   .0  ⇔  50.0 ⇔  50.0 ⇔   25.0
 ⇔⇔⇔⇔⇔⇔⇔⇔⇔⇔⇔⇔⇔⇔⇔⇔⇔⇔⇔⇔
                    13  ⇔    0  ⇔    1  ⇔    0  ⇔    0  ⇔    0  ⇔    0  ⇔      1
      专题知识        ⇔   .0  ⇔ 100.0 ⇔   .0  ⇔   .0  ⇔   .0  ⇔   0  ⇔   12.5
 ⇔⇔⇔⇔⇔⇔⇔⇔⇔⇔⇔⇔⇔⇔⇔⇔⇔⇔⇔⇔
                    15  ⇔    0  ⇔    1  ⇔    0  ⇔    0  ⇔    0  ⇔    0  ⇔      1
      生态学          ⇔   .0  ⇔ 100.0 ⇔   .0  ⇔   .0  ⇔   .0  ⇔   0  ⇔   12.5
 ⇔⇔⇔⇔⇔⇔⇔⇔⇔⇔⇔⇔⇔⇔⇔⇔⇔⇔⇔⇔
          Column     1  ⇔    3  ⇔    1  ⇔    2  ⇔    1  ⇔    1  ⇔      8
          Total    11.1  ⇔  33.3  ⇔  11.1  ⇔  22.2  ⇔  11.1  ⇔  11.1  ⇔  100.0
     Percents and totals based on respondents
     8 valid cases;  14 missing cases
```

```
* * * C R O S S T A B U L A T I O N * * *
    $EMPHA（group）强调内容
by $RE（group）强调理由
                        $RE
            Count  ⇔    重要      训练不够    必须途径
            Row pct ⇔                              Row
                                                  Total
            ⇔     1 ⇔    2 ⇔    3 ⇔
    $EMPHA  ⇕⇕⇕⇕⇕⇕⇕⇕⇕⇕⇕⇕⇕⇕⇕⇕⇕⇕⇕⇕⇕⇕⇕⇕⇕⇕⇕⇕⇕⇕⇕⇕⇕⇕⇕⇕
            1     1      0      0      1
    原理框架 ⇔ 100.0 ⇔   .0 ⇔   .0 ⇔ 33.3
            ⇕⇕⇕⇕⇕⇕⇕⇕⇕⇕⇕⇕⇕⇕⇕⇕⇕⇕⇕⇕⇕⇕⇕⇕⇕⇕⇕⇕⇕⇕⇕⇕⇕⇕⇕⇕
            2     0      0      1      1
    生态认知 ⇔   .0 ⇔   .0 ⇔ 100.0 ⇔ 33.3
            ⇕⇕⇕⇕⇕⇕⇕⇕⇕⇕⇕⇕⇕⇕⇕⇕⇕⇕⇕⇕⇕⇕⇕⇕⇕⇕⇕⇕⇕⇕⇕⇕⇕⇕⇕⇕
            3     0      1      0      1
    环境容量 ⇔   .0 ⇔ 100.0 ⇔   .0 ⇔ 33.3
            ⇕⇕⇕⇕⇕⇕⇕⇕⇕⇕⇕⇕⇕⇕⇕⇕⇕⇕⇕⇕⇕⇕⇕⇕⇕⇕⇕⇕⇕⇕⇕⇕⇕⇕⇕⇕
            4     1      0      0      1
    比较决策 ⇔ 100.0 ⇔   .0 ⇔   .0 ⇔ 33.3
            ⇕⇕⇕⇕⇕⇕⇕⇕⇕⇕⇕⇕⇕⇕⇕⇕⇕⇕⇕⇕⇕⇕⇕⇕⇕⇕⇕⇕⇕⇕⇕⇕⇕⇕⇕⇕
          Column    2      1      1      3
          Total   50.0   25.0   25.0  100.0
Percents and totals based on respondents
3 valid cases;  19 missing cases
```

比较决策的理由是由于小组成员彼此之间的牵制而无法提出多个方案供比较研究；建议增加生态伦理讨论的理由是希望能借此来清楚地断定规划设计的立场和出发点,建议增加生态规划设计技术方法讲解的理由是需要对此加以了解,以及只有借助技术方法才能将规划落到实处,建议增加生态规划设计方法评价的理由是不同的规划设计课题适用不同的生态规划设计方法,需要有一个评价判断,建议增加景观设计方法教学的理由是设计是落实规划的重要手段,建议增加成功案例介绍分析的理由是可以从案例中学到切实的规划设计方法,以及可以从中得到启发借鉴,建议增加与课程内容相关专题知识及普通生态学知识介绍的理由都是需要对此加以了解;建议强调景观生态规划设计理论和方法框架介绍的理由是该内容极为重要,建议强调生态认知的理由是认为这是学习生态知识的必经途径,建议强调环境容量研究的理由主要是以前没能得到训练,建议强调多方案比较决策的理由也是该内容极为重要。

3.4 现有教学内容的教学效果

对现有内容教学效果的调查是通过单项选择的方式进行的,结果如图9所示。全班22位同学中,只有1人认为该课程现有教学内容的教学效果好,占全班总人数的4.5%;有13人认为该课程现有教学内容的教学效果较好,占全班总人数的59.1%;有8人认为该课程现有教学内容的教学效果不够理想,占全班总人数的36.4%;没有人认为该课程现有教学内容的教学效果不理想。

为了进一步了解具体教学内容的教学效果,本调查还通过开放式提问的方式要求学生分别指出教学效果较

图9　内容教学

好和教学效果不佳的现有教学内容,并对此作了频度统计,结果分别如表 14 和表 15 所示。由表 14 可见,全班 22 名同学中,共有 15 人指认了教学效果较好的现有教学内容,其中意见最为集中的是有 11 人认为生态认知的教学效果较好,占所有回答者的 55.0%;意见较为集中的是有 5 人景观生态规划设计理论和方法框架介绍的教学效果较好,占所有回答者的 25.0%;此外分别有 2 人认为多方案比较决策和局部地块详细设计的教学效果较好,占所有回答者的 13.3%。

由表 15 可见,指认教学效果不佳的现有教学内容的共有 10 人,其中意见最为集中的是有 7 人认为环境容量研究的教学效果不佳,占所有回答者的 46.7%;此外有 5 人认为多方案比较决策的教学效果不佳,占所有回答者的 33.3%;还有 3 人认为局部地块详细设计的教学效果不佳,占所有回答者的 20.0%。

表 14　教学效果较好的现有教学内容的频度分析

Group $GOOD　教学效果好的内容

Category label	Code	Count	Pct of Responses	Pct of Cases
原理框架	1	5	25.0	33.3
生态认知	2	11	55.0	73.3
比较决策	4	2	10.0	13.3
详细设计	5	2	10.0	13.3
Total responses		20	100.0	133.3

7 missing cases;　15 valid cases

表 15　教学效果不佳的现有教学内容的频度分析

Group $BAD　教学效果差的内容

Category label	Code	Count	Pct of Responses	Pct of Cases
环境容量	3	7	46.7	70.0
比较决策	4	5	33.3	50.0
详细设计	5	3	20.0	30.0
Total responses		15	100.0	150.0

12 missing cases;　10 valid cases

可以看出,所有的现有教学内容中,教学效果最好的应是生态认知,其后依次为景观生态规划设计理论和方法框架介绍、局部地块详细设计和多方案比较决策;教学效果最不好的是环境容量研究。

为了了解具体教学内容教学中存在的问题,本调查还通过开放式提问的方式要求学生对所指认的教学效果较好和教学效果不佳的现有教学内容说明理由,并对此进行了交叉分析,结果如表 16 和表 17 所示。

表 16　教学效果较好的现有教学内容及其理由的交叉分析

```
* * * C R O S S T A B U L A T I O N * * *
  $GOOD (group) 教学效果好的内容
by $GOODRE (group) 理由
      $GOODRE
  Count ⇔  感性认识 系统了解 知识拓展 有收获 指导明确 较详实 效果显著 巩固知识 认识转变 知识应用 能力提高
  Row pct ⇔                                                                                       Row
          ⇔                                                                                       Total
          ⇔   1 ⇔   2 ⇔   3 ⇔   4 ⇔   5 ⇔   6 ⇔   7 ⇔   8 ⇔   9 ⇔  10 ⇔  11 ⇔
$GOOD
```

	1 感性认识	2 系统了解	3 知识拓展	4 有收获	5 指导明确	6 较详实	7 效果显著	8 巩固知识	9 认识转变	10 知识应用	11 能力提高	Row Total
1 原理框架 Count	0	3	1	1	0	1	0	0	0	0	0	5
Row pct	.0	60.0	20.0	20.0	.0	20.0	.0	.0	.0	.0	.0	35.7
2 生态认知 Count	2	0	0	3	1	0	1	1	1	1	1	11
Row pct	18.2	.0	.0	27.3	9.1	.0	9.1	9.1	9.1	9.1	9.1	78.6
4 比较决策 Count	0	0	0	0	0	0	0	0	0	1	0	1
Row pct	.0	.0	.0	.0	.0	.0	.0	.0	.0	100.0	.0	7.1
5 详细设计 Count	0	0	0	0	0	0	0	0	2	0	0	2
Row pct	.0	.0	.0	.0	.0	.0	.0	.0	100.0	.0	.0	14.3
Column	2	3	1	3	1	1	1	1	3	1	2	14
Total	10.5	15.8	5.3	15.8	5.3	5.3	5.3	5.3	15.8	5.3	10.5	100.0

Percents and totals based on respondents
14 valid cases;　8 missing cases

表 17　教学效果不佳的现有教学内容及其理由的交叉分析

```
* * * C R O S S T A B U L A T I O N * * *
  $BAD (paired group) 教学效果差的内容
by $BADRE (paired group) 理由
      $BADRE
  Count ⇔  用时过多 容量困惑 权衡角度 无关课题 权衡对象 不可操作 无从下手 方案困难 相对次要 调时紧张 内容缺失
  Row pct ⇔                                                                                       Row
          ⇔                                                                                       Total
          ⇔   1 ⇔   2 ⇔   3 ⇔   4 ⇔   5 ⇔   6 ⇔   7 ⇔   8 ⇔   9 ⇔  10 ⇔  11 ⇔
$BAD
```

	1 用时过多	2 容量困惑	3 权衡角度	4 无关课题	5 权衡对象	6 不可操作	7 无从下手	8 方案困难	9 相对次要	10 调时紧张	11 内容缺失	Row Total
3 环境容量 Count	1	2	0	1	0	1	1	0	0	0	0	6
Row pct	16.7	33.3	.0	16.7	.0	16.7	16.7	.0	.0	.0	.0	42.9
4 比较决策 Count	1	0	1	0	1	0	0	1	0	0	1	5
Row pct	20.0	.0	20.0	.0	20.0	.0	.0	20.0	.0	.0	20.0	35.7
5 详细设计 Count	0	0	0	0	0	0	0	0	1	2	0	3
Row pct	.0	.0	.0	.0	.0	.0	.0	.0	33.3	66.7	.0	21.4
Column	2	2	1	1	1	1	1	1	1	2	1	14
Total	14.3	14.3	7.1	7.1	7.1	7.1	7.1	7.1	7.1	14.3	7.1	100.0

Percents and totals based on responses
9 valid cases;　13 missing cases

　　由表 16 可见,全班 22 名同学中,有 14 人对所指认的教学效果较好的现有教学内容的具体理由进行了说明。其中指认景观生态规划设计理论和方法框架介绍的教学效果较好的 5 人全部说明了理由,其中 3 人认为通过这部分内容的教学使自己对景观生态规划设计的基本理论和方法有了系统的了解,此外分别有 1 人认为这部分内容的教学拓展了自己的知识面、有收获,及介绍较为详实;指认生态认知的教学效果较好的 11 人也全部说明了理由,其中有 3 人认为这部分内容的教学使自己有所收获,有 2 人认为这部分内容的教学提供了对生态知识进行感性认识的机会,此外分别有 1 人认为老师对这部分内容的教学指导明确、教学效果显著,以及通过这部分内容的教学巩固了以往学到的生态知识、转变了自己的认识,学会了如何应用生态知识、自身能力得到提高;指认多方案比较决策的教学效果较好的 2 人中,有 1 人说明了理由,认为通过这部分内容的教学自身能力得到了提高;指认局部地块详细设计的教学效果较好的 2 人也全部说明了理由,均认为通过这部分内容的教学转变了自己的认识。

　　由表 17 可见,全班共有 9 人对所指认的教学效果不佳的现有教学内容的具体理由进行了说明。其中指认环境容量研究的教学效果不佳的 7 人中,共有 6 人说明了理由,但意见较分散,其中有 2 人认为由于现有学术观点的分歧导致对环境容量的认识困惑,此外分别有 1 人认为这部分内容的教学用时过多、与课题关系不大、所学方法可操作性不强、感到无从下手;指认多方案比较决策的教学效果不佳的 5 人全部说明了理由,但意见同样分散,其中有 1 人认为这部分内容的教学用时过多、缺少统一的决策权衡角度、权衡对象不明确、因所学的生态知识与景观规划无法结合因此提出多方案比较困难,以及前期课程没有接触过这一内容因此不熟悉;指认局部地块详细设计的教学效果不佳的 3 人也全部说明了理由,其中有 2 人认为这部分内容的教学课时太紧张,另有 1 人认为这一内容相对次要因课时紧张可以取消。

3.5　现有教学内容的教学改进建议

　　为了进一步了解具体教学内容在教学中可能加以改进的办法,本调查还通过开放式提问的方式要求学生对现有教学内容的教学提出具体的改进建议,调查结果如图 10 所示。全班 22 名同学中,只有 5 人提出了共 5 项具体的改进建议,分别是多方

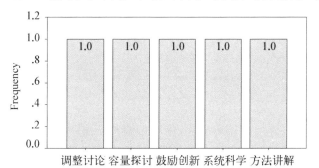

图 10　改进建议

案比较决策的教学应加强讨论和对方案的调整、环境容量研究的教学中对各种分歧观点进行充分探讨、应鼓励学生探索创新、内容组织应更系统科学、教学指导中应加强生态规划设计方法的讲解，意见较分散。

4 关于教学方法及课时安排的调查结果

关于"旅游区生态专项规划设计"教学方法及课时安排满意度的调查是通过对该课程现有教学方法组成框架和现状课时安排的合理性设问来进行的。

图 11　教学方法

4.1 现有教学方法组成框架的合理性

对该课程现有教学方法组成框架合理性的调查是通过单项选择的方式进行的，结果如图 11 所示。全班 22 位同学中，7 人认为该课程现有的教学方法组成框架合理，占全班总人数的 31.8%；13 人认为该课程现有的教学方法组成框架较合理，占全班总人数的 59.1%；2 人认为该课程现有的教学方法组成框架不太合理，占全班总人数的 9.1%；没有人认为该课程现有的教学方法组成框架不合理。可见，该课程现有的教学方法组成框架还是较为合理的。

4.2 现有教学方法组成框架的调整与改进

为了判断对由集中讲课、分组讲解、设计指导、小组讨论、组间交流、成果点评、现场考察所组成的现有教学方法应该如何进行取舍和改进，本调查研究还通过开放式提问的方式要求学生对可去除的现有教学方法、应改进的现有教学方法和需增加的教学方法进行了具体的说明，结果如表 18 所示。全班 22 位同学中，没有人认为现有教学方法中存在可去除项；有 6 人认为应改进某些现有的教学方法，其中有 3 人认为应对小组讨论的教学方法加以改进，有 2 人认为应对组间交流的教学方法加以改进，另有 1 人认为应对现场考察的教学方法加以改进；此外有 5 人认为需增加新的教学方法，但

表 18　现有教学方法调整建议的频度分析

改　进　方　法

		Frequency	Percent	Valid Percent	Cumulative Percent
Valid	小组讨论	3	13.6	50.0	50.0
	组间交流	2	9.1	33.3	83.3
	现场考察	1	4.5	16.7	100.0
	Total	6	27.3	100.0	
Missing	System	16	72.7		
Total		22	100.0		

增 加 方 法

		Frequency	Percent	Valid Percent	Cumulative Percent
Valid	生态实验	1	4.5	20.0	20.0
	理论学习	1	4.5	20.0	40.0
	案例分析	1	4.5	20.0	60.0
	专家讲座	1	4.5	20.0	80.0
	调研	1	4.5	20.0	100.0
	Total	5	22.7	100.0	
Missing System		17	77.3		
Total		22	100.0		

意见分散,分别有 1 人指认需新增生态实验、个人专题研究与小组交流相结合的理论学习、案例分析、聘请生态专家作讲座,以及对实际建成项目的调研等教学方法。

为了判别学生对于现有教学方法的调整要求是否合理,本调查还通过开放式提问的方式要求学生对提出可去除、应改进和需增加的教学方法的理由作出说明,并对教学方法的调整建议和理由进行了交叉分析,结果如表 19 所示。

表 19 现有教学方法调整建议及其理由的交叉分析
改进方法 * 改进理由 Crosstabulation

Count

		改 进 理 由					Total
		参与不够	交流不够	缺少认同	时间太短	组长能力	
改进方法	小组讨论		2			1	3
	组间交流	1		1			2
	现场考察				1		1
Total		1	2	1	1	1	6

增加方法 * 增加理由 Crosstabulation

Count

		增 加 理 由		Total
		验证设想	前沿发展	
增加方法	生态实验	1		1
	专家讲座		1	1
Total		1	1	2

在认为应改进某些现有教学方法的 11 人中,只有 6 人说明了具体理由。其中建议改进小组讨论的 3 人全部作了回答,其中 2 人认为小组讨论的个人参与不够,另有 1 人认为组长的个人能力会妨碍这一教学方法的实际效果;建议改进组间交流的 2 人也全部作了回答,分别认为讨论的个人参与度不够、及两个组的思想差距太大相互之间缺少认同感;建议改进现场考察的 1 人认为现场考察时间太短。

在认为需增加新的教学方法的 5 人中,只有 2 人说明了具体理由。其中建议增加生态实验的 1 人认为生态实验可以科学地验证规划设计的设想;建议聘请生态专家作讲座的 1 人认为这有助于及时了解生态科学的前沿发展。

为了进一步了解学生对应改进的某些现有教学方法是否设想有好的改进办法,本调查还通过开放式提问的方式要求学生对此提出具体的改进建议,并对应改进的现有教学方法及其改进建议进行了交叉分析,结果如表 20 所示。在认为应改进某些现有教学方法的 6 人中,有 3 人提出了 3 项具体的改进建议,意见极为分散。其中建议改进小组讨论的 3 人中只有 1 人作了回答,建议应增加小组讨论的时间;建议改进组间交流的 2 人分别建议在交流中老师应经常提问质疑以帮助学生澄清认识,以及应设法加强组间交流活动。

表 20　应改进的现有教学方法及其改进建议的交叉分析

改进方法 * 改进建议 Crosstabulation

Count

		改 进 建 议			Total
		时间增加	提问质疑	加强交流	
改进方法	小组讨论	1			1
	组间交流		1	1	2
Total		1	1	1	3

4.3　现状课时安排的合理性

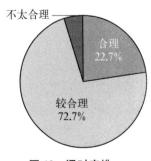

图 12　课时安排

对该课程现状课时安排合理性的调查也是通过单项选择的方式进行的,结果如图 12 所示。全班 24 名同学中,有 5 人认为该课程现状课时安排是合理的,占全班总人数的 22.7%;有 16 人认为该课程现状课时安排较合理,占全班总人数的 72.7%,有 1 人认为该课程现状课时安排不太合理,占全班总人数的 4.6%;没有人认为该课程现状课时安排不合理。可见,该课程现状课时安排还是比较合理的。

4.4 现状课时的调整建议

为了判断对由景观生态规划设计理论和方法框架介绍(8 学时)、重点技术环节训练(共 50 学时)、成果修改和制作(12 学时)、成果点评(2 学时)所组成的现状课时安排应该如何加以调整,本调查研究还通过开放式提问的方式要求学生对可减少的教学时数及其主要针对现有教学内容或教学方法,以及应增加的教学时数及其主要针对现有教学内容或教学方法进行了具体的说明,并对此作了相应的分析,结果如表 21、表 22 和表 23 所示。

表 21 教学时数调整建议的频度分析

减 时 数

		Frequency	Percent	Valid Percent	Cumulative Percent
Valid	重点环节	1	4.5	50.0	50.0
	成果制作	1	4.5	50.0	100.0
	Total	2	9.1	100.0	
Missing System		20	90.9		
Total		22	100.0		

加 时 数

		Frequency	Percent	Valid Percent	Cumulative Percent
Valid	重点环节	4	18.2	66.7	66.7
	成果制作	1	4.5	16.7	83.3
	自学研究	1	4.5	16.7	100.0
	Total	6	27.3	100.0	
Missing System		16	72.7		
Total		22	100.0		

表 22 应减少的教学时数及所针对的内容的交叉分析

减时数 * 针对内容 Crosstabulation

Count

		针对内容	Total
		生态认知	
减时数	重点环节	1	1
	Total	1	1

表 23　应增加的教学时数及所针对的内容与方法的交叉分析

加时数 * 针对内容 Crosstabulation

Count

		针 对 内 容			Total
		生态认知	环境容量	详细设计	
加时数　重点环节		1	1	1	3
Total		1	1	1	3

加时数 * 针对方法 Crosstabulation

Count

	针对方法	Total
	集中讲课	
加时数　重点环节	1	1
Total	1	1

由表 21 可见,全班 22 名同学中,只有 2 人认为应减少某些教学时数,分别认为可减少重点技术环节训练和成果修改和制作的教学时数。认为应增加某些教学时数的只有 6 人,其中意见较集中的是有 4 人认为应增加重点技术环节训练的教学时数;另有 1 人认为应增加成果制作的教学时数;还有 1 人提出应增加学生自学研究的教学时数。

认为应减少某些教学时数的 2 人中,有 1 人指出了应减少的教学时数是针对生态认知的教学内容(表 22),但无人指出应减少的教学时数所针对的教学方法。

由表 23 可见,认为应增加某些教学时数的 6 人中,分别只有认为应增加重点技术环节训练教学时数的 1 人指出了应增加的教学时数所针对的教学内容及教学方法,其中教学内容是生态认知、环境容量研究和局部地块的详细设计这 3 项,而教学方法则是集中讲课。

为了判别学生对于现状教学课时的增减要求是否合理,本调查还通过开放式提问的方式要求学生对增减课时的理由作出说明,并对课时的增减建议和理由进行了交叉分析,结果如表 24 所示。认为应减少某些教学时数的 2 人中,只有认为应减成果修改和制作教学时数的 1 人说明了具体理由,认为由于整体课时紧张成果制作的时间相对可以压缩。

认为应增加某些教学时数的 6 人中,也只有认为应增加重点技术环节训练教学时数的 1 人说明了具体理由,认为这部分课时太少。

表 24 教学时数的增减及其理由的交叉分析
减时数 ＊ 减少理由 Crosstabulation

Count

		减少理由	Total
		课时紧张	
减时数	成果制作	1	1
Total		1	1

加时数 ＊ 增加理由 Crosstabulation

Count

		增加理由	Total
		课时太少	
加时数	重点环节	1	1
Total		1	1

为了进一步了解学生对现状教学课时的增减是否有好的建议设想,本调查还通过开放式提问的方式要求学生提出对此提出具体的建议,并对此作了相应的交叉分析,结果如表 25 所示。认为应减少某些教学时数的 2 人中,只有认为应减少成果修

表 25 教学时数的增减及其建议的交叉分析
减时数 ＊ 具体建议 Crosstabulation

Count

		具体建议	Total
		课外进行	
减时数	成果制作	1	1
Total		1	1

加时数 ＊ 具体建议 Crosstabulation

Count

		具 体 建 议		Total
		延期交图	提早开始	
加时数	重点环节		1	1
	成果制作	1		1
Total		1	1	2

改和制作教学时数的 1 人提出可将成果的修改和制作移到课外进行。

认为应增加某些教学时数的 6 人中,只有 2 人提出了具体的操作建议。其中认为应增加重点技术环节训练教学时数的有 1 人建议应将局部地块详细设计的教学开始时间提早到总体规划的初期与规划同步进行,另认为应增加成果修改和制作教学时数的有 1 人建议应推迟最后的交图时间以避开期末考试的时间段。

5 关于其他意见和建议的调查结果

关于"旅游区生态专项规划设计"教学改进的其他意见和建议的调查是通过提示性的开放式提问来进行的,以期提示启发学生自由地表达意见和建议。调查结果如表 26 所示。全班 22 名同学中,共有 7 人进行了回答,提出了 7 个建议,分别是建议对所有专业课程进行教学评估并按实际教学效果进行调整,本课程应增加分组的数量以便于组员之间的交流,本课程应增加设计指导教师,在规划方案阶段即开始以个人为单位的独立设计,老师应注意不断地学习提高,开设网络交流平台以便将教学空间拓展到课后,以及全班组成一个大组而各专项研究以小组为单位进行以利于相互启发。

表 26 其他建议的频度分析

其他建议

		Frequency	Percent	Valid Percent	Cumulative Percent
Valid	课程调整	1	4.5	14.3	14.3
	增加分组	1	4.5	14.3	28.6
	增加老师	1	4.5	14.3	42.9
	个人方案	1	4.5	14.3	57.1
	老师提高	1	4.5	14.3	71.4
	网络交流	1	4.5	14.3	85.7
	全班一组	1	4.5	14.3	100.0
	Total	7	31.8	100.0	
Missing System		15	68.2		
Total		22	100.0		

后　记

本书即将完成之际，心中涌起无限感慨。整整三年光阴已如流水般逝去，为了理想奋斗的努力而今终于要迎来收获的时节，其中艰苦跋涉的心路历程也随之将要转化为甘美的记忆……不知不觉中从心底里涌出对所有曾经帮助过、指点过我的人的无限感激之情。

首先要感谢我硕士阶段的导师李铮生教授，正是他的指引和鼓励使我开始对景观生态规划与设计方面予以关注并产生了兴趣。

其次要感谢我博士阶段的导师刘滨谊教授，在我入学受挫之际他主动地伸出了援手，并且以他的真知灼见和前瞻的眼光，在认真分析了学科交叉的发展趋势与社会需要后，帮我指定了关于"景观专业生态教育"的研究课题，使得自己一直以来的研究兴趣和关注得以延续。

感谢吴伟、吴承照教授在这篇论文的开题报告评审之时所提的宝贵意见，使我对研究课题的把握更为准确。

感谢俞孔坚教授对论文中国外样本院校的采选所提的建设性意见，使我对研究的宽度和深度进行了必要的权衡。

感谢严国泰、宋小冬教授热情地介绍了博士学位论文研究和写作的注意事项和经验，使我得以较为轻松地筹划、掌控整个研究和写作过程。

感谢白明华、臧庆生、陈久昆、吴为廉、曾洪立、陆居怡、侯斌超、王晓庆、刘毓、罗敏、刘颂、刘立立、何春晖、王敏、刘悦来、李青、秦颖源、黄荔、刘玉杰、陈威、余畅、李琴、张居波、谢花春等前辈、老师、同学、学生、朋友热心、及时地提供各种资料，使我得以紧凑地完成论文研究的各个环节。

……

最为感谢的是一直以来不断理解、支持、鼓励我的家人，正是他们的默默牺牲和奉献成就了我今天的成绩。

最后我还要特别将本书献给已谢世的母亲，相信她在九泉之下也会欣慰的。

骆天庆